传导沥青混凝土性能研究

王　虹◎著

U0316134

知识产权出版社
全国百佳图书出版单位

图书在版编目（CIP）数据

传导沥青混凝土性能研究/王虹著. —北京：知识产权出版社，2015.9
ISBN 978 - 7 - 5130 - 3213 - 1

Ⅰ.①传… Ⅱ.①王… Ⅲ.①沥青混凝土—性能—研究 Ⅳ.①TU528.42

中国版本图书馆 CIP 数据核字（2014）第 283402 号

内容提要

利用沥青混凝土自身的优势，设计出传导沥青路面用于冬季路面融雪是目前国内外专家学者普遍研究的课题。本书通过室内外实验对传导沥青混凝土在太阳能集热及融雪化冰应用上进行关于道路交通安全、可持续发展和新型环保绿色建材等方面的探索性扩展研究；对换热路面结构与材料组成、导热沥青混凝土性能和沥青路面集热与融雪化冰性能等方面进行了创新设计与研究。

预期本书的研究成果，不仅对机场跑道、道路、桥面的夏季降温与冬季融雪化冰方法具有重要的现实意义，亦为科学地开展太阳能集热及融雪化冰沥青路面的设计与施工提供理论依据和工程指导。

责任编辑：江宜玲　　　　　　　　　　　责任校对：董志英
封面设计：智兴工作室·张国仓　　　　　责任出版：刘译文

传导沥青混凝土性能研究
王　虹◎著

出版发行：知识产权出版社 有限责任公司	网　　址：http://www.ipph.cn
社　址：北京市海淀区马甸南村 1 号（邮编：100088）	天猫旗舰店：http://zscqcbs.tmall.com
责编电话：010 - 82000860 转 8339	责编邮箱：jiangyiling@cnipr.com
发行电话：010 - 82000860 转 8101/8102	发行传真：010 - 82000893/82005070/82000270
印　刷：北京科信印刷有限公司	经　销：各大网上书店、新华书店及相关专业书店
开　本：720mm×1000mm　1/16	印　张：18.5
版　次：2015 年 9 月第 1 版	印　次：2015 年 9 月第 1 次印刷
字　数：300 千字	定　价：68.00 元

ISBN 978-7-5130-3213-1

出版权专有　侵权必究
如有印装质量问题，本社负责调换。

序　言

　　黑色沥青路面具有很强的吸收太阳能的能力，利用沥青路面吸收太阳能成为一项新型的能源利用技术。此外，在低温冰雪天气中，亦可用夏季收集并储存的热量来给建筑物供暖和加热道路以融雪化冰，实现热量的跨季节应用。因此，该技术不仅可以大大缓解我国能源紧张的状况并提高道路交通的安全畅通程度，而且还可以有效降低路面温度和缓解城市热岛效应，减轻夏季高温天气中车辙、推移、泛油等病害。沥青道面换热器是实现太阳能集热和融雪过程的关键构造体，在实现并提高集热和融雪功能之前必须保证道路本身的功能和路用性能。本书从以下八个方面做了研究和分析及应用。

　　第一，本书提出了集热和融雪化冰沥青道路的结构形式，对集热和融雪用沥青路面建筑材料进行了设计和制备，包括用复合导热相填料制备传导沥青胶浆和传导沥青混凝土、利用页岩陶粒制备隔热层沥青混凝土等；同时，对沥青路面建筑材料的力学性能进行了系统试验和优化研究，评价导热相填料对沥青胶浆和沥青混凝土性能的影响，检验了页岩陶粒沥青混凝土的路用性能。

　　第二，基于传热学和气象学的基本原理，分析沥青路面太阳能集热及融雪的传热机理和热工过程，解析影响沥青路面集热和融雪的路面材料、结构特性和环境气候条件等基本概念，界定影响沥青混凝土路面换热的关键参数；对复合材料的各种导热模型进行归纳和总结，采用瞬态平板热源法精确测量沥青胶浆及沥青混凝土的热学参数，确定了传导沥青胶浆和沥青混凝土的导热机理；提出适合传导沥青胶浆和沥青混凝土导热系数的计算预估模型。

　　第三，在设定的冻融条件下进行多次冻融循环试验，研究传导沥青混凝土性能的变化规律，评价传导沥青混凝土耐水温耦合冲击的性能；模拟路面结构制备了组合式车辙板，采用结构自诊断的方法评价温度的重复变化对混凝土性能及路面功能的影响；提出了适合传导沥青混凝土抗水温耦合冲击的检测方法和指标。

第四，参考相关标准并结合沥青混凝土制备和成型的实际情况对混凝土太阳能集热和融雪的室内试验装置进行设计；建立了一个沥青混凝土换热大板来模拟路面的融雪，利用低温流体加热沥青路面在冰雪天气中进行融雪研究，主要通过实验测量融雪率、基本特征点的温度变化、融化时间以及表面温度场等数据，讨论实际道路管道融雪化冰的热工特性和融化规律，对融雪过程进行性能评价。

第五，通过集热试验验证了试验装置和方法能模拟集热条件，同时进行沥青混凝土试块温度场测试；测试结果的精度满足室内可控条件下对沥青混凝土太阳能集热性能评价的要求。根据沥青路面所处的实际气候条件，借助实验装置模拟气候条件在室内对路面温度场进行测量；获得沥青路面温度的变化过程、温度的垂直分布、温度变化速率以及温度梯度等结果。在室内和大气环境中利用沥青混凝土换热板进行太阳能集热试验，测量集热器内部温度的变化过程；评价不同流量对降低路面温度的效果以及路面初始温度对路面升温过程的影响。

第六，利用有限元软件 ANSYS 对传导沥青路面融雪性能进行优化设计。传导沥青路面融雪化冰时间与沥青混凝土材料导热系数呈幂指数关系；埋管越深，提高沥青混凝土的导热系数对融雪化冰效果越明显。传导沥青路面中的换热管道可根据沥青铺装层的厚度分两种方式进行布置〔沥青混凝土导热系数≥3.0W/(m·℃)〕：①埋管深度为 10cm 时，埋管间距为 0.1m；②埋管深度为 4cm 时，埋管间距为 0.15m。

第七，通过对传导沥青路面在夏季炎热条件下温度场分布研究得出：沥青路面最高温度出现在路表以下 2cm 处。传导沥青混凝土材料的选择可使沥青路面最高温度降低 3.8% 以上。在换热管道内通入助冷剂（水）可有效降低道路表面及内部温度。对于导热系数为 3.0W/(m·℃) 的传导沥青路面而言，夏季在换热管道内通入助冷剂（25℃水）可使道路表面温度降幅达 20% 以上。

第八，采用有限元软件 ABAQUS 对埋管型传导沥青路面在移动荷载作用下的黏弹性响应进行研究，得出了将沥青混合料黏弹性本构关系转换为 Prony

级数的方法。无论是埋有换热管道的传导沥青路面还是普通沥青路面，在行车荷载作用下最大拉应变均发生在铺装层下面层底部。换热管道可有效削弱中面层底部产生的最大拉应变。道路结构埋管与否以及埋何种换热管道对路面疲劳寿命影响不大，埋管型传导沥青路面可按普通沥青路面设计方法进行设计。

目　录

第一篇　实　验

第二篇　数值模拟

第1章 绪 论

1.1 研究背景及意义

1.1.1 研究背景

能源是整个世界发展和经济增长最基本的资源保障，是人类生存和社会发展的物质基础。自工业革命以来，能源安全问题就开始出现。在全球经济高速发展的今天，能源安全已上升到国家战略高度，各国都制定了以能源供应安全为核心的能源政策。通过稳定能源供应，世界经济规模得以较快地扩张。但是，人类在享受能源带来的经济发展、科技进步等利益的同时，也遇到一系列无法避免的能源安全挑战，能源短缺、资源争夺以及过度使用能源造成的环境污染等问题威胁着人类的生存与发展。[1]

作为世界上最大的发展中国家，中国是一个能源生产和消费大国。我国资源总量虽然较大，但人均占有量少，人均能源资源可采储量只有世界人均水平的1/2。[2]目前，中国的能源生产量仅次于美国和俄罗斯，居世界第3位；能源消费占世界总消费量的10.4%，居世界第2位。[1]从能源消费结构来看，中国是一个以煤炭为主要能源的国家，在发展经济的同时也造成了环境的污染。因此，探索可再生能源的利用方法和提高现有能源的利用效率，是解决我国能源安全问题和突破制约经济社会可持续发展"瓶颈"的主要途径。

太阳能是一种可再生能源，受到许多国家的重视。我国的太阳能资源十分丰富，分布区域广阔，2/3的地区年辐射总量大于5 020MJ/m^2，年日照射小时数在 2 200h 以上，具有良好的太阳能利用条件。[2-3]太阳能利用方式主要有三种：光热转换、光电转换和光化学转换。目前我国太阳能的主要利用方式是太阳能热水系统，是一种光热热利用形式；此外，光热还可以用于建筑物采暖、制冷、蒸馏、烹饪、温室、干燥以及工农业生产的其他领域。[1-4]

交通运输是经济社会发展的动力，是经济增长基础结构中一个重要的组成部分。公路与桥梁则是组成交通运输基础设施的重要部分，对整个交通运输的发展起着关键作用。根据国家统计局数据，截至 2010 年年底，全国高速公路通车总里程已超过 7.41 万千米，居世界第 2 位。[5]沥青混凝土道面由于其平整度高、舒适性好，并且行车低油耗、低噪、抗滑等优点，已被广泛应用于城乡公路、桥面加铺、机场道面及高速公路面层等运输系统中，占现有公路路面的90% 以上。[6-7]然而，沥青混凝土是一种典型的"温敏性"黏弹塑性材料，夏季在车辆荷载作用下易产生高温变形，冬季在低温环境下路面易产生温缩裂缝，尤其是在严寒季节路面的积雪和冰冻不仅大大降低了道路安全运输能力，而且极易引发交通事故。[8]图 1-1 显示了积雪造成的机场及道路交通难以正常运行的困境。[9-10]

（a）机场积雪[5]   （b）大雪中拥堵的高速公路[6]

图 1-1 冰雪对道路交通的影响[9-10]

据交通部门资料显示，我国交通事故致死率高于亚洲其他发展中国家，万车死亡率呈逐年下降趋势，但仍与发达国家差距明显，我国仍处于事故高发时期；2009—2010 年全国范围内因冰雪低温恶劣天气导致交通事故死亡人数同比增加，特别是 2009 年下半年，由于雨雪、低温等恶劣天气条件下全国发生的道路交通事故死亡人数同比上升了 13.3%。[11-12]雨雪低温天气如何保证道路交通的安全畅通，保障经济社会的正常运行是交通管理部门工作的重中之重。如何及时有效地清除路面冰雪、避免交通事故的发生、延长道路的使用寿命，从而提高公路建设的投资效益一直是世界各国交通部门和道路研究工作者迫切希望解决的问题。

1.1.2 研究目的及意义

利用沥青路面吸收太阳能是一种新型的能源利用技术，它涉及道路能量的可持续发展、新型绿色能源的开发利用问题。沥青路面太阳能集热技术在能源开发利用中具有独特的优势，黑色的沥青路面具有很强的太阳能吸收能力，其吸收系数可达 0.9，在夏季高温时路面温度可达 70℃；与传统的太阳能集热系统相比（如太阳能热水器的集热面板），沥青路面具有很大的集热面积。[13]荷兰有关资料显示：每年每平方米的沥青路面可提供 90～150kW·h 的能量，每 30m² 沥青路面提供的能量可满足一座住房的热量需求（2 700～4 500kW·h）；此外路面收集的太阳能只有 20%～30% 用于防止路面结冰，其余 70%～80% 还可用作其他用途。如果能够将沥青路面收集的太阳能利用起来，可给建筑物供暖供冷，从而减少传统能源在建筑能耗中的使用，大大缓解我国能源紧张的局面并减少 CO_2 等废气的排放。因此，沥青路面太阳能集热技术的研究具有十分重要的理论意义和实用价值，该技术的原理如图 1-2 所示。路面将太阳能辐射的光能吸收并转换为热能，换热介质经管道将路面接收的热量输送至储热器储存或用于直接应用。在需要热量时，热泵从储热器中抽取热量为用户供暖或融雪化冰，从而实现太阳能的转换、储存和应用。[14]

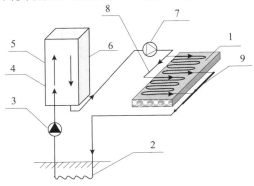

图 1-2 沥青路面太阳能集热/融雪技术原理[14]

1. 路面；2. 储热器；3. 土壤源热泵；4. 用户热交换器；5、6、8、9. 管道；7. 泵

夏季高温时,利用沥青混凝土道面收集太阳能;冬季低温天气时,将收集的热量通过管道输送至近旁的建筑物实施供暖,或用于路面融雪化冰。该技术可以:①有效防止路面积雪结冰,减少混凝土因低温导致的收缩裂缝,夏季给路面降温,避免因高温而导致的永久变形;②避免使用融雪盐,实现绿色环保;③避免沥青路面在极端温度中的剧烈变化,增加路面的稳定性和耐久性;④给建筑物供暖供(制)冷,减少传统一次能源在建筑能耗中的比重,有效缓解我国能源紧张的局面并减少 CO_2 等温室气体的排放。因此,沥青混凝土路面太阳能集热及融雪化冰技术的研究和应用具有十分重要的理论意义和实用价值。[3]

利用黑色的沥青路面收集太阳能是一种新型的可再生能源利用技术,它关系到道路交通的可持续发展,可有效解决冬季道路、桥梁安全的融雪化冰应用问题。利用沥青路面进行太阳能集热和融雪化冰具有独特的优势,沥青路面具有很强的太阳能吸收能力(吸收系数可达 0.9 以上),在夏季高温时路面局部温度可达 $60 \sim 70℃$[15];与传统的太阳能热水集热系统相比,沥青混凝土路面有巨大的集热面积,并且可以在日落之后继续收集路面残留的热量,能有效缓解夏天城市热岛效应。[13,16]

作为一种新的太阳能收集和利用方式,在我国的自然及道路交通条件下,沥青路面太阳能集热及其融雪化冰应用技术能提供多少能量以及如何提高该技术在集热和融雪过程中的集/换热效率是首先要解决的问题。其次,沥青混合料是一种温度敏感性材料,使用路面本身进行集热、融雪化冰,需要在路面中安装换热装置;太阳能集热和融雪化冰两种功能的实现涉及路面降温、加热两种热工过程,是否对现存路面结构和使用性能产生影响都是需要探讨和研究的问题。利用沥青路面自身的集热优势,在路面中埋入换热管道用于冬季路面融雪是一种安全、有效、环保节能的融雪方法。普通沥青混凝土为低传导性材料,热传导率较低,夏季时普通沥青混凝土内部低温向外传递、冬季沥青混凝土内部高温向外放热融化路面冰雪的可能性较小,因此该方法顺利实施的前提就是:将普通沥青混凝土材料改为热传导率高的传导沥青混凝土材料。

本书依托国家自然科学基金"融雪化冰用多相复合导电沥青混凝土的制备和服役行为研究"及交通运输部西部交通科技建设项目"融雪化冰用导电沥青混凝土桥面铺装技术研究",并基于专利"一种导热型沥青路面太阳能集热系统及其应用"[14]、"导热型沥青混凝土屋顶太阳能蓄热系统"[17]和"混凝土太阳能集热及融雪化冰用试验装置"[18]，对传导沥青混凝土的材料性能和结构性能进行了以下研究。①通过室内外实验对传导沥青混凝土在太阳能集热及融雪化冰应用上进行道路交通安全、可持续发展和新型环保绿色建材等方面的探索性扩展研究；对换热路面结构与材料组成、传导沥青混凝土性能和沥青路面集热与融雪化冰性能等方面进行创新设计与研究。②运用有限单元法利用传热学基本原理分析沥青路面的热传导系数、换热管道的埋管深度及埋管间距等对传导沥青路面夏季降温、冬季融雪化冰的影响效果，确定出合理的埋管深度及埋管间距；对合理换热管道布置的传导沥青路面在移动荷载作用下的黏弹性响应进行分析，预估其设计疲劳寿命。

预期本书的研究成果，不仅对机场跑道、道路、桥面的夏季降温与冬季融雪化冰方法具有重要的现实意义，亦为科学地开展太阳能集热及融雪化冰沥青路面的设计与施工提供理论依据和工程指导。

1.2　道路融雪化冰研究现状

1.2.1　道路融雪化冰技术分类与简介

目前，常用的融雪化冰方法按照实施阶段不同可分为主动融雪法和被动融雪法两大类；按照采用技术类别可分为清除法和融化法，清除法主要包括人工法和机械法，融雪法主要有化学和物理两类。[19]广泛使用的除雪方法有多种，这些技术的优缺点如表 1 - 1 所示。[20-21]下面对几种主要的道路融雪化冰技术进行介绍。

表 1 - 1　不同类型的融雪化冰方法及其特点

方　法		优　点	缺　点
清除法	人工清除法	除雪较彻底	效率低、影响交通、浪费人力
	机械清除法　机械设备铲雪	除雪面积大、速度较快	清除不彻底、影响交通、设备昂贵且闲置期长，经济效益差
	吹雪机除雪	除雪安全环保	适用范围小、费用高

方 法			优 点	缺 点
融化法	化学融化法	氯化物融化法	材料来源广泛，价格便宜	降低路面耐久性，污染环境，影响路面的抗滑性能
		环保融雪剂法	环保，融雪较氯盐快	价格昂贵，难以推广
		添加盐化物技术	较长时间内防积雪，降低除雪难度	难以保证沥青路面本身的性能，添加量有限
	热融化法	地热管法	利用清洁能源，绿色环保	融雪效率低，初期投资大，且耐久性较差
		红外线管加热	自动融雪，易于控制	升温过于迟缓且受外部风向的影响大，现已基本不用
		电热丝法	不需变压器等服务设施，加热效果好	电热丝易被行车荷载破坏，不易维修，限制了其应用
		导电混凝土法	自动融雪，绿色环保	安全性不好，价格昂贵，不易控制
		发热电缆加热	无污染，热稳定性好，控制方便	会增大城市对电的需求，加重城市电力负担
		流体加热法	利用自然热水源或太阳能加热，绿色环保	系统本身与安装价格昂贵，换热管道易因渗漏而影响加热效果
抑制冻结铺装技术		橡胶颗粒填充	自应力有效抑制路面积雪结冰，路面性能得到改善，低噪、环保	路面不易达到充分密实，不能移除冰雪
		镶嵌类铺装	路面抗冰冻、抗滑	破坏路面原有状态，填充物易脱落，路面易出现松散、坑槽
		粗糙型铺装	一定抗冰冻、抗滑效果	路面空隙率大，抗积雪结冰效果有限，表面磨耗后效果散失

1.2.1.1 撒布融雪剂和砂石材料

撒布融雪剂是目前比较常见的一种路面除雪化冰方法。融雪剂可以降低路面上冰雪的熔点，达到除冰雪的目的。融雪剂主要有盐类和醇类，通常适合路面积雪厚度较小、环境温度较高的地域。大多数盐类融雪剂都存在腐蚀性，不仅腐蚀破坏道路结构和车辆，而且还会污染周边土壤、水体等。[22]例如，1998年，美国 60 万座钢筋混凝土桥中，被列入修复计划的费用是 2 000 亿美元，是当初建桥费用的 4 倍。[23]2003 年，北京地区因为融雪剂的使用，导致 3 万多平方米的草地受害，4 000 棵大树和 4 万株灌木死亡，造成 1 500 多万元的直接经济损失。[24]此外，某些氯盐类融雪剂有极强的吸水性，在冰雪融化后极易吸水，在道路表面形成氯化钙水合物、氯化钙晶体和路面灰土的滑腻混合物，使路面抗滑性能降低，容易引发交通事故。因此，国内外科研机构和生产单位都在积极开发环保、低腐蚀的融雪剂产品，如生物降解型融雪剂等。[25]这种融雪剂对冰雪清除较彻底，但费用较高，一旦环境温度下降会出现反结冰现象，适用于冰雪范围较小的路段。

撒布砂石材料法是在积雪路面上撒布砂石材料，如较小粒径的石屑、煤渣以及砂盐混合物等，以提高车辆的附着力，从而提高车辆、行人的抗滑能力。冰雪中的砂石可以使冰雪冻结不均匀，同时在车辆的反复荷载下冰雪层得不到压实，达到抗滑的目的。该方法环保、成本低，但清除冰雪效率低、冰雪天气过后影响交通通行及行车安全，主要适用于小雪及重点难点路段的积雪，是西部地区及其他经济相对落后地区常用的方法之一。

1.2.1.2　添加盐化物类技术

20 世纪七八十年代，在欧美、加拿大和日本等 15 个国家，在 300 多个城市的道路进行试验研究后，瑞士最先成功地在路面材料中复合了一种氯化钙化学添加物——Verglimit 防冻剂。添加了该防冻剂的路面在冰雪低温天气中释放类似抗冻结盐物质，可以有效降低路面冰点至 -20℃，从而有效阻止和延缓路面的结冰。[26]日本从 20 世纪 70 年代末期开始引进该种路面形式，并于 20 世纪 90 年代初成功推出代表性产品 Mafilon。[27]Mafilon 是一种包裹了氯化钠的融冰盐，其特点是不同温度下效果不一样，在低温冰冻天气中释放盐量高于在高温天气的释放量。

在沥青混凝土中添加盐化物（氯化物）已成为一种有效的路面抗冻结方式，主要添加方式有以下 4 种。[28]

（1）以粉体形式置换混凝土中的粉料，添加量约为混凝土重的 7%。

（2）以细集料形式表面裹覆沥青后替代混凝土中的细骨料，添加量约 5%。

（3）盐化物混合水泥固化成颗粒，替换沥青混凝土中的粗、细集料，添加量约 8%。

（4）在开级配沥青混凝土空隙中填充抗冻液、盐化物等抗低温冻结的材料。

2008年，长安大学新型路面研究所在京沪高速公路蓝商段成功铺筑了5.1km的添加盐化物类抗冻结沥青混凝土路面，属添加粉体型。[29]添加盐化物技术的难点在于为了保证沥青路面原有的路用性能，添加的盐化物数量不能太大，并且经过冬夏交替在冰雪天气中渗出的盐化物稀少，因此实际融雪化冰的效果不是很明显，盐化物对沥青混凝土路面耐久性的影响还不明确。[29]

1. 2. 1. 3 抑制冻结的路面铺装技术

抑制冻结的铺装类技术是在路面建筑材料中添加一定量的具有较强弹性变形能力的材料，从而改变路面与车辆轮胎的接触状态和路面的荷载应变，在行车荷载的作用下产生对冰雪的应力，使路面冰雪破碎或融化，从而有效抑制路面积雪与结冰。[28]

目前抑制冻结的铺装技术主要包括橡胶颗粒填充路面技术、镶嵌类铺装技术和粗糙型铺装技术三种。[30]橡胶颗粒填充的沥青混凝土是将废旧橡胶轮胎破碎成一定粒径和形状的颗粒，用以替代部分细集料的形式直接掺入沥青混合料中，然后用于沥青混凝土路面的摊铺。该技术最早于20世纪70年代由瑞典道路研究所提出。1979年至今，日本在北海道及本州的山区公路由于缺乏有效的融雪化冰技术，因此铺筑十几处掺橡胶颗粒的自抗冻结铺装技术路面。[30]国内哈尔滨工业大学谭忆秋近年来进行了相关的室内试验研究和实体工程的铺筑。[31]

镶嵌类铺装技术是在普通沥青混凝土路面摊铺完成后，将弹性材料通过一定的施工工艺和方法镶嵌在路表面，利用路表部分材料的弹性变形来降低冰雪对路面的黏附程度，此外再利用行车的外力来破碎冰雪的冻结。日本道路建设公司采用的方法是在刚完工的沥青混凝土路面上均匀铺撒直径2cm的五角形橡胶颗粒，然后趁路表温度较高时用压路机将橡胶颗粒压入沥青混凝土内或镶嵌在路面。1998年，在东京至长野的高速公路上采用了该技术并铺筑了试验段；试验段的研究结果表明，在沥青路面镶嵌橡胶颗粒可以有效地避免路面积雪冻结，从而提高路面抗滑能力。[30]镶嵌类铺装抑制冻结技术虽然有一定的效果，但是该技术在镶嵌橡胶块或颗粒过程中会破坏沥青路面原有的均质状态，镶嵌的橡胶块周围会出现黏附缺陷和薄弱面，在重复的行车荷载的冲击和车轮过后的吸附作用下，橡胶颗粒极易从沥青路表脱落，造成路面整体的平整度降低，甚至出现松散、坑槽等路用性能的损坏。

粗糙型铺装技术是指增加路表的构造深度，沥青路表的粗糙度增加可以有效抗滑并减小制动距离，一般采用大粒径或开级配沥青混凝土铺筑面层。路面积雪冻结后，重复的行车荷载辗压，路面冰雪受力不均匀导致的应力集中会加速积雪冻结层的破碎和磨耗。粗糙型沥青路面铺装抑制冻结技术在日本札幌市除冰化雪沥青路面中有所应用，研究工作包括除冰雪性能、抗滑性与耐久性等方面。[30,32]

1.2.1.4　热力融雪化冰技术

热力融雪化冰的方法主要是利用电能、地热、工业余热或太阳能等能量转换或直接用来融雪化冰，包括地热管法、红外加热法、发热丝/电缆法、导电混凝土法和太阳能热流体加热法等。[33]通常是根据计算结果在道路下面一定深度铺设一定导电装置或加热管道，将导电装置或加热管道中的热量传递至路表进行融雪化冰。常见的发热电缆法、红外线加热、工业电热管需要消耗大量的能量，在能源紧张的今天，他们的应用和推广受到了一定程度的限制。[34]对于流体加热法，可以采用锅炉或热泵机组等方式，热源主要有燃煤、燃油、天然气、工业余热以及可再生能源等。该项技术不仅可以提高能源利用率，而且清洁环保，适于公路的长大纵坡等局部路段、机场以及桥面的融雪化冰。目前，利用土壤蓄能（热管）和太阳能（热管）的融雪化冰技术正逐步成为研究的热点。[19]

利用地热或工业余热进行融雪化冰的关键在于热量的储存和源头，融雪化冰的时间性较强，需在冬季集中使用，利用地热长久使用会使热量的储存量下降，最终导致融雪效果的不足，并且地热和工业余热受到地理条件（热源）的限制。[35]利用道路所集热量进行融雪化冰，是将夏季高温路面的热量储存在地下，冬季时将储存的热量提取用于道路的融雪。从能源利用角度，该方法可以有效利用地热能、太阳能等可再生能源。本书研究的路面太阳能集热及融雪化冰技术也就是该方法所涉及的循环流体集热、加热法。

1.2.2　流体加热道路融雪技术

应用路面流体加热道路进行融雪化冰技术的主要有美国、北欧和日本等一些国家和地区，在管道材料、铺设方式和融雪性能等领域开展了研究和该技术的应用示范工作。

早期的流体加热道路融雪化冰主要取材于当地的地热资源。1948年，在美国俄勒冈州（Oregon）克拉马斯福尔斯市（Klamath Falls），由于冬季积雪结冰导致的道路桥梁交通压力，设计并修建了一段坡度8%、长度135m、采用地下换热器（DHE）抽取地热进行道路桥梁融雪化冰的系统。[36]加热路面换热工质温度为38～54℃，道路内部埋管为直径约20mm的铁管，埋管深度为76mm，管间距为450mm，冬天管内防冻液为50%乙二醇水溶液，循环流量为220t/h，但系统设计融雪热负荷仅为130W/m²。1992年，美国颁布地热资源法，规定可以增加地热井的深度，因此可以提供更多的热量。1998年，由于铁管的腐蚀现象严重，有关部门对该融雪系统进行了全面升级，对原有道路进行翻新并且改造管网布置，内埋的管路换为聚乙烯管，对循环水泵也进行了更新，增加了电子监控和控制系统等，设计的融雪系统热负荷也增加到160W/m²。[36]

2003年，俄勒冈州交通运输部和克拉马斯福尔斯市联合改建 Eberlien 和 Wall 两座街桥。由于 Wall 桥的坡度较大（达到了13.25%），冬季行车存在安全隐患，因此也采用了地热加热路桥融雪化冰系统，桥面及引道上的管路如图1-3所示。[37]该工程融雪总面积为960m²，热源采用城内建筑物地热供暖系统的余热，并在融雪系统周围设置了不锈钢板式换热器作为换热装置将余热转换给防冻液，防冻液（融雪换热工质）为35%乙二醇水溶液，乙二醇水溶液设计融雪时进出口温度分别为38℃和54℃，流量为2.8L/s。

（a）桥面板上管道回路的布置　　　　（b）引道上管路的布置

图1-3　Wall 桥地热融雪管道回路[37]

此外，俄勒冈市理工学院（Oregon Institute of Technology）在其综合楼前的弯弓拱形小道上铺设了一套流体加热融雪试验系统[38]，管道的布置如图1-4所示。融雪路面中的加热管路长度约为172m，融雪面积为50m^2。在该融雪系统运行过程中，理工学院的地热中心对该技术性能和关键参数进行了全面的比较和分析工作。此后，分别在怀俄明州夏延（Cheyenne）高速公路的两处坡道路段和弗吉尼亚州西部橡树岭的高速公路坡道路段进行了流体加热道路融雪化冰的试验研究。[39]

图1-4 梯形道路上的融雪管道[38]

冰岛拥有丰富的地热资源，1980年开始推广流体加热道路融雪化冰的工程应用。到2012年，全国利用流体加热融雪面积达740 000m^2，其中首都雷克亚未克（也是冰岛第一大城市）的融雪面积达460 000m^2。2001年统计发现，进行融雪的耗能占全国地热总耗能的4.8%，年耗能约为320GW·h，是全世界地热应用率最高的国家。[40]

苏黎世Polydynamics Ltd.公司和瑞士道路桥梁委员会合作，开发和利用SERSO蓄能融雪系统，该系统能在夏季收集太阳能并储存起来，在冬季用于道路的融雪化冰。SERSO系统于1994年在瑞士A8高速公路德利根（Darligen）路段的路桥安装完成并开始试运行，相应的研究工作随之展开。[41]该系统通过夏季收集太阳能并储存起来的能量大约为140MW·h；在冬季融雪化冰时每年输出的能量约为30～100MW·h。试验及应用结果表明，该系统在夏季能够降低路面温度，缓解高温对路面性能的影响；可以在冬季进行融雪提高交通安全，并提高路面温度有效防止低温缩裂，提高道路的使用寿命。

日本在道路太阳能集热及融雪化冰技术方面应用较为广泛，在 20 世纪 90 年代进行了大量推广。1998 年，北海道大学对日本早期建设安装的 19 项道路集热蓄能融雪化冰试验工程进行对比分析后发现，利用道路和地面进行集热的平均效率可达 36%，在该效率的支撑下北海道地区将收集的热量进行跨季节储存可以实现制冷供暖用能与蓄能的基本平衡。[42] 1995 年，在岩手县安装建成的 GAIA 路面融雪化冰系统是 19 个项目中首次采用 3 根同轴套管换热器（DCHE）的示范工程。该项目在日本加热路面融雪化冰系统设计和应用中具有重要的意义，系统的设计示意图和路面的融雪状态如图 1 - 5 所示。[43] 该系统建在一个坡度为 9% 的急弯路段上，路面融雪面积为 266m²，路面埋管内循环换热液体由两台 0.75kW 循环水泵驱动；使用的同轴套管换热器的外径为 8.9cm，长度为 150.2m，换热热泵的驱动电机功率为 15kW；热泵平均性能系数（COP）达到 4.2～4.3，换热器的热提取率平均为 80～83W/m，通过与电缆加热融雪系统对比后发现，该系统可以节能 20% 以上。[43]

（a）GAIA融雪系统示意图　　　　（b）路面融雪状态

图 1 - 5　GAIA 融雪系统[43]

截至 2005 年，日本蓄热式道路融雪系统的安装数量已经超过了 25 套，试验研究和应用结果表明利用道路进行蓄热和融雪化冰是一项极具实用价值和发展前景的能源利用和交通安全技术。在建设初期投资高，并具有一定的安装难度，但该技术利用可再生能源，环保和资源合理利用效果显著，并且可以自动化和及时处理集热和融雪，实现了道路交通的安全畅通。2007 年，日本报道了流体加热道路融雪系统的最新进展，他们将地热能、太阳能、道路融雪和建筑物空调整合在一起构筑一个大的、多功能的能源收集利用系统。[44]

1992 年起，由美国能源部（DOE）、交通运输部（DOT）联邦高管局和国家基础研究基金开始资助道桥加热融雪技术（Heated Bridge Technologies），较为系统地研究了道桥热融雪化冰相关技术问题。[45] 1994 年后的 5 年间，美国先后有 5 个州开展了加热道桥进行融雪化冰的应用示范工程，其中包括比较和探索循环热流体、管道换热、电加热、燃料加热等多种方式的能源利用和融雪化冰效果，确定了相关控制参数。

美国俄克拉荷马州立大学（Oklahoma State University，OSU）于 1998 年建成了当时最大的流体加热道路桥梁融雪专用实验系统，图 1－6 为融雪试验过程中的路桥积雪表面。[46] 研究工作结合实际的气候条件，将道面当作太阳能集热板，并进行融雪化冰。试验系统长 18.3m，宽 6.3m，埋管深 89mm，管间距 30cm，换热装置采用竖孔型地下换热器的地源热泵循环封闭系统。主要开展了气候、冰雪多孔介质传热传质、集热和道面融雪传热传质、热泵换热的试验和数值模拟研究工作。[47－49]

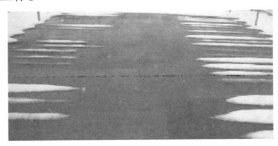

图 1－6　OSU 道面融雪试验[46]

波兰在其西北部的戈莱纽夫（Goleniow）军事机场改建完成后，于 1998 年建设了目前为数不多的机场融雪系统。[50] Goleniow 机场跑道尺寸为 2 500m × 60m，年载客量约为 20 万人。融雪系统热源为 1 500～1 650m 深的地热水，平均温度为 68℃，流量为 50～150m³/h。该融雪系统换热管道为高密度聚乙烯（HDPE）管，管间距 25cm，埋管深度为 8～10cm，设计的进出口水温为 55℃ 和 25℃，最大融雪设计热负荷 200W/m²，防冻液采用乙二醇水溶液。2006 年，挪威首都奥斯陆加勒穆恩（Gardermoen）机场也安装建设了建筑物地源热泵空调和热流体循环加热停机融雪化冰复合系统。[51]

国内在热融雪化冰的研究应用方面也开展了一系列工作。1997 年，吉林大学高一平首先提出了利用道路进行太阳能蓄热和融雪化冰的技术在我国北方低温地区应用的设想。[52]此后，吉林大学高青、林密等人利用 HVACSIM + 软件建模开展了融雪化冰传热传质过程的研究分析，并针对路面融雪化冰、地源热泵、蓄能融雪化冰复合系统进行探索性研究工作。[53-54]2007 年，大连理工大学李维仲、王庆艳进行了太阳能–土壤蓄热融雪技术的研究，利用 FLUENT 软件建立融雪模型，对道路融雪时的温度场、相变界面规律和融雪性能进行了数值分析。[55]2008 年，天津大学王华军建立融雪化冰室内实验系统对碎冰、固体冰、人工造雪和自然雪进行了融雪化冰动态实验，并用计算机模拟了道路融雪的相关传热传质过程，得出了一系列有价值的结论。[21]

1.3 沥青路面太阳能集热研究现状

1.3.1 传导沥青路面工作原理

传导沥青路面由换热管道、蓄热体和热泵三部分组成。换热管道的任务是夏季收集太阳光的热量并将其输送到蓄热体中，热量在蓄热体中积聚和保存以备冬季融雪用；冬季将保存在蓄热体中的热量输送到路面，使路面的温度升高从而融化路面冰雪。[3,56]传导沥青路面的主要技术原理如图 1 – 7 所示，沥青路面结构如图 1 – 8 所示。

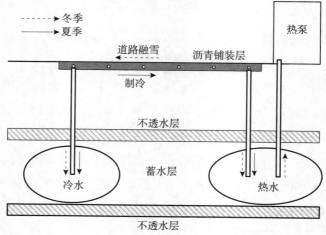

图 1 – 7　传导沥青路面技术原理

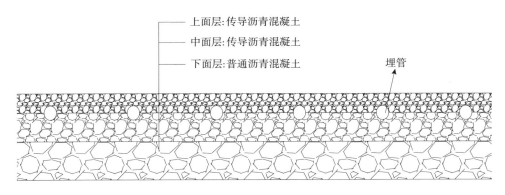

上面层:传导沥青混凝土

中面层:传导沥青混凝土

下面层:普通沥青混凝土

埋管

图 1 - 8 传导沥青混凝土铺装层结构布置

1.3.2 沥青混凝土路面太阳能集热技术

利用沥青路面进行太阳能集热的前身是在道路热流体融雪化冰技术应用过程中提出的一种季节性蓄能再利用技术,路面集热是伴随着道路融雪化冰技术发展而展开的。在道路作为能源收集和释放载体的使用过程中,我们可以将道路和相关的配套设施称为实现某一功能的能量系统。早期在路面设置流体热量循环转换装置的主要目的是路面除雪化冰,以避免道路交通事故和堵塞给经济带来的损失。

早在 1979 年,美国的 Wendel 提出了一项利用路面和屋顶进行集热收集太阳能(Paving and solar energy system and method)的专利。[57]前文所提及的日本 1995 年建成的 GAIA 路面融雪化冰系统[43]、美国 OSU 路桥融雪化冰专用实验系统[46]、瑞士 A8 高速公路德利根(Darligen)路段的 SERSO 蓄能融雪系统[41]以及日本国道 138 线笼坂(Kagosaka)关口处的太阳能加热融雪化冰系统[44]都属于道路蓄热技术。

1981 年,Sedgwick 和 Patrick 提出利用地面收集太阳能给游泳池内水供暖,他们通过在沥青路面中埋设塑料管道网络建立了沥青混凝土太阳能集热系统,将实验数据与理论模型的模拟结果对比,论证了方案的可行性。[58]1986 年,Turner 将混凝土道面作为太阳能集热器,收集的热量用于道路的融雪化冰、提供热水等,通过理论分析验证了这种应用的可能性。[59-60]1989 年,Nayak 等人在金属管网加固的水泥混凝土板中安装 PVC 管,并将混凝土表面涂为黑色,研究了管间距对集热效率和管网内换热流体压力降的影响规律。[61]1992 年,

Bopshetty 和 Nayak 采用二维导热模型和实验研究了地面埋管的太阳能集热技术。[62]M. A. Al saad 等人建立了试验系统，研究了分别埋植镀锌钢管、聚氯乙烯管和热塑性管道的混凝土太阳能集热器的集热性能，试验结果表明镀锌钢管集热性能最好。[63]2001 年，E. Bilgen 和 M. A. Richard 对水平布置的混凝土板表面换热进行了实验和理论分析，研究了水平集热面的热量损失、换热特性和能力储存的最优化等问题，得出了水平面的自然对流关系式。[64]

进入 21 世纪以后，太阳能集热与建筑物屋顶集热的配合成为研究的热点。2004 年，美国弗吉尼亚理工大学对水泥预制板屋顶太阳能集热过程进行了分析，设计了水泥预制屋顶集热器，收集的热量用于加热水，并能满足单个家庭所需的热水量；研究者们构建了三维瞬态集热模型来模拟研究水泥太阳能集热器的全天运行过程，并对改集热系统进行了优化；同时预制的水泥太阳能集热器可与太阳能热泵系统合并工作，用来满足冬季建筑物的供热需求；研究结果表明采用水泥太阳能集热及热泵辅助应用的能量可以有效降低供热所需电能的50%；对常年应用结果进行经济可行性推算，得出在供热季长期使用节约的能量可以弥补集热热泵系统安装初期的投资，但短期内供热的经济效益是不明显的。[65]2009 年，Marwa Hassan 等人对建筑物屋顶水泥平板集热系统进行了试验测试，该集热系统是在传统的建筑物屋顶水泥面层中安装了换热器，利用水泥砂浆或混凝土吸收太阳能后抽取热量，实验结果评估和验证了这种水泥平板型太阳能屋顶集热系统的性能。实验过程经历了 7 个月，水泥平板太阳能屋顶集热系统在不同的太阳辐照、环境温度、湿度和风速条件下运行，试验结果表明在正常大气环境温度下水泥太阳能屋顶集热器的效率可达 49% ~ 75%；由于集热器面积大，水泥太阳能屋顶集热器所获得的热量可以满足建筑物在秋冬季节的供热需求。[66]

从 2008 年开始，美国 Worcester Polytechnic 研究所的 Rajib B. Mallick 等人开展沥青混凝土路面的太阳能集热研究，他们在室内建立了沥青混凝土集热试板，在自然环境中研究了不同集料、不同埋管方式对集热性能的影响，并通过数值模拟了不同沥青混凝土路面太阳能集热性能的特性。[67]研究过程中，在沥青混凝土大板内部埋设铜管，将大板看作集热器，在管道中通入换热工质水，以出入口水温差来表征集热效率；试验和模拟结果表明高导热系数、反射率低的道路建筑材料和有效的换热装置可以有效增加换热效率，提高集热量。[16]

2006 年，Hasebel 等人探讨了采用热电转换器件将路面太阳能集热收集的热能转化为电能的可行性，并通过试验和建立模型研究了换热介质的质量流率和温度对热量转化效率的影响；结果表明集热后换热工质的出口温度和热电器件的电阻限制着该转换系统的输出功率[68]，但该研究对路面太阳能集热技术的发展开辟了一个新的方向。

荷兰 Ooms Avenhorn Holding 公司是世界上最早将沥青路面收集的太阳能技术进行商业化的公司，该公司将这一集热及能量利用系统称为道路能量系统（Road Energy System）。[3]道路能量系统的功能设计包括在夏季时进行太阳能集热和对路面降温，冬季时加热路面进行融雪化冰、防止路面冻结。[3,13]道路能量系统有 3 条水路组成循环回路：一是埋置在沥青混凝土路面内部的塑料管道，塑料管道有专用的镶嵌框，在管道中通入循环水时，可将沥青路面收集的热量带走和给路面加热；二是用于热量交换和储存，管道连接将换热后的水通入地下含水层，地下含水层可作为大型的能量跨季节储存器；三是将热量从地下抽取或使用低温水输送出去的管路加热附近的建筑物或冷却路面。图 1－9（a）为该公司第一个商用道路能量系统示范工程，该工程于 2000 年 10 月在荷兰的斯哈尔沃德地区建设安装，除可以解决沥青路面的积雪结冰问题外，还可以为斯哈尔沃德地区的一座办公楼和一个实验室供暖与制冷。[3,69]该公司现已成功进行了 8 个项目的建设运营，并取得了一系列的成果，图 1－9（b）是 Ooms 公司在鹿特丹地区桥面铺筑道路能量系统的管路。

（a）斯哈尔沃德地区的道路融雪系统　　　（b）鹿特丹地区桥面道路能量系统管路

图 1－9　道路能量系统[3]

此外，在荷兰还有两个类似的沥青混凝土路面太阳能集热融雪的能量系统。一为 Winnerway System，该系统已经在哈灵水道（Haringvliet）大桥上建设安装完成并进行了一系列试验，主要用于桥面的融雪化冰和道面的降温；另一个是Zonneweg System，在阿纳姆的商业公园里对该系统进行了实体工程的验证试验，用于商业公园内部路面的融雪化冰，同时收集的太阳能可以为该商业区内一栋建筑物制冷与供暖。[70]

　　2006年，英国的 Sullivan 等人将道路能量系统引入英国，对不同管道网络的埋设和安装方式的沥青路面太阳能收集进行了系统研究，通过有限元法数值计算分析该系统运行的实际效能，具体针对系统的适宜道路、乳化沥青黏层的喷洒施工、管网结构的布置参数以及路面沥青层的铺装工艺等问题进行探讨和说明。[71]道路能量系统引入以后，2006年6月首次由隐形加热系统公司（Invisible Heating Systems，IHS）在苏格兰阿勒浦（Ullapool）的韦斯特罗斯（Wester Ross）一条沥青路面上安装运行，如图1-10所示。该系统将沥青路面转变成一条巨大的太阳能集热面板，在冬天可以进行融雪化冰。[72]

（a）IHS的管道布设　　　　　　　（b）IHS沥青面层的摊铺

图1-10　IHS 隐形加热系统[72]

　　英国能源公司将他们提出的从沥青混凝土高速公路上收集太阳能的技术称为跨季热量传递技术（Inter-seasonal Heat Transfer，IHT™）。[73]2004年6月，英国高速公路管理委员会在 M1 号高速公路的托丁顿（Toddington）服务区旁对该技术进行实体工程性能验证；通过运营数据对跨季热量传递技术的技术可行性和经济性进行了评估。此后，英国能源公司一共进行了8个相关的道路能量利用技术的实体工程，图1-11（a）为其中一个巴士中转站的能量转换路面；另一个是与 Silchester 公司一起在机场停机坪上使用该技术工程，收集的能量用于附件建筑物的供暖和机场道面的融雪化冰，图1-11（b）为该技术在机场道面冬季融雪的效果。[74]

（a）IHT的管道布设　　　　　　（b）沥青太阳能集热器冬天融雪化冰

图 1 - 11　IHT 隐形加热系统[73]

比利时在 Zoerle - Parwijs 城市提出了利用沥青路面收集太阳能，用于居民区的供暖以及制冷的想法，并于 2007 年在该城市安装了 500m² 的沥青路面作为太阳能集热器，在地面以下埋设 54 根竖向的换热管道，用于附近多户居民的供暖，如图 1 - 12 所示。[75]

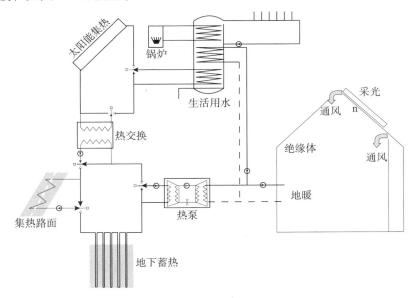

图 1 - 12　比利时太阳能集热系统[75]

波兰的 Marusz Owczarek 等人提出了计算道桥表面太阳能集热的模型，并对道桥在夏季的太阳能集热性能进行了研究，他们提出的换热管路为特别的盘管管网。[76]2008 年起，美国伍斯特理工学院 Chen Baoliang 等陆续对沥青路面太阳能集热这一方向进行具体研究，先后在 2008 年沥青铺装层应用技术学会和 2008 年在瑞士召开的沥青铺装层和环境论坛上发表了相关文章。[16,77]文章分别采用小尺寸和大尺寸试件对埋铜管的沥青混凝土板进行太阳能集热试验研究。研究结果表明：在采用沥青混凝土进行太阳能收集的过程中，有效的热交换装置和高导热材料对吸收热量的多少起决定性作用。

近些年，国内研究者也开展了道桥的太阳能集热与融雪化冰的应用研究。除吉林大学高一平、高青、林密和大连理工大学李维仲、王庆艳等人的研究成果以外，黄勇、刘研、高青等人最近通过数值建模和试验研究了道路融雪化冰技术，特别是路面太阳能集热、蓄能和融雪化冰有关的传热传质过程。[78]2008年，武汉理工大学吴少鹏、李波和王金山等研究了传导沥青混凝土的性能，首次提出了传导沥青混凝土在太阳能集热及融雪化冰中的应用[3]，并获得了发明专利"一种导热型沥青路面太阳能集热系统及应用"和"导热型沥青混凝土屋顶太阳能蓄热系统"的授权。[14,17]

1.3.3　沥青混凝土的集热性能

对沥青路面太阳能性能的研究主要包括材料的性质、集热过程中对路面温度场和环境的影响、集热效率三个方面。虽然利用沥青路面进行太阳能收集具有诸多的优势，但我们首先要考虑的就是它的集热效率。集热效率的高低与集热装置的整体性能有关，不仅与前文所提及的集热材料有关，还与换热方式、换热介质和换热装置的设计等有着密切的联系。

Rajib B. Mallick 用成型的小尺寸样品在室内用汞灯模拟集热过程，用大尺寸样品在室外环境中对太阳能进行收集，用集热过程中换热介质水的温度变化来表征集热效率的高低；试验中沥青混合料采用导热系数高的集料所表现的集热效率比使用一般集料的高。[67]李波等人在沥青混凝土中引入导热相颗粒和纤维来提高沥青混凝土的导热系数，从而达到提高沥青路面太阳能集热效率的目的。他们研究了导热相填料对沥青及沥青混凝土路用性能的影响，在保证沥青混凝土路面路用性能的前提下做出了导热相填料最佳掺量为替代矿粉率 12%的结论。[3]同时，利用瞬态平板热源技术测量传导沥青混凝土的热学参数，发现当石墨掺量由 0 增至 22%时，导热系数增大了 37%。[79]

Bijsterveld 等人总结了从路面收集的太阳能热的三条潜在应用途径：一是为建筑物供暖；二是可以在冬季升高路面温度用于道路的融雪化冰；三是可以

在夏季高温的时候从路面带走热量,防止路面永久性变形的产生。[15]同时,在他们的研究中建立有限元模型来计算分析路面的温度分布和应力分布。结果表明:当导热管道铺设较浅的时候,集热效率高,更有益于太阳能的收集,但会产生更大的应力集中,从而导致路面耐久性的降低。荷兰有关资料显示:沥青混凝土路面每年可提供 $90 \sim 150 kW \cdot h/m^2$ 的能量,$30m^2$ 的沥青混凝土路面收集的热能即可满足一栋普通家庭住房的需求(2 700 ~ 4 500kW·h);若将沥青路面收集的太阳能进行道路的融雪化冰,只需总集热量的 20% ~ 30%。[3,13]

相对于传统太阳能面板的转换效率,沥青路面的太阳能集热效率可能不尽如人意,但利用沥青路面作为集热装置有着面积巨大、在黄昏之后仍可以继续收集白天遗留在路面的热量等优点,因此可以用来抵消其效率上的不足,使得整体的集热量能达到惊人的高度。

1.4 传导沥青路面融雪化冰模型及试验研究现状

1.4.1 国外研究现状

美国俄克拉荷马州立大学,在国家能源部、联邦高速公路管理局和俄克拉荷马州交通厅资助下,从 1998 年开始开展道路和桥梁热流体循环融雪化冰技术的研究工作,并在俄克拉荷马州立大学建立了目前世界上最大的路桥专用试验系统。[48]结合当地气候条件,将路面作为太阳能集热系统,采用竖孔地下换热器的地热泵封闭系统,开展融雪化冰和集热蓄热过程的研究。研究工作主要涉及冰雪多孔介质传热、桥面融雪、集热数学模型,利用有限元方法求解路面传热过程,整合路面热过程模型、热泵模型和气候模型等,对蓄能循环热流体融雪化冰过程进行模拟计算分析和试验。[48,49]

2002 年,Simon J. Rees 采用有限容积法建立了可用于埋有换热管道或是电缆路面的融雪化冰二维瞬态模型,给出了暴风雪中预热路面上不同的路面边界条件,具体计算模型如图 1 - 13 所示。[48]该模型为三点模型:一点在雪的表面;一点在雪层中央;一点在雪浆层。且雪被假设为一维模型,不考虑雪层中横向热交换的影响,对流换热和辐射换热只发生在最上面的节点上。传导热量从路表面传到雪浆层和雪层，太阳辐射忽略不计。

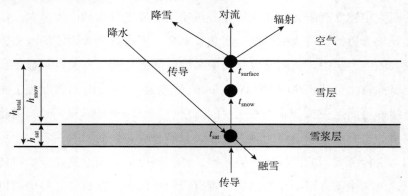

图 1 – 13　三点融雪模型传热示意[48]

注：$t_{surface}$ 为雪层表面温度（℃）；t_{snow} 为雪层中央温度（℃）；t_{sat} 为雪浆层温度（℃）；h_{snow} 为干雪层厚度（mm）；h_{sat} 为雪浆层厚度（mm）；h_{total} 为雪层厚度（mm）。

2005 年，Xiaobing Liu 采用有限容积法建立了两点二维瞬态融雪模型。[46] 融雪模型数学方程由干雪和雪浆中冰晶的质量平衡方程、干雪表面热平衡方程和雪浆中热平衡方程组成，如图 1 – 14 所示。

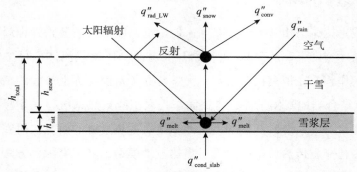

图 1 – 14　两点融雪模型传热示意[48]

注：q''_{conv} 为雪层表面对流换热量（W/m²）；q''_{snow} 为新降的雪从环境温度升到雪层中央温度的热量（W/m²）；q''_{rat_LW} 为长波辐射换热量（W/m²）；q''_{cond_slab} 为路面传给雪浆层的热量（W/m²）；q''_{rain} 为降雨温度从周围环境温度升到雪浆层中央温度所需的热量（W/m²）；q''_{melt} 为融雪所需的热量（W/m²）；h_{snow} 为干雪层厚度（mm）；h_{sat} 为雪浆层厚度（mm）；h_{total} 为雪层厚度（mm）。

波兰华沙大学研究者对埋有管道的桥面太阳能集热过程开展模拟计算，考虑非透明实体平面集热以及巨大热容体集热的传热瞬态问题。此外，对路面存在行驶车辆的瞬态遮阳和对流影响以及纯平面辐射集热等问题进行了研究分析。[76]

1.4.2　国内研究现状

2003 年，武汉理工大学侯作富在对碳纤维导电水泥混凝土的研究过程中，借助于 MARC 有限元程序和自编的 Fortran 用户子程序分析了导电水泥混凝土的融雪化冰过程[80]：设空气温度和初始温度均为 − 10℃，1m × 1m × 50.8mm 的导电混凝土，覆盖的冰层厚度为 3.2mm，底部有绝热层；假设风速为 15km/h，冰与空气间的对流换热系数为 34W/（m² · ℃）；考虑到冰层由初始温度 − 10℃ 变化到 0℃ 左右产生相变过程中冰的潜热为 333.5kJ/kg，相变温度假设由 − 0.1℃ ~ 0℃，在 RC 有限元分析中输入相应的相变温度范围。最终给出了化冰时间与温度变化、导电混凝土导热系数与化冰时间的关系，并对化冰与融雪进行了比较。此外，还进行了融雪化冰的试验研究，与计算结果进行了对比，说明了应用碳纤维导电混凝土进行融雪化冰的可行性。

2005 年，北京工业大学李炎峰、武海琴采用数值仿真软件 ANSYS 建立了发热电缆融雪化冰的数值模型。[81-82]在假设发热电缆的温度沿直径方向没有变化、材料均质、无热阻的前提下，选用四节点单元 Plane55，对电缆表面施加载荷进行计算。研究者仅考虑道路表面无积雪，新下的雪落到地面即被融化的情况，该项研究主要通过道路表面温度的变化来说明可能的路面融雪效果，并对计算结果进行了试验验证。

2007 年，河北理工大学王华君等对埋有换热管道的水泥混凝土板进行了融雪化冰试验研究。[83-84]他们通过在换热管道内通入加热的水流观测水泥混凝土表面冰层融化的情况，并用融雪率 A_r 来表征其融冰效果〔如式（1 − 1）所示〕，指出冰雪融化过程包括 3 个阶段：起步期、线性期和加速期。

$$A_r = \frac{A_f}{A_t} = 1 - \frac{A_s}{A_t} \qquad (1-1)$$

式中：A_r 为融雪率（0 ~ 1），无量纲；A_f 为等效空白区域（m²）；A_s 为等效的积雪覆盖面积（m²）；A_t 为总的等效面积（m²），$A_t = A_f + A_s$。

2007 年，大连理工大学王庆艳采用数值仿真软件 Fluent 建立了太阳能 − 土壤蓄热融雪系统融雪化冰模型。[19]在假设不考虑材料间接触热阻、不考虑冰雪在融化过程中蒸发、各层材料均质且材料紧密接触的前提下，得出了埋管间距变化、埋管深度、外界环境温度等对太阳能 – 土壤蓄热融雪系统融雪时间的影响。

2008 年，上海交通大学管数园利用 Visual Basic 语言编制了可以用于电缆加热系统进行融雪化冰的软件，采用解析法建立了融雪化冰数值模型。[85]

1.5 传导沥青混凝土材料性能研究现状

欲评估沥青混凝土路面在太阳能集热及融雪化冰应用的潜能，必须考察沥青混凝土在实现集热、融雪功能过程中的材料、集热融雪效率等性能，要确定实现功能对路面温度场的影响。

1.5.1 传导沥青混凝土

增大路面材料导热系数，能够加快热量在沥青混凝土内部的传递，从而有利于提高沥青路面的太阳能的集热效率。传导沥青混凝土即是从提高集热效率的角度出发，通过复合导热相填料而制备出的导热性能优良的沥青混凝土集热面层。传导沥青混凝土是传导沥青混凝土在高导热特性上的衍生应用，其前身为导电沥青混凝土，但又有别于一味降低其电阻率的一类功能型混凝土。

传导沥青混凝土主要指具有导电或高导热功能的一类沥青混凝土。与导电水泥混凝土相比，导电沥青混凝土是最近才开始研究的一项技术。Minsk 于 1968 年首次报道了石墨导电沥青混凝土，该混凝土的研制工作由美国联邦航空局与超级石墨公司共同完成，研制的导电沥青混凝土中石墨的掺量为 25wt%，接下来的试验和应用情况表明[86]：试验段在冬天表现出良好的融雪效果，但电学性能的不稳定性（电阻率显著增加）制约了后期的应用。1998 年，美国的 Zaleski 公布了两种不同石墨共同改性的导电沥青混凝土专利[87]。该专利指出采用无定形石墨与合成石墨（质量比为 2∶1）的混合物掺入沥青混合料中制备出的导电沥青混凝土电阻率可以达到 $100 \sim 150\Omega \cdot m$，石墨混合物的掺量为 20wt% ~ 30wt%，应用过程中只需在沥青混凝土两端施加 120V 电压即可用来进行路面的融雪化冰。Fitzgerald 等人研究发现在沥青混凝土中掺入碳纤维不仅可使沥青混凝土的电阻率大幅降低，而且可改善沥青混凝土的力学性能，当碳纤维掺量为 0.5wt% 时，电阻率降低了一个数量级。[88]国内外对采用碳纤维、钢纤维等纤维类材料制备导电沥青混凝土的研究发现，相对粉末状类导电材料，纤维类导电材料在沥青混凝土中的渗流阀值低，但由于其分散性不好对电学性能改善效果有限。[89-90]

　　武汉理工大学的吴少鹏等人从 2002 年开始就对导电沥青混凝土进行了探索与研究，主要针对导电沥青混凝土的组成设计方法、路用性能评价、导电机理分析、机敏特性和结构自诊断应用研究等方面。[89,91-93]研究结果表明：①石墨能有效地改善沥青混凝土的导电性能，但过量的石墨会导致沥青混凝土路用性能的降低；②碳纤维可以改善导电沥青混凝土的力学性能，与石墨复合可制备具有良好导电性能和路用性能的导电沥青混凝土，但导电及路用功能的耐久性有待深入研究，并需经实体工程的验证；③炭黑的吸油（沥青）性、片状石墨的润滑性和碳纤维的不易分散性限制了它们在导电沥青混凝土中的掺量；④导电沥青混凝土对应力和应变具有灵敏的电阻响应，可以对外加应力所产生的应变和沥青混凝土自身的损伤进行诊断。[94]

　　拟制备的传导沥青混凝土是一种由粗细集料、沥青胶结料和多种导热相填料组成的复杂体系。沥青本身的导热系数比较小，但所占体积分数小，所以沥青混凝土导热性能的提高主要依赖于矿物集料和填充物的导热系数的高低、导热相填料在沥青胶浆中的分布以及与沥青的相互作用。导电沥青混凝土所选的填充物亦可用于提高其导热性能。[3]

1.5.2　沥青混凝土抗水温冲击性能

　　沥青路面太阳能集热和流体加热路面融雪化冰会改变沥青路面温度变化规律，沥青路面的温度应力作用频率会增大，特别是在低温天气中的流体加热路面融雪化冰会加大路面的冻融次数，给沥青路面带来额外的水温耦合冲击。这些因素都将影响沥青混凝土的太阳能集热、融雪化冰的功能性及其路用性能。

　　沥青混凝土的抗温度冲击性能一直有人在研究，研究方法主要包括现象法、力学近似法或机械法。[95]力学近似法就是利用断裂力学原理来分析沥青混凝土的开裂，并以此预测混凝土疲劳寿命的一种方法；现象法依靠试验来确定造成疲劳损坏的温度循环次数，一般采用疲劳曲线来表征混凝土的疲劳性能。[96]研究温度冲击和疲劳的试验方法主要有两种：①创造温度循环环境，直接对制备的混凝土试件进行温度循环，同时进行约束试件温度应力试验

(TSRST)，该试验可以测量沥青混凝土因重复温度变化产生的循环变形；②采用时间－温度效应对混凝土进行间接作用，通过改变应力的作用频率来达到温度变化对沥青混凝土性能的影响。[97]将温度应力转化为荷载应力和频率，可以简化试验、缩短试验时间，许多研究单位都用此试验方法。但在沥青混凝土抗温度疲劳研究中没有统一的试验方法，各试验之间的关联性也很低。

水损害是沥青路面早期破坏最主要的原因之一。[98]加热沥青路面进行融雪化冰时，会加速路面的温度变化，特别是在反复地加热路面融雪时，会使沥青混凝土处于反复加速冻融的环境中。冻融时由于水的作用，沥青与集料间的骨架结构黏结强度会降低，导致沥青混凝土的结构稳定性和力学性能降低，再加上重复的行车荷载就容易发生道路的过早破坏。国内外有大量的研究工作涉及沥青路面的早期水损害问题，研究了水对沥青混凝土产生损害的机理、应对方法等。[99－101]

有很多评价沥青混凝土水稳定性的试验方法，通常可分为两种：①对未经成型的松散沥青混合料进行定性的试验研究；②将沥青混合料成型制备成不同的试样，对沥青混凝土试样进行试验，该试验以性能作为定量判断的标准。[98]第一种情况的定性试验是通过表观观察或仪器测量来判断裹覆在矿物集料表面沥青的剥落程度，将剥落面积比作为评价沥青和矿物集料黏附性、沥青混合料水稳定性的指标，常见的试验方法有水煮法、静态浸水法等；另外一种情况则是将沥青混合料成型的试件经过一定的水侵蚀作用后测试其力学性能指标，这类判断沥青混合料水稳定性的指标一般有残留马歇尔稳定度、冻融劈裂强度比、单轴压缩回弹模量等，而试验方法包括马歇尔试验、浸水抗压试验、冻融劈裂试验、得克萨斯冻融试验、洛特曼（Lottman）试验、改进的洛特曼试验、浸水车辙试验、Tunnicliff and Root 试验等。[101－102]由上述可知，评价沥青混合料水稳定性的试验方法很多，且每种方法的可行性、可靠性及现实情况的相关程度也在不断深入，由于试验方法与现实情况的差别，因此至今还没有一种试验方法得到广泛的认同。针对路面结构和材料所面对的实际情况，美国公路战略研究计划（Strategic Highway Research Program，SHRP）开发了 ECS（Environmental Conditioning System），其目的和功能就是为了更好地模拟沥青混凝土面对的实际情况，该试验系统可以减小环境与实验室之间的差别，进而更好地评价沥青混合料的水稳定性。但该试验系统经过美国科罗拉多州交通运输管理

部门与另外两种方法（改进的洛特曼试验及水煮法）对比研究后发现，ECS 的试验方法需要进一步改进。[98,103]

　　我国也一直有对沥青混合料水稳定性的性能要求，在 2000 年交通部颁布的《公路工程沥青及沥青混合料试验规程》（JTJ 052—2000）中规定，对于沥青混合料的强度和水稳定性，需进行弯曲试验、冻融劈裂试验和马歇尔稳定度试验。[104]但我国道路工程沥青混凝土路面的早期水损坏现象较为普遍，可能是由于规范本身对于集料黏附性指标、马歇尔残留稳定度和冻融劈裂强度比的指标，与实际环境中沥青路面水损害没有构建正确关系，此外现有的常见试验方法并不能正确预测将来沥青混凝土路面出现的水损害及其破坏程度。

1.5.3　沥青混凝土热学参数

　　集热是太阳能热利用技术中的重要部分，换热介质材料是太阳能集热融雪系统的关键，换热介质材料对太阳光的吸收传递效率决定了整个集热系统的优劣。而换热介质材料的热学参数直接决定了其对太阳光的吸收传递效率的高低。沥青混凝土的热学参数与构成其的矿物集料、沥青和添加料的导热系数，以及每一种组成材料的体积相对含量、分布状态、排列取向和压实度都密切相关。常用于路面温度场计算和太阳能集热效率分析的材料热学参数主要包括：导热系数 、比热以及导温系数。Bruce A. 等人对沥青混凝土的热工性能进行了比较全面的研究，他们认为沥青混凝土导热性能不仅与上述因素有关，而且沥青混凝土的导热系数受到温度和密度的影响。[105]Kavianipour 指出沥青混凝土的导热性能主要由集料和沥青来决定。[106]Mrawira 和 Luca 在他们 2002 年 TRB（Transportation Research Board）报告中描述了一种用于测量导热导温系数在内的相关热学参数的方法，结果表明热学参数除与温度和密度有关外还与混凝土的含水率有关。[107]

　　目前，国内外对传热介质的研究，概括起来可分为理论研究、试验研究和应用研究三个方面。理论分析主要是通过研究沥青混凝土内部热能传输机理，建立数学模型，描述并数值模拟实际的物理过程。对于多相复合材料热学参数的理论分析计算比较复杂，但可以用等效导热系数相等法则和最小热阻法则来简化计算沥青基复合材料的等效导热系数。[108]总的来说，影响沥青混凝土热学性能的因素很多，每一种应用的沥青混凝土材料组成和结构差异性大，要通过公式准确预估其热学参数还是有一定难度。表1-2列出了不同文献中沥青混凝土热学参数的试验测量和预估值。

表1-2　不同文献中沥青混凝土的热学参数

导热系数 [W/(m·℃)]	比热 [J/(kg·℃)]	参考文献
1.21	920	Corlew and Dickson （1968）[109]
0.86~1.06	850~870	Jordan and Thomas （1976）[110]
1.21~1.38	840~1 090	Tegeler and Dempsey （1983）[111]
1.50~2.00	1 000~1 010	Bruce A. and Rachel A. D. （1998）[105]
1.45~1.81	1 120~1 348	Luca and Mrawira （2005）[112]

从表1-2可看出，每一位学者给出的参数都不同，且差别较大。因此只有通过测试来准确获得沥青混凝土的导热系数等热学参数。我国建筑用材料导热系数和热扩散系数的测试标准还在制定当中，对于沥青混凝土热学参数的测试，美国有ASTM C177—2010对其进行了规定。[113]由于现行商业的材料热常数测定仪的量程及其对测试样品尺寸要求的限制，沥青混凝土试样难以加工且测量所得的热学参数精度不高。Joseph Luca等人开发了一种新的测试方法，测量获得了由旋转压实仪成型的沥青混凝土试样的导热系数[112]，研究了旋转压实次数对沥青混凝土导热系数的影响。结果表明：采用Superpave级配设计的沥青混凝土，对于沥青混凝土密度为2 295~2 450kg/m³、空隙率为3%~7%时，导热系数为1.4~1.8W/(m·℃)，导温系数为 $4.4 \times 10^{-7} \sim 6.4 \times 10^{-7} m^2/s$，该方法获得的数据比前人研究的数据离散性小很多。

1.6　沥青路面温度场研究现状

沥青路面温度随环境的变化情况直接影响路面的融雪效果。多年来，国内外道路专家学者对沥青路面温度场做了多项研究，包括数理统计法、实测法及理论分析法（数值模拟方法）等。

1.6.1　国外研究现状

国外针对沥青路面温度场的研究工作始于20世纪20年代。早在1926年，美国就在阿林顿（Arlington）地区对自然条件下沥青路面的温度状态进行了现场检测，随后，苏联、德国、日本等国家均对沥青路面的温度状况做了大量研究。[38]

1.6.1.1 数理统计法

数理统计方法是根据实测的路面温度和气象资料，通过回归分析建立路表温度推算公式的方法。其特点是计算方法简单，需要大量的、长期的路面温度气象观测资料，但其结论只限于局部地区。[3]

1976 年，日本近藤佳宏等经过一年的时间对两种不同厚度的沥青路面的温度状况进行观测，并采用数理统计法进行了分析，认为路面结构内不同深度的最高或最低温度与路表温度及气温呈线性关系。[114]

1988 年，美国启动了 SHRP 研究计划。1992 年，SHRP 推出了沥青混合料设计方法 Superpave，提出了将大气温度换算成沥青路面温度的方法。[115]该方法指出在高温条件下，路表温度是由路表的热气流决定的，而路表的热气流又受多方面因素的影响。

$$路表热气流 = 直接太阳辐射 + 热扩散 \pm 空气对流 \pm 热传导$$
$$- 路面体辐射$$

并将一年中最热的连续 7 天路表面以下 20mm 深度处的平均最高温度作为高温设计温度。1994 年，Huber 对 5 个地区的气温和由热平衡方程计算得到的路表温度进行了回归分析[116]，建立了计算路表最高温度的公式

$$T_{s(\max)} = T_{a(\max)} + 0.006\,18(Lat)^2 + 0.228\,9(Lat) + 24.4 \qquad (1-2)$$

式中：$T_{s(\max)}$ 为路表最高温度（℃）；$T_{a(\max)}$ 为最高气温（℃）；Lat 为纬度（°）。

1995 年，美国沥青协会（The Asphalt Institute）编制的《Superpave 水准 I 混合料设计》提出了关于公路沥青路面温度最高值与当地气温之间的关系[115]，指出路表以下深度 20mm 处温度为最高温度 $T_{20\text{mm}}$，其值为

$$T_{20\text{mm}} = (T_{s(\max)} + 17.78) \times 0.954\,5 - 17.78$$
$$= (T_{a(\max)} - 0.061\,8Lat^2 + 0.228\,9Lat + 24.4) \times 0.954\,5 - 17.78$$

$$(1-3)$$

1.6.1.2 理论分析法（数值模拟方法）

1957 年，Barber 首先提出了路面温度场的理论研究方法[117]，建立了路表

温度和路表以下3.5英寸（1 in = 2.54cm）处的温度与气温和太阳辐射资料之间的关系，用半无限表面介质温度周期变化时的热传导方程解来确定路面的最高温度。他指出可以简单地使用正弦曲线模拟一天中沥青路面的温度变化（如果将太阳辐射考虑在内，使用正弦曲线可以较好地模拟一天之中路面的温度变化），最终得出不同路面结构的最高温度计算公式为

$$T = T_a + a \cdot L + b \cdot (0.5T_r + 0.3a \cdot L) \qquad (1-4)$$

式中：T 为路表最高温度（F）；T_a 为日平均温度（F）；T_r 为日最高温度与最低温度之差（F）；L 为太阳日辐射总量（Langleys）；a，b 为实常数，不同路面采用不同值。

1972年，加拿大的 D. T. Christison 和 K. Q. Anderson 研究了低温环境对4种不同结构的沥青路面的影响，并采用有限差分法预估了路面结构中的温度分布情况。[118]利用一维非稳态计算方法，将路面假定为均质体，结合隐式格式求解出能量平衡方程。

2000年，瑞典国家道路与交通研究所（Swedish National Road and Transport Research Institute）的 Hermansson 采用有限差分法对夏季沥青路面温度场的变化进行了研究。[119]在分析中，除了考虑太阳辐射传热外，根据风速、气温及地表温度等亦考虑了路面对流的损失。

2005年，C. Yavuzturk 等采用二维瞬态有限差分法对沥青路面在外界环境作用下的温度场进行了评估。[120]应用传热学和气象学的基本原理，结合当地实测原始气象资料，假定除铺装层表面受外界环境辐射、对流、传导外，其余边界部分均假设为绝热边界条件。对有限差分法与 Superpave 算法进行比较，最终得出分别改变沥青铺装层比热、铺装层表面吸收系数条件下沥青铺装层表面温度在 0 ~ 168h 内逐时温度变化及 4 936 ~ 5 032h 内温度变化规律。

Manuel J. C. Minhoto 采用三维有限元法应用有限元软件 ANSYS 对葡萄牙东北部沥青路面温度变化进行了分析研究，并与实测结果做了比较，得出了数值模拟沥青路面铺装层温度场的方法。2005年，Manuel J. C. Minhoto 等在以上研究的基础上，考虑了车载与温度耦合条件下沥青铺装层的力学性能。[121]

近年来，关于传导集热型沥青路面温度场的研究亦有许多。2003年，Marcel Loomans 等根据传热学原理预测了沥青路面太阳能集热的潜能，并进行了试验与数值分析对比验证。[13]2008年起，Chen Baoliang 等亦采用有限单元法

应用有限元软件 Consol 对埋管集热型沥青混凝土在光照情况下的温度场分布进行了分析研究。[67,77,122]

1.6.2　国内研究现状

近年来，国内进行了大量的沥青混凝土温度分布研究。

1.6.2.1　数理统计法

1993 年，方福森根据实测数据对上海地区沥青路面的最高温度给出了经验回归关系式[123]

$$T_{s(\max)} = 8.68 + 0.874T_{a(\max)} + 0.007L \tag{1-5}$$

式中：L 为日辐射热（$J/cm^2 \cdot d$）。

2001 年，韩子东采用长安大学公路学院的气温与地表温度经验公式进行计算，得出沥青路面地表温度如式（1-6）、式（1-7）所示[124]，提出路面的最大升、降温速率分别为 4.49℃/h 和 -3.70℃/h。

$$T_{s(\max)} = 1.583\,7T_{a(\max)} - 1.2470 \tag{1-6}$$

$$T_{s(\min)} = 1.089\,3T_{a(\min)} + 0.2146 \tag{1-7}$$

式中：$T_{s(\min)}$ 为路表最低温度（℃）；$T_{a(\min)}$ 为最低气温（℃）。

同济大学秦健、孙立军等采用回归方法提出了沥青路面温度的预估模型[115]

$$T_p = a + b \cdot T_{an} + c \cdot Q_n + d \cdot H \tag{1-8}$$

式中：T_p 为沥青路面结构某一深度的温度（℃）；T_{an} 为 n 小时的平均气温（℃）；Q_n 为 n 小时平均太阳辐射强度（kW/m^2）；H 为深度（cm）；a，b，c，d 为回归系数。

1.6.2.2　理论分析法（数值模拟方法）

从 20 世纪 80 年代起，佛山大学吴赣昌等从传热学和气象学的基本理论出发，得出了线性及非线性二维层状体系沥青路面温度场的计算理论，分析了气候条件及路面材料特性参数对沥青路面温度场的影响。[125-129]

2001 年，长安大学韩子东利用层状弹性体系理论及传热学理论得出了沥青路面温度场的解析解[124]，并与实测结果做了对比分析。

2004 年，湖南大学贾璐采用解析法对沥青路面高温温度场做了数值分析，建立了非稳态沥青路面温度场的解析表达式，并进行了沥青路面高温温度场有限差分程序的开发。[130]

重庆交通大学张兴军采用有限元软件 ANSYS 中瞬态分析法，模拟了沥青路面温度场的变化情况。[131]

2008 年，东南大学罗桑建立了沥青路面二维模型，并采用气象经验公式对路面进行温度加载[132-133]，得出了逐时路面温度变化：随着路面深度的增加，会出现温度变化幅度减小、变化相位滞后的情况；日温差随深度的增加呈指数分布并迅速减小；沿深度方向路面内部温度呈非线性分布。

1.7 动载作用下沥青路面黏弹性响应研究现状

沥青路面结构的可靠性和耐久性直接影响路面的正常使用性能。对于沥青混凝土这一特殊的"黏弹性"材料，行车荷载对其的影响尤为重要。尽管行车荷载是随时间和空间而变化的，但是传统的路面分析模型多假设荷载是静态或完全平稳的。近年来，为有效建立沥青路面路用性能预估模型，国内外学者在采用数值分析法考虑沥青混凝土黏弹性性能的前提下，对移动荷载作用下沥青路面性能的研究逐渐多了起来。

1.7.1 国外研究现状

1996 年，A. T. Papagiannakis 开发了黏弹性路面在移动荷载作用下的动力响应计算程序。在该程序中，沥青混凝土可以是弹性材料或是黏弹性材料，各层弹性模量沿竖向变化，水平方向保持不变，可以分析多种荷载，且每个荷载都可以有各自的荷载作用区间和时间历程。[134-135]

1998 年，Raj V. Siddharthan 采用连续有限层法评估了车辆行驶作用下沥青路面的应变分布情况。[136]整个分析过程考虑了移动荷载的负荷变化及相应复杂的接触应力分布（正应力和剪应力）、行车速度和沥青混凝土的黏弹性等重要参数，最终指出轮胎与路面接触所产生的剪应力对沥青铺装层底部的拉应变几乎没有影响。

2010 年 2 月，Pengmin Lv 分析了黏弹性路面在移动荷载作用下的动态响应，将沥青路面视为以 Kelvin 模型支撑的无限梁体。[137]通过 Green 函数、拉普拉斯变换、傅立叶级数的变化，最终编制出黏弹性路面在移动荷载作用下的瞬时响应程序。该程序考虑了车辆的行驶速度及阻尼的影响。

关于埋管型沥青路面的力学性能，目前国外研究较少。W. T. Van Bijsterveld 等在假设沥青混凝土为弹性材料的前提下应用有限元软件 CAPA 分析了移动荷载作用对埋管沥青路面的影响，指出移动荷载作用下在沥青路面的换热管道周围出现了极大的应力集中，可能造成沥青路面耐久性的下降。[56]

1.7.2　国内研究现状

2007 年，华中科技大学罗辉应用有限元软件 LS – DYNA 对沥青路面在移动行车荷载下的黏弹性响应进行了有限元分析。[138]通过引入无反射边界消除动力分析时有限元分析的误差，研究了基层模量及厚度、阻尼、层间接触状态、接地压力及行车速度等参数对沥青路面力学性能的影响。

2007 年，南华大学叶勇利用有限元软件 ABAQUS 强大的非线性分析功能，研究了沥青路面的黏弹性力学响应。[139]在黏弹性沥青路面施加单次静载的基础上，考虑了车辆移动荷载作用下路面的工作性能，并提出可以采用路面性能协调因子 β 作为沥青路面结构工作性能的评价指标。

2009 年，长安大学滕旭秋以柔性基层沥青路面的病害为切入点，以车辙、Top – Down 裂纹、反射裂纹（仅对混合式基层沥青路面）为设计指标[140]，在考虑了沥青混合料的黏弹性及移动荷载作用的基础上，采用有限元软件 ANSYS 建立了沥青路面力学性能预估模型，得出了路面结构车辙深度及疲劳寿命的计算方法。

1.8　存在的问题

目前国内外专家学者依据传热学的基本原理建立了多个沥青路面温度场模型及融雪模型，取得了许多研究成果；此外，沥青路面在移动荷载作用下的黏弹性响应亦有多项研究，但仍有一些问题有待进一步解决。

（1）制备的传导沥青混凝土具体路用性能如何，如：冰雪融化后的雪水对路面结构的影响；夏季高温条件下其路用性能与普通路面相比路面性能如何等。

（2）传导沥青混凝土路面集热和融雪化冰实验研究。

（3）可用于路面融雪的传导沥青混凝土，其融雪化冰模型如何确定，尤其是内部换热管道的布置、沥青路面导热系数与路面融雪效果的关系。

（4）传导沥青路面在夏季时内部温度场的变化情况。

（5）尽管目前国内外专家学者已建立了多个在移动荷载作用下沥青路面黏弹性力学模型，并取得了一定的进展，但是在沥青路面中埋入换热管道后对于路面正常使用性能的影响研究较少。

（6）虽然国内外学者已对传导沥青路面的融雪性能有所研究，但受多方面条件的制约，付诸实践的融雪化冰试验还需进一步完善。

1.9 研究内容及技术路线

由于道路太阳能集热和融雪化冰过程是一个复杂多变的传热传质过程，涉及道桥和换热装置，研究过程周期长、投资大。受换热装置一经安装，难以改造和调整等因素的制约，国内外普遍采用商业软件对融雪、集热和地下蓄热进行模型分析和数值计算；并且对路面太阳能集热的原理和研究方法进行的探索，主要针对的是水泥混凝土路面。而沥青道面的太阳能集热和融雪受多方面因素的影响，在实现并提高集热和融雪功能之前必须保证道路本身的功能和路用性能。因此本书对沥青混凝土路面太阳能集热和融雪化冰过程中涉及的问题做了整理和辨析，从实验和数值模拟两方面进行研究。通过室内外实验：设计集热和融雪的沥青道路的结构形式，设计并制备用于评价试验集热和融雪的装置和方法；对集热和融雪沥青道路结构层的材料进行功能设计，研究其性能；在室内外进行太阳能集热和融雪化冰试验，综合评价其应用性能。运用有限单元法利用传热学基本原理分析沥青路面的热传导系数、换热管道的埋管深度及埋管间距等对传导沥青路面夏季降温、冬季融冰的影响效果，确定出合理的埋管深度及埋管间距；对合理换热管道布置的传导沥青路面在移动荷载作用下的黏弹性响应进行分析，预估其设计疲劳寿命，具体的研究内容及采取的技术方法如下。

1.9.1　集热及融雪过程的物理问题

从气候学和传热学的基本原理出发，分析路面太阳能集热及融雪的原理、热工过程，对影响沥青路面集热和融雪的路面材料、结构特性、雪的热物特性和环境气候条件等基本概念进行解析，并界定影响沥青混凝土集热和融雪性能的关键参数，为后续章节关于传导沥青混凝土、路面隔热层材料、室内室外试验方案的设计、沥青混凝土换热器试样的成型等研究奠定理论基础。

1.9.2　集热及融雪用沥青路面材料的设计与路用性能研究

在沥青和沥青混凝土中复合导热相填料，制备传导沥青胶浆和传导沥青混凝土。通过针入度、软化点、延度和黏度等研究传导沥青胶浆的温度敏感性和石墨与沥青的相容性；通过黏度和动态剪切流变试验，研究传导沥青胶浆的流变特性。通过浸水马歇尔试验、冻融劈裂试验、高温车辙试验，研究不同导热相填料掺量的沥青混凝土的路用性能；通过间接拉伸疲劳试验，研究导热相填料对疲劳特性的影响。设计隔热层材料的组成，对常规路用性能进行检验。

1.9.3　集热及融雪用沥青路面材料的热物性研究

通过瞬态平板热源法，测量沥青混凝土的热学参数。分析瞬态平板热源法的原理，优化沥青胶浆和沥青混凝土热物性的测试方法；通过制备不同集料的沥青混凝土，研究集料对沥青混凝土导热性能的影响；在沥青及沥青混凝土复合导热相填料，研究导热相填料对沥青胶浆和沥青混凝土热物性的影响；理论分析沥青胶浆及沥青混凝土的热物性和传热机理，提出适合沥青胶浆和传导沥青混凝土的导热系数预估模型；测量和评价隔热层材料的热物性，采用电热效应升温试样来评价隔热层的隔热效果。

1.9.4　传导沥青混凝土抗水温冲击性能研究

设计模拟沥青路面进行集热和融雪过程中的长期重复变温的方案，研究长期加速冻融循环对沥青混凝土体积性能和力学性能的影响，并提出适合传导沥青混凝土质量控制的检测方法和指标；通过成型路面结构试验小板，对传导沥青混凝土的电阻进行监测，评价重复的温度变化对导热性能和结构的影响。

1.9.5 流体加热传导沥青路面融雪试验研究

参考相关标准并结合沥青混凝土制备和成型的实际情况对混凝土太阳能集热和融雪的室内试验装置进行设计，主要包括辐射光源及其测量控制、温度传感器及其安装和数据采集、试验台架和管道的连接保温、沥青混凝土换热器的结构及其尺寸和制备方法、换热工质的恒温及驱动装置等相关内容。

对室外融雪化冰试验装置和方法进行设计，制备和成型可用于模拟路面融雪的大板试样；利用低温流体加热沥青路面在冰雪天气中进行融雪研究，主要通过实验测量融雪率、基本特征点的温度变化、融化时间以及表面温度场等数据，讨论实际道路管道融雪化冰的热工特性和融化规律，对融雪过程和融雪效率等性能进行评价。

1.9.6 传导沥青路面温度场及集热的试验研究

根据路面结构所处的气候辐照条件，成型制备全厚式结构的沥青混凝土小板，借助实验装置模拟在室内对试板温度场进行测量；通过对比沥青路面温度的变化过程、温度的垂直分布、温度变化速率以及温度梯度等结果，研究传导沥青混凝土对路面温度场的影响。成型和制备内埋有换热管道沥青混凝土换热器，通入换热工质，测量混凝土换热器内部温度的变化过程；研究集热过程、换热工质的通入时间、不同流量、初始温度和传导沥青混凝土等条件对路面内部温度和集热性能的影响。

1.9.7 传导沥青路面融雪化冰性能优化设计

基于传热学基本原理、采用有限元单元法对传导沥青路面融雪化冰时间、融雪化冰效果及其影响因素等进行分析，并对传导沥青路面融雪化冰性能进行优化设计。通过对比不同换热管道的埋管深度、埋管间距及沥青混凝土热传导系数对传导沥青路面融冰效果的影响，确定传导沥青路面中换热管道合理的布置方式，最终建立传导沥青路面融雪化冰性能预估模型。

1.9.8 传导沥青路面夏季温度场数值模拟

基于传热学基本原理、采用有限元单元法对传导沥青路面在夏季日温度变化条件下沥青路面温度场的分布及助冷流体对道路温度场的影响等进行研究。在传导沥青路面的换热管道中通入助冷流体（25℃水），计算不同材料热学参数对沥青路面温度场分布及热梯度分布的影响，为减少路面热蚀破坏，提高路面使用寿命和承载能力提供参考依据。

1.9.9　移动荷载作用下传导沥青路面黏弹性响应

基于弹性层状体系理论，结合传导沥青混凝土黏弹性试验结果，采用有限单元法利用数值模拟软件 ABAQUS，计算移动荷载作用下不同的埋管材料对路面疲劳性能的影响等，找出最易开裂的路面部分，并进行疲劳寿命预测。

第一篇

实　验

第 2 章　集热及融雪化冰沥青路面材料的制备与路用性能

　　沥青混凝土作为道路结构面层，承受着各种重复的行车荷载和自然环境的直接作用，容易发生车辙、裂缝、坑槽等病害。因此，公路工程建设使用的沥青混凝土应具有足够的高温稳定性、良好的低温抗裂性、疲劳耐久性及抗水损害等路用性能。对于集热及融雪化冰沥青混凝土面层，在具有良好集热和融雪功能的同时，更应兼具良好的路用性能。沥青混合料的结构类型和组成应根据道路等级、所处路面结构的层次和使用功能等多方面因素综合确定。采用 Superpave 设计方法对集热及融雪化冰用沥青混合料的组成进行了设计，通过掺加高导热相填料来提高沥青混凝土的导热性能。研究导热相填料对沥青及沥青混凝土的流变、路用等性能的影响，评价和优选材料组成，制备出符合集热及融雪要求的沥青路面建筑材料。

2.1　原材料与组成设计

2.1.1　原材料

　　原材料用来制备普通沥青混凝土、传导沥青混凝土和隔热层，主要包括多种矿物粗细集料、矿粉、沥青、陶粒、建筑废弃物以及导热相填料石墨、钢渣、碳纤维等。

2.1.1.1　沥青

　　沥青主要用来黏附矿物集料，使沥青混凝土形成一定的强度，对沥青混凝土的路用性能有很大影响。沥青材料的种类很多，可根据其来源、用途、加工方法、形态以及物性来划分。本书所用沥青为辽宁盘锦北方沥青股份有限公司生产的 AH－90 号 A 级道路石油沥青和湖北国创高新材料股份有限公司生产的改性乳化沥青，其基本指标和指标要求如表 2－1 和表 2－2 所示，各项性能制备均满足规范的要求。

表 2－1　AH－90 号 A 级道路石油沥青性能指标

性能指标		单位	检测结果	指标要求
原始试样	针入度（25℃，100g，5s）	0.1mm	85.9	80~100
	延度（5cm/min，15℃）	cm	>120	≥100
	软化点（环球法）	℃	44.1	≥42
	密度（15℃）	g/cm³	1.030	实测记录
	蜡含量（蒸馏法）	%	1.83	≤3.0
	闪点（COC）	℃	289	≥245
	溶解度（三氯乙烯）	%	99.7	≥99.5
薄膜烘箱老化后残留物	质量损失	%	－0.05	≤0.8
	残留延度（5cm/min，15℃）	cm	>120	≥20
	残留针入度比（25℃，100g，5s）	%	68	≥54

表 2－2　改性乳化沥青性能指标

试验项目		检测结果	技术要求
筛上剩余量（1.18mm，%）		0.07	≤0.1
电荷		+	—
沥青标准黏度 $C_{25,3}$（s）		23.8	12~60
蒸发残留物含量（%）		63.4	≥60
蒸发残留物性质	针入度（0.1mm）	73.2	40~100
	软化点（℃）	57.8	≥53
	延度（5℃，cm）	103.8	≥20
	溶解度（%）	99.3	≥97.5
储存稳定性	1d（%）	0.6	≤1
	5d（%）	3.3	≤5

2.1.1.2 集料及矿粉

矿物集料是岩石经过一级或多级破碎成为不同粒径的碎石，形成沥青混凝土的骨架结构，对路用性能起决定作用。按照粒径大小可分为粗集料和细集料。本书所用集料由粗集料（9.5～16mm）和细集料（0～2.36mm）组成，均为湖北京山产的玄武岩，矿粉为湖北娲石石灰岩矿粉。集料性能按文献[141]相关规定进行相关试验，具体性能指标和要求如表2－3～表2－5所示。此外在测试沥青混凝土热物性，涉及的不同集料种类如石灰岩、辉绿岩、花岗岩和建筑废弃物等均满足规范要求[142]；特别地，测试沥青混凝土热物性时采用的页岩陶粒不符合公路沥青路面规范要求，其指标参数列在表2－3中。

表 2 – 3 粗集料性能指标

性能指标	玄武岩	页岩陶粒	规范要求
压碎值（%）	13.2	32.8	≤26
洛杉矶磨耗（%）	15.6	29.1	≤28
视密度（g/cm³）	2.901	1.715	≥2.6
吸水率（%）	0.6	4.5	≤2
黏附性（级）	5	5	≥4
针片状含量（%）	14.4	16.7	≤15

表 2 – 4 细集料性能指标

性能指标	玄武岩（0～2.36mm）	石灰岩（0～2.36mm）	技术要求
视密度（g/cm³）	2.745	2.561	≥2.5
坚固性（>0.3mm,%）	0.28	1.13	≤12
砂当量（%）	94.6	93.8	≥60

2.1.1.3 导热相填料

通过在沥青混凝土中复合多种导热相填料改善其导热性能。目前常用的导热相填料主要是金属类和非金属两类，形状可以为粉末、颗粒、晶须和纤维。由于金属填料容易被腐蚀[143]，防腐性能要求较高的导热材料一般选用非金属填料，如石墨、炭黑和碳纤维等。同时钢渣含有大量铁元素，存在电子相互作用或碰撞进行导热，可以作为导热相填料来替代部分矿物集料。[144]

表 2 – 5 矿粉性能指标

性能指标		试验值	规范要求
视密度（g/cm³）		2.727	≥2.5
含水量（%）		0.3	≤1
粒度范围（%）	< 0.6mm	100	100
	< 0.15mm	97.4	90 ~ 100
	< 0.075mm	88.9	75 ~ 90
外观		无团粒结块	无团粒结块
亲水系数		0.82	< 1

石墨的热导率可达 25 ~ 470W/（m·℃），并且具有耐腐蚀性好、在沥青混凝土中能均匀分散等特点；石墨为片状结构，石墨颗粒之间容易搭接，当石墨体积含量大于某一临界值时，就能形成导热网络，可有效提高材料的导热系数。[145]石墨作为导热相填料具有较好的耐热性能，在沥青混凝土的制备过程中不会因拌和温度高而发生物理化学性质改变。本书选用的导热相填料石墨是河北邢台矿业有限公司生产的鳞片状石墨，表 2 – 6 列出了其主要性能。

表 2 – 6 石墨的主要性质

化学成分	密度（g/cm³）	莫氏硬度	粒径（μm）	碳元素含量（%）	灰分（%）	铁含量（%）	导热系数 [W/（m·℃）]
C	2.1 ~ 2.3	1 ~ 2	150	98.9	0.2	0.03	68 ~ 72

钢渣是炼钢转炉过程中产生的废渣经风或水淬急冷而形成的一种多矿物固熔体。钢渣中主要的传导性成分为 Fe 和 FeO，约占钢渣含量的 25%，甚至更高。[146]有研究结果表明：钢渣替代沥青混凝土中的部分矿物集料，不仅可提高沥青混凝土的路用性能，而且还可以改善沥青混凝土的导热性能，存在电子的振动或碰撞或可使导热性能增强，但钢渣的多孔结构容易导致沥青混凝土的油石比上升。[146]表 2 – 7 列出了本书选用的钢渣的性能指标。

表 2 – 7 钢渣的主要性质

表观密度（g/cm³）	空隙率（%）	吸水率（%）	磨耗（%）	压碎值（%）
3.097	38.9	3.06	11	16.3

2.1.1.4　防水卷材

江苏省吴江市月星建筑防水材料有限公司生产的星月旺牌 SBS 改性防水卷材，其出厂性能均满足规范要求。[147]

2.1.2　材料组成设计

沥青路面面层结构一般分三层，表面层、中面层和下面层。由于本研究主要任务为评价沥青路面太阳能集热及融雪化冰的功能性，与其整体结构相关的路用性能并未涉及，因此将太阳能集热沥青路面沥青混凝土面层结构组成简化为两层。欲采用的太阳能集热及融雪化冰沥青路面结构形式如图 2-1 所示，上面层和中面层采用沥青混凝土，在沥青面层与下承层之间设具有防水功能的隔热层，下承层可以为旧混凝土路面或新建的水泥稳定基层。

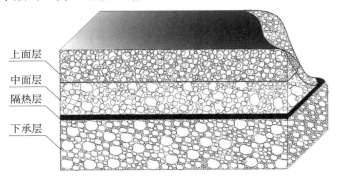

图 2-1　集热融雪沥青路面材料结构

太阳能集热及融雪化冰用沥青路面材料组成设计的主要目标是确定矿物料、矿粉、沥青胶结料和导热相填料的最佳配合比，提出相关的制备方法和工艺，使沥青路面材料既能满足材料的技术要求又能具备良好的导热性能。沥青路面材料包括用于沥青混凝土面层的未掺导热相填料的素沥青混凝土、掺导热相填料的传导沥青混凝土、中面层的沥青混凝土以及隔热层材料。沥青混凝土的设计方法主要参考国内外相关规范及课题组已有的成果，通过掺加高导热相填料来提高沥青混凝土的导热性能来设计和制备传导沥青混凝土。

2.1.2.1　所用级配

一个良好的矿质集料级配，应该是在热稳定性允许的条件下矿料与沥青之间作用良好，使沥青混合料最大限度地发挥其强度效应，从而获得良好使用品质。研究表明级配是影响路面早期损坏的重要原因，对于不同公称最大粒径的沥青混合料来说，恰当的粗细集料比例能够使混合料达到粗骨架稳定、粗胶泥密实的状态，是混合料获得良好路用性能的基础。[98]由于矿料级配的不同，可形成各种类型且在物理性质和力学性质上差异显著的沥青混合料，因而它们的用途也各不相同。

提高沥青混凝土的导热性能，需掺入大量的导热相填料，也就是要求沥青混凝土有足够的矿料间隙率（VMA）。本书中沥青混凝土级配的设计采用Superpave方法，传导沥青混凝土在设计的普通沥青混凝土的级配基础上复合或替换导热相填料。美国公路战略研究计划提出的Superpave级配设计方法是采用0.45次方级配曲线图，如图2-2和图2-3所示，同时根据经验和实验值提出了该级配的控制点和禁区。[148]采用0.45次方级配曲线图最重要的特点是代表集料粗细颗粒在最大可能的重排下最密实的级配组成的最大理论密度线，是图2-2、图2-3中原点与最大尺寸处通过率为100%时的点的连线。控制点主要用于限制集料级配曲线必须通过的大概范围，如图2-2、图2-3中所示一般设在最大公称尺寸（12.5mm或19.0mm）、关键尺寸（2.36mm）以及关键尺寸（0.075mm）处。禁区位于沿最大理论密度线中间尺寸与0.03mm尺寸之间，限制区形成一个级配曲线不能通过的区域。由于禁区具有特有的驼峰形，因此通过禁区的级配一般称为"驼峰级配"。设置禁区的目的之一是为了

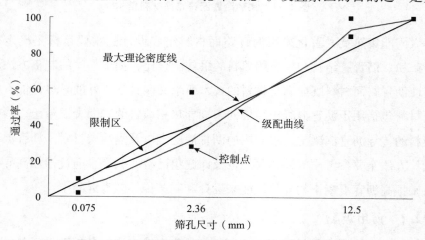

图2-2　试验所选择的Superpave 12.5的级配曲线

控制砂的用量，"驼峰级配"中细砂含量过大会导致沥青混合料在摊铺时出现压实度不够等问题，并且路用性能的抗永久变形性能不好；此外设置禁区可以提供足够的矿料间隙率，而"驼峰级配"容易造成矿料间隙率较小，导致沥青混合料性能对沥青含量的高低敏感。[149]

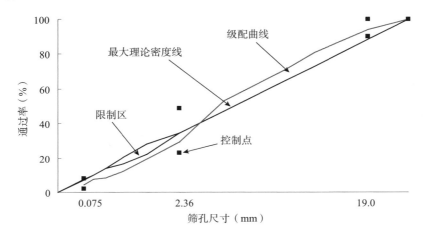

图 2 - 3　试验所选择的 Superpave 19.0 的级配曲线

因此，采用 Surperpave 设计级配时应使设计的级配曲线处于控制点，并避开限制区以满足要求。本书采用的 Superpave 12.5 的级配和 Superpave 19.0 的级配，其合成级配曲线如图 2 - 2 和图 2 - 3 所示。

2.1.2.2　沥青用量

Superpave 级配设计方法中采用能反映路面摊铺真实情况的旋转压实仪来成型试件。针对不同最大公称粒径的级配，Superpave 级配设计方法对沥青混合料的技术要求不同，两种级配下 Superpave 沥青混合料技术要求如表 2 - 8 所示。其中沥青混凝土空隙率是一个重要的设计指标，与沥青用量直接相关，在 Superpave 级配设计方法中，混合料的空隙率设计目标值为 4.0%。具体沥青胶结料的含量设计过程见参考文献[3,150]，最终确定 Superpave 12.5 的沥青混合料的沥青用量为 4.7%，Superpave 19.0 的沥青混合料的沥青用量为 4.1%。

表 2 − 8　Superpave 沥青混合料技术要求

技术要求	12.5mm	19.0mm
% Gmm （N – Initial）	≤89	≤89
% Gmm （N – Design）	96	96
% Gmm （N – Maximum）	≤98	≤98
% Air Voids （N – Design）	4.0	4.0
% VMA （N – Design）	≥14	≥13
% VFA （N – Design）	65 ~ 75	65 ~ 75

2.1.2.3　传导沥青混凝土

在沥青混合料中，导热系数相对较高的骨料被导热系数较低的沥青所包裹，热传导性能较差。因此，欲提高沥青混合料的传导性能，最主要就是改善沥青材料的导热性能，如在沥青材料中加入一些高导热相材料（石墨、碳纤维等），在改善沥青材料导热性能的同时，可考虑采用高传导性能的骨料（钢渣等）。

在前文设计的 Superpave 12.5 的沥青混合料中复合导热相填料石墨或钢渣，设计和制备传导沥青混凝土。由于导热相材料石墨的吸油性和钢渣的多孔结构，使得部分沥青会被导热相材料吸收，用于填充和黏结集料的沥青量相应减少。沥青在传导沥青混凝土中具有胶结黏附和阻隔两方面的功能：沥青混凝土集料与集料之间需要足够的沥青黏结才能保证良好的力学强度，与此同时在导热相材料表面的沥青膜的阻隔作用，使界面热阻过大而不能有效改善沥青混凝土的导热性能。因此，在级配设计过程中需要对沥青用量的设计方法进行调整，控制因沥青的吸收而导致的体积性能指标不符合要求。

导热相材料的掺量越大，吸收沥青量越大，且吸收沥青质量与石墨质量一般呈比例关系。通过仅复合石墨的传导沥青混凝土的设计与试验分析发现[150]，石墨质量增加 1g，相应的最佳沥青用量增加 0.406 1g。导热相填料石墨以替代部分矿粉的方式掺入，传导沥青混凝土试样的具体制备工艺见参考文献。[89,150]考虑到导热相填料对沥青的吸收作用，传导沥青混凝土的矿料间隙率指标要求建议为 16% ~ 18%、沥青饱和度建议为 75% ~ 85%。并且石墨对沥青吸收作用是否稳定还不确定，沥青混凝土的设计空隙率可以适当提高到

4.3% ~ 4.5% ，以避免高温天气和重载作用中石墨吸附的沥青重新释放出来，使沥青路面出现泛油或车辙。

2.1.2.4　隔热层材料

在沥青面层与下承层之间设具有防水功能的隔热层，既要满足沥青面层与下承层间的黏结、防水、抗滑及抗振动变形能力等，又要较好地阻隔热量向路面下传递。常用于公路工程沥青路面的防水黏结层材料有稀浆封层、沥青基防水卷材，常用的隔热材料有隔热板和隔热涂料。由于隔热板强度低，与沥青路面各层间的黏结性差，不耐沥青面层摊铺时荷载的碾压，隔热涂料成本高，因此这两种隔热材料均不能应用于道路隔热层。本书欲对比评价稀浆封层、沥青基防水卷材及掺陶粒沥青混凝土作为太阳能集热及融雪沥青路面隔热层的可行性，最终确定最佳的具有防水、黏结和隔热功能的材料。

1. 稀浆封层

根据《微表处和稀浆封层技术指南》中所规定的微表处设计方法[151]，稀浆封层采用 ES－2 型矿料级配，最终确定的级配曲线如图 2－4 所示。

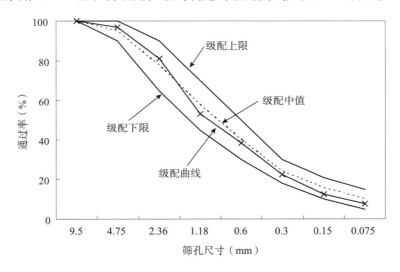

图 2－4　稀浆封层材料的级配曲线

2. 陶粒

采用页岩陶粒，内部为细密蜂窝状微孔结构，外部有一层纹理粗糙、耐磨的釉质层。其多孔结构使页岩陶粒具有小的毛体积密度和较好的隔热效果。陶粒表面不易吸附粉尘，较普通集料洁净，拌和过程中产生的灰尘少。美国 20 世纪 50 年代就进行了页岩陶粒制备沥青混凝土的相关研究，并成功应用稀浆封层、表面处治、热拌、冷拌沥青路面与桥面结构中，并编写出版了页岩陶粒沥青混凝土设计手册。[152 - 153]

页岩陶粒的密度为普通集料的 60% 左右，且其压碎值、洛杉矶磨耗损失都不符合规范要求，因此在设计沥青混凝土的配合比时需进行适当的调整。一般在配合比设计过程中采用质量分数进行，在这里将各种矿物集料转换为体积配比，并采用部分陶粒替代沥青混凝土中 2.36 ~ 4.75mm、4.75 ~ 9.5mm 的普通矿物集料，大于 9.5mm 的集料采用玄武岩或辉绿岩，小于 2.36mm 的集料采用玄武岩或石灰岩。大于 9.5mm 的集料形成骨架结构，抵消陶粒强度的不足，小于 2.36mm 的细集料采用石灰岩或玄武岩可避免陶粒细集料对沥青过量吸附。矿料级配采用图 2 - 2 所示配比。陶粒沥青混合料油石比为 5.7%，高于普通沥青混凝土的油石比。原因在于：粗糙的页岩陶粒表面吸收了部分沥青，导致掺陶粒沥青混合料的最大理论密度小于普通沥青混合料的最大理论密度。

3. 防水卷材

将防水卷材裁剪成合适的大小，采用热熔成型或施工。

2.2 传导沥青胶浆路用性能

沥青胶浆在沥青混凝土中所占的质量分数较小，但是沥青胶浆是沥青混凝土路用性能的重要影响因素，美国战略公路研究计划的研究成果表明，沥青胶浆在沥青混凝土的路用性能中，影响高温车辙的程度为 29%，疲劳为 52%，温度裂缝为 87%。[154]沥青是一种黏弹性材料，其性质会随着温度变化而改变，即沥青的温度敏感性。在沥青应用过程中，温度敏感性、流变性能和路用性能都是沥青性能的核心。[155]本书通过针入度试验、延度试验、软化点试验、布氏旋转黏度试验以及动态剪切流变试验，研究了不同掺量的导热填料对沥青胶浆的针入度、延度、软化点、黏度、温度敏感性指标、复合剪切模量、相位角等路用性能和流变性能的影响。

2.2.1　试样的制备

由于石墨粉具有比较大的比表面积，很容易吸附空气中的水蒸气，石墨中的水分会影响到传导沥青胶浆的制备效果，所以石墨在添入热沥青之前都要保证处于干燥状态。为了使基质沥青的加热次数相同，沥青取样过程中先把大桶沥青烘软，然后分别倒入多个盛样小桶，以后每次取小桶样烘软倒入无缝钢杯中用以制备传导沥青试样，防止所取基质沥青老化的程度不同。

在评价沥青胶浆的基本性能和流变性能时，石墨的掺量（占沥青的体积百分数）选择为 0、8%、12%、18% 和 22%，在下一章评价沥青胶浆的热工性能时石墨的掺量从 0~22% 按一定量逐级递增，此处所指的掺量为石墨占沥青体积的百分比。在石墨与基质沥青混合加工过程中，因为影响到沥青胶浆的性能，搅拌时间与搅拌温度是加工的关键性参数，搅拌温度过高和时间过长会加速沥青老化，温度过低和时间过短会使石墨难以均匀分散，因此需要合理地确定和安排搅拌温度和搅拌时间。通过选取不同的搅拌制备温度、搅拌方式、搅拌时间以及高速剪切转速制备不同的沥青胶浆，并对比其针入度、软化点、延度和黏度等性能指标，判断不同制备工艺对沥青胶浆的影响，确定最佳制备方法。[156-157]

本研究确定的制备方案如下。

（1）用无级恒速搅拌仪（DW - Ⅰ型，巩义市予华仪器有限责任公司）进行慢速搅拌，边搅拌边加入石墨，这一过程采用电子节能控温仪（ZNHW 型，巩义市予华仪器有限责任公司）控制沥青的温度在 145℃ ±5℃，保证在 10min 内完成石墨的添加。

（2）高速剪切乳化机（FSL - Ⅱ型，上海法孚莱机电仪器有限公司）对沥青胶浆进行高速剪切，温度控制在 145℃ ±5℃，剪切速度为 3 000r/min，时间 20min。

（3）恒速搅拌仪慢速上下搅拌 10min，排除沥青内部气泡，避免石墨分层离析，然后迅速浇筑试模并备样进行其他测试。

在试样制备过程中，对试样进行油浴保温或升温，避免直接加热导致的温度分布不均匀。在后面的测试研究过程中，将参考对比的基质沥青均经过同样的加热、搅拌、剪切和搅拌，使其与导热胶浆具有相同的老化过程。图 2-5 为制备沥青胶浆的搅拌和高速剪切仪器。

（a）恒速搅拌仪　　　　　　　　　　（b）高速剪切乳化仪

图 2-5　沥青胶浆的制备仪器

2.2.2　传导沥青胶浆的基本性能

沥青材料是一种多分子量分布、多组分结构的复杂混合物，为了便于评价其性能，规范中规定了我国用于评价沥青材料路用性能的常规技术指标，包括反映沥青稠度的针入度；反映沥青低温性能的延度；反映沥青高温性能的软化点；可以反映沥青的温度敏感性的针入度指数。[142]

沥青基本性能中的针入度、延度、软化点沥青性能三大指标测试方法简单，一般用来评价沥青的性能指标。本书依据我国行业规范《公路工程沥青及沥青混合料试验规程》（JTJ 052—2000）进行沥青胶浆的三大指标测试[104]，并测试了沥青的黏度，绘制了黏温曲线。

2.2.2.1　针入度

沥青针入度主要用来表征沥青的黏稠情况，沥青的针入度越大，说明其黏稠度越小，也就是沥青越软。针入度一般是采用附加 100g 的标准针在规定的温度（25℃）和时间（5s）内垂直贯入标准沥青试样的深度，以 0.1mm 表示。试验的具体操作步骤根据 T 0604—2000 的规定进行。[104]

2.2.2.2　软化点

沥青在规定尺寸的圆环内成型，沥青面上放置规定质量的钢球，一同置于盛水的容器中，并以 5℃/min 速率加热，使沥青慢慢软化。钢球穿过沥青试样并沉落，钢球刚接触到规定距离的底板时，该温度点就是沥青的软化点。沥青软化点试验（环球法）按照《公路工程沥青及沥青混合料试验规程》中的 T 0608—2000 进行。[104]

沥青软化点反映了沥青的黏度和温度敏感性；沥青的软化点越高，其黏度越大，温度敏感性越好，即热稳定性好。

2.2.2.3　延度

延度用来表征沥青在外力作用下发生拉伸变形而不会被破坏的能力。测量方法是在一定温度下，按照一定的速度拉伸直到沥青断裂时的长度，以 cm 为单位。通常拉伸速度为 5cm/min ± 0.25cm/min，温度为 5℃、10℃、15℃、25℃。沥青延度试验按照《公路工程沥青及沥青混合料试验规程》中的 T 0605—1993 进行。[104]

试件之所以能产生较大的拉伸而不断裂，是因为沥青中呈环状和链状的化学结构和胶体结构，其分子之间位置可进行较大的改变而导致沥青的延展性。延度的主要影响因素为内因（化学组分比例适中、化学结构合理，包括多环结构、胶体结构、溶－凝胶结构）和外因（试验温度、拉伸速度）。延度直观反映了沥青的柔软或相对硬脆的程度，沥青越柔软或者说柔软度越好，延度就越大，低温抗裂性能就越好。此外，蜡含量对沥青延度存在一定影响，蜡会大大降低沥青的延度。

2.2.2.4　黏度

沥青在其使用和加工温度范围内，黏度有很大的变化。180℃时，沥青的黏度会小至 10^{-1} Pa·s，与水差不多；而在低温天气中，沥青可以近似固态，其黏度可高达 10^{11} Pa·s。因此，需要根据不同的使用温度、目的而选择合适的方法进行沥青的黏度测量。本书采用美国 Brookfield Engineering 公司生产的 Brookfield 黏度计（Model DV-II+）对沥青胶结料的动力黏度进行测试。动力黏度按《公路工程沥青及沥青混合料试验规程》中的 T 0625—2000 有关沥青布氏旋转黏度试验规定进行测试。[104]

不同石墨掺量的沥青胶浆其针入度、软化点、延度及黏度如表 2-9 所示。由表 2-9 可见，在相同的温度下随着石墨掺量的增加，沥青胶浆的针入度和延度降低，软化点和黏度升高。例如在25℃时，当石墨的体积掺量由0增加到22%时，石墨沥青胶浆的针入度由85.8减小为42.3，降低了50.7%；软化点由44.1℃增至56.0℃，增加了近12℃。由此可知，在沥青中掺入石墨可使沥青的稠度增加，沥青胶浆变硬，这样有利于提高其高温稳定性。

表2-9 不同石墨掺量下沥青胶浆的性能

性能指标	石墨掺量（%）				
	0	8	12	18	22
15℃针入度	27.1	21.4	19.8	17.0	16.3
25℃针入度	85.8	58.9	52.6	46.8	42.3
30℃针入度	157.8	99.5	85.5	72.4	70.1
软化点（℃）	44.1	47.7	49.0	52.7	56.0
延度（10℃，mm）	675	61	34	24.5	22.5
60℃黏度（Pa·s）	150	247	329	724	1 280
135℃黏度（Pa·s）	0.355	0.523	0.711	0.157	0.233

延度是表征沥青在一定外力作用下发生拉伸变形而不被破坏的能力，国内外对延度性能的作用和意义有一定争议，但还是认为延度与沥青混凝土的路用性能有关，特别是低温时的延度与低温时的抗裂性能。但从表2-9可知，在沥青中掺入石墨，其延度显著减小；如掺入12%的石墨后，延度即由原样沥青的675mm降为34mm。片状石墨的层间可以相对滑动，具有一定的润滑性，使沥青成分之间的内聚力下降，在重复荷载的作用下，沥青和用其生产的沥青混凝土容易发生低温开裂。因此，石墨对沥青和沥青混凝土的抗温缩开裂是不利的，需要合理地回避。

表2-9列出了60℃和135℃时不同石墨掺量的沥青胶浆的黏度；而不同石墨掺量的沥青胶浆的黏温曲线如图2-6所示。由表2-9和图2-6可知，沥青及沥青胶浆的黏度随温度的变化趋势相同，掺有一定量石墨的沥青胶浆，其黏度随温度的升高而降低；而在一定的温度下，沥青胶浆的黏度随石墨体积掺量的增加而增加。当石墨的掺量从0增加到8%，再增加到12%时，沥青胶浆的黏度增幅小于大掺量下的增幅，这说明石墨的掺量较小时在沥青胶浆中呈孤岛分散的状态，未出现搭接或形成网络，沥青胶浆的增黏效果不明显；随着石墨掺量的增大，石墨的片状结构吸附了沥青，当石墨掺量增大到一定程度，

沥青被石墨大量吸附，沥青胶浆的黏度会显著增大。

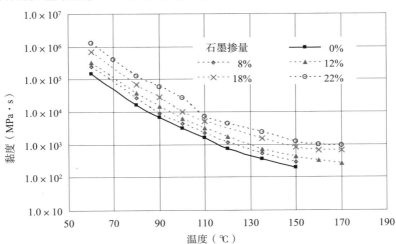

图 2 - 6　不同石墨掺量下沥青胶浆的黏温曲线

石墨对沥青胶浆的黏度增大效果可以用 Einstein 混合率理论进行评价[158]，Einstein 混合率的增黏方程为

$$\eta = \eta_0 \times (1 + K_E \varphi_f) \tag{2-1}$$

式中：η 为掺石墨沥青胶浆的黏度；η_0 为原样沥青的黏度；K_E 为 Einstein 增黏系数；φ_f 为沥青胶浆中石墨掺量的体积分数。

由式（2-1）可知，Einstein 增黏系数为

$$K_E = (\eta / \eta_0 - 1) / \varphi_f \tag{2-2}$$

根据表 2-9 中列出的不同石墨掺量下沥青胶浆在 60℃ 和 135℃ 时的黏度。由式（2-2）可以得出石墨掺量不同时的 Einstein 增黏系数，其结果如图 2-7 所示。由图 2-7 可知，当温度相同时，Einstein 增黏系数随着石墨掺量的增加而增加，且 60℃ 和 135℃ 时的增大趋势相近。135℃ 时，当石墨的掺量从 0 增加到 8%，再增加到 12% 时，沥青胶浆的黏度增幅小于从 12% 到 18% 和 22% 的增幅，当石墨掺量由 12% 变化到 22% 时，Einstein 增黏系数由 8.4 增加至 25.3，同样表明了石墨掺量越大，对沥青胶浆的增黏效果越明显。夏季路面温度可达 60~70℃，为了使沥青混合料具有良好的抗高温永久变形能力，60℃ 下的黏度特别受重视。沥青胶浆在 60℃ 时具有高的黏度时，在荷载作用下产生较小的剪切变形，弹性恢复好，塑性变形小，抗永久变形能力强。[154] 由

表2-9的数据可知，沥青胶浆的黏度随石墨的变化趋势与135℃时一样。由图2-7可知，60℃时增黏系数由9.9增加到了34.2，石墨的掺入能够有效改善沥青的抗高温永久变形能力；石墨掺量相同时，60℃时的增黏系数高于135℃时的。这说明60℃时，沥青胶浆能更有效地吸附沥青，减小沥青的流动，更好地提高沥青胶浆的温度稳定性。

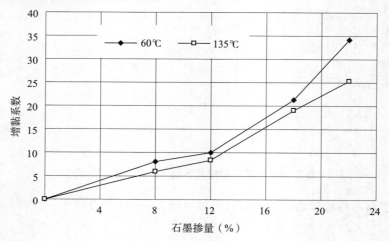

图2-7 传导沥青胶浆的 Einstein 增黏系数

2.2.3 传导沥青胶浆的温度敏感性

国际上用以表示温度敏感性的指标有多种，壳牌石油公司研究所提出沥青试验数据图（BTDC）反映了沥青在较宽范围内沥青稠度性质的变化；而现在普遍采用的有针入度指数 PI、针入度黏度指数 PVN、黏温指数 VTS 等，都是以两个或两个以上不同温度的沥青指标的变化幅度来衡量的。[154]

2.2.3.1 针入度指数 PI

针入度指数 PI 是用来描述沥青温度敏感性最常用的指标，其反映沥青偏离牛顿流体的程度。当 PI < -2 时，沥青的温度敏感性强，在同温度下更接近牛顿流体的性质，在低温时显示明显的脆性；当 PI > +2 时，沥青与牛顿流体偏离较大，表现出明显的凝胶特性，但耐久性下降。[154]因此，PI 值具有合适的范围，过高或者过低都是不合适的。计算 PI 值的方法有多种，本书通过15℃、25℃、30℃三个温度下的针入度值来计算 PI 值。首先按照公式（2-3）

对针入度对数与温度的直线关系进行回归，得到针入度温度指数 A。[104]

$$\lg P = K + A \cdot T \tag{2-3}$$

式中：T 为不同试验温度；相应温度下的针入度为 P；K 为回归参数；A 为回归常数，针入度温度指数在 0.015 ~ 0.06 的范围内波动。

其次进行相关性检验，温度条件为 3 个时，直线回归相关系数不得小于 0.997（置信度 95%），而后按照式（2-4）确定沥青的针入度指数 PI。

$$PI = \frac{20 - 500A}{1 + 50A} \tag{2-4}$$

不同石墨掺量的沥青胶浆其针入度指数如表 2-10 所示。随着石墨掺量的增大，沥青的针入度指数 PI 值逐渐增大，如当石墨掺量由 0 增加到 18% 时，PI 值由 -1.537 增至 -0.354，说明传导沥青胶浆的温度敏感性减小了，即石墨能够降低沥青的温度敏感性。进一步比较不同石墨掺量时沥青胶浆 PI 的变化量可知，石墨掺量越大，PI 的变化量越大。石墨掺量由 8% 增大至 22%，PI 的变化较大，说明石墨的掺量越大，沥青的温度敏感性下降明显；但石墨掺量由 18% 增加至 22% 时，PI 的变化不大，说明石墨掺量超过 18% 后，对沥青胶浆的温度敏感性已无大幅度的影响。

表 2-10　传导沥青胶浆的针入度指数

性能指标	石墨掺量（%）				
	0	8	12	18	22
PI	-1.537	-0.683	-0.369	-0.354	-0.338
A	0.050 9	0.044 4	0.042 3	0.042 2	0.042 1
K	0.667 8	0.662 9	0.663 0	0.602 7	0.580 4
相关系数 R^2	0.999 8	0.999 9	1.000 0	0.998 8	0.999 8

2.2.3.2　黏温指数 VTS

沥青黏度与温度的关系在半对数坐标中大多为直线关系。不同沥青由于化学组分的差别，它们在图中表现为不同的斜率，这表明它们的温度敏感性是不同的；斜率越大，敏感性越强，其温度稳定性也就越差。[154]沥青黏度随温度而变化的程度直接反映了沥青的温度敏感性。因此，从黏温曲线中得出黏温指数 VTS（Viscosity – Temperature – Susceptibility）来表示沥青的温度敏感性。黏温指数实际上就是黏温关系曲线的斜率。VTS 的绝对值越小，沥青的温度敏感性越小，VTS 的表达式如式（2-5）所示[154]，即

$$VTS = \frac{lglg(\eta_1 \times 10^3) - lglg(\eta_2 \times 10^3)}{lg(T_1 + 273.5) - lg(T_2 + 273.5)} \qquad (2-5)$$

式中：η_1 和 η_2 为不同温度 T_1（℃）及 T_2（℃）时的黏度（Pa·s），通常采用 60℃和 135℃。

此外，Saal 公式是目前公认最好的沥青黏温关系的表达式，用以定量描述温度对黏度的影响，为 ASTM D 2493 所采用。[159] Saal 公式的表达式为

$$lglg(\eta \times 10^3) = n - mlg(T + 273.13) \qquad (2-6)$$

式中：η 为动力黏度（Pa·s）；T 为摄氏温度（℃）；n，m 为与物性有关的常数。

按式（2-5）和式（2-6）对不同石墨掺量的沥青黏度数据进行线性回归和计算，得到的黏温方程与黏温指数 VTS 如表 2-11 所示。

表 2-11　黏温方程和黏温指数

石墨掺量（%）	黏温方程	黏温指数（VTS）
0	$lglg(\eta \times 10^3) = -3.486lg T + 9.508$	-3.486
8	$lglg(\eta \times 10^3) = -3.374lg T + 9.243$	-3.374
12	$lglg(\eta \times 10^3) = -3.250lg T + 8.940$	-3.250
18	$lglg(\eta \times 10^3) = -2.986lg T + 8.299$	-2.986
22	$lglg(\eta \times 10^3) = -2.932lg T + 8.182$	-2.932

2.2.3.3　针入度黏度指数 PVN

麦克里奥德（Mcleod）提出了用 25℃针入度与 60℃ 或 135℃的黏度决定针入度指数的方法，并把由此求得的针入度指数称为针入度黏度指数 PVN（Pen-Vis Numbers）。[154] 据美国宾州试验路验证，PVN 比 PI 更能反映沥青的温度敏感性。由 25℃针入度与 60℃的黏度计算的 PVN_{25-60} 为

$$PVN_{25-60} = \frac{6.489 - 1.5lg P_{25} - lg\eta_{60}}{1.050 - 0.223\,4lg P_{25}} \times (-1.5) \qquad (2-7)$$

式中：P_{25} 为 25℃针入度（0.1mm）；η_{60} 为 60℃的黏度（0.1Pa·s）。

不同石墨掺量下 PVN_{25-60} 计算结果如图 2 - 8 所示，PVN_{25-60} 值随着石墨掺量的增加而增大，尤其是当石墨掺量达 22% 时，此时的 PVN_{25-60} 值由不掺石墨的 - 0.999 89 增加至 0.126 087。

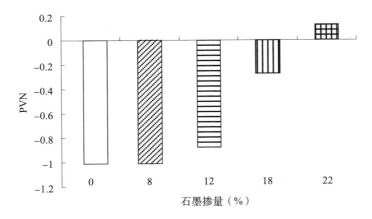

图 2 - 8　传导沥青胶浆的针入度黏度指数

2.2.3.4　PI、VTS、PVN 对比分析

本研究采用了 PI、VTS 和 PVN 三种温度敏感性指标，用于评价石墨掺量对于沥青胶浆温度敏感性的影响。由表 2 - 10、表 2 - 11 及图 2 - 8 可知，石墨对于 PI、VTS、PVN 三种指标的影响，大体趋势是一致的，都是随着石墨掺量的增加，沥青胶浆的温度敏感性减小。但是由于每一种指标所反映的温度区域不同，它们之间还是有些差异。PI 是由 0 ~ 40℃的针入度变化决定的，在该较低的温度下，PI 首先随着石墨的掺入而大幅下降，例如石墨掺量从 0 增至 8%，PI 从 - 1.537 ~ - 0.683，随后 PI 的变化趋于平缓，石墨掺量达 22% 时，PI 为 - 0.338，说明在较低的温度下，石墨对降低沥青胶浆的温度敏感性具有显著作用，少量的石墨即能较大程度地降低沥青胶浆的温度敏感性。VTS 是由 60 ~ 135℃的黏度变化决定的，在该较高的温度下，VTS 首先随着石墨的增加变化不大，石墨从 0 ~ 8%，VTS 从 - 3.486 ~ - 3.374，石墨掺量达 18% 时，VTS 才变化至 - 2.986，说明在较高的温度下，需要掺入较多的石墨，才会对温度敏感性产生显著的影响。PVN 是由 25℃针入度与 60℃的黏度决定的，其变化趋势与 VTS 类似。

此外，当石墨掺量超过 18% 后，三种指标基本都无变化，例如，当石墨由 18% 至 22% 时，PI 由 -0.354 ~ -0.338，VTS 由 -2.986 ~ -2.932，说明过多的石墨掺量对于降低沥青胶浆的温度敏感性无进一步效果。

2.2.4 石墨与沥青的相容性

长期以来，沥青的储存稳定性问题是道路材料研究人员的主要研究内容之一。[161]改性沥青储存稳定性不好，道路施工质量和路面的使用性能将会直接受到影响，并且改性剂和沥青之间的相互作用也会被大大削弱，所以改性剂和沥青的相容性是决定改性效果和改性沥青制作工艺乃至后期使用过程的关键因素。

沥青的储存稳定性是改性沥青的一个非常重要的标准，它是指改性沥青在高温下静止放置数天后，沥青与改性剂仍处于均相的相容状态。在放置过程中，改性剂可能会逐渐移动和结合到一起，最终沉降，导致离析管的上下样品的性能出现差异。改性沥青的高温存储稳定性主要通过离析试验来表征，试验方法为将改性沥青 50g 倒入铝管中垂直放置，铝管直径为 2.5cm，在 163℃ ±5℃ 下放置48h，取出后立即放入冰箱中冷却 4h，然后将铝管水平切为相等的 3 段，分别取圆管顶部和底部的沥青进行软化点试验。通过比较顶部和底部样品软化点的差值（ΔS）来评价改性沥青的稳定程度。ΔS 越小，则改性沥青的储存稳定性越好。根据沥青规范 T 0661—2000，技术规范要求应小于等于 0.5℃。[104]

利用石墨共混沥青混凝土，其主要目的是为了提高导热性能，石墨主要当作外加剂使用，不存在在沥青中储存的问题。但本节的目的是为了评价共混后石墨对沥青胶浆性能的影响，试样的制备过程中也可能出现离析，因此有必要通过研究石墨与沥青的相容性为实验室制样提供操作参数。本试验降低在163℃ ±5℃ 下的放置时间，改以 0.5h、1h、4h、8h 和 24h 的时间进行放置，取出后立即放入冰箱中冷却 4h，然后按规范进行软化点试验。测得的顶部和底部样品软化点如表 2 -12 所示。不同石墨掺量沥青胶浆顶部和底部样品软化点之差如图 2 -9 所示。可以看出，粒径为 150μm 的石墨在沥青中出现了严重的沉降离析，特别是在放置 1h 后样品的软化点差均大于 0.5℃。因此在研究石墨对沥青胶浆性能的影响时，试样存放时间不能超过 0.5h，并通过加大平行试验组来排除因石墨在沥青中的离析导致的试验结果偏差。

表 2 – 12　不同部位的软化点

石墨掺量（%）	部位	软化点在163℃烘箱存储时间（h）				
		0.5	1	4	8	24
8	顶部	47.5	47.4	47.2	47.0	46.9
	底部	47.9	48.2	48.4	48.6	48.7
12	顶部	48.7	48.4	48.2	48.1	48.06
	底部	49.3	49.6	49.7	49.9	50.0
18	顶部	52.4	52.1	51.9	51.8	51.7
	底部	53.3	535	54.6	54.8	54.9
22	顶部	55.6	55.3	54.8	54.6	54.6
	底部	56.6	56.8	57.7	57.9	58.0

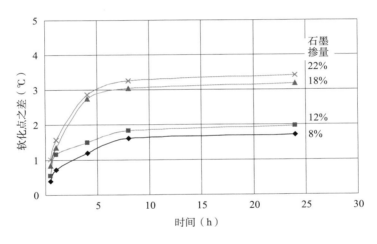

图 2 – 9　软化点之差

2.2.5　传导沥青胶浆的流变性能

沥青是一种黏弹性的材料，其性能是温度和频率的函数。然而作用于道路上的行车荷载是连续不断的荷载，因此，要研究沥青材料真正的力学响应，应该先研究其在动载作用下的变形特性。[161] 本书利用动态剪切流变试验（Dynamic Shear Rheology，DSR Test），研究石墨掺量对沥青胶浆动态流变性能的影响。

2.2.5.1 试验方法

动态剪切流变试验可以模拟集料与集料之间的接触点处，沥青胶浆所受到的剪切作用，通常用复合剪切模量 G^* 和相位角 δ 来表征沥青结合料的黏弹特性。[162]试验中，给试样施加一个正弦波的应力，如图 2 – 10 所示，相应的会得到一个正弦波的应变，应力与应变之间的滞后时间称为相位角 δ。通过应力和应变的测量，可以得到沥青的复合剪切模量 G^*[163]，应力应变曲线如图 2 – 11 所示。

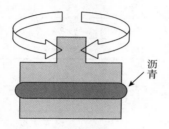

图 2 – 10　动态剪切试验示意

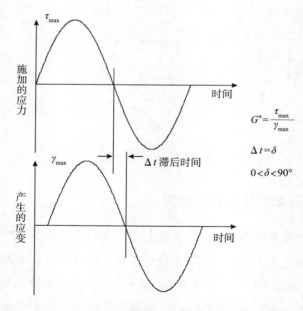

$$G^* = \frac{\tau_{max}}{\gamma_{max}}$$

$$\Delta t = \delta$$

$$0 < \delta < 90°$$

图 2 – 11　沥青材料的应力应变关系

复数剪切模量通常被定义为最大剪切应力与最大剪切应变的比值

$$G^* = \frac{\tau_{\max}}{\gamma_{\max}} \qquad (2-8)$$

复合剪切模量由两部分组成，包括弹性部分和黏性部分，如图 2 – 12 所示。弹性部分反映沥青变形过程中能量的储存与释放，又称为储能模量 G'，黏性部分反映沥青在变形过程中由于内部摩擦产生的以热的形式损耗的能量，又称为损耗模量 G''。[162] 相位角的正切值复合剪切模量的损耗模量与储能模量的比值为应变相对于应力的滞后程度

$$\tan \delta = \frac{G''}{G'} \qquad (2-9)$$

式中：$G' = |G*| \cdot \cos \delta$；$G'' = |G*| \cdot \sin \delta$。

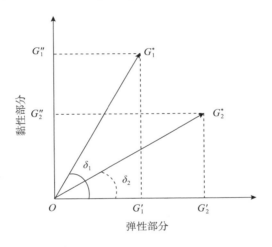

图 2 – 12　复合剪切模量的组成

相位角 δ 是可回复与不可回复变形数量的相对指标，弹性固体的相位角为 $0°$，而黏性流体的相位角则为 $90°$，如图 2 – 12 所示。沥青胶结料的 G^* 和 δ 取决于试验温度和荷载作用频率。作为典型的黏弹性材料，在极高温度时，沥青表现为黏性流体的状态，而在极端温度时则表现出弹性固体的状态。在一般的路面温度下，沥青材料会同时呈现出黏性流体和弹性固体的性质，因此沥青材料被用作一种典型的黏弹性材料。[164]

沥青路面在服役期间的行车荷载作用下主要表现为动态加载，在不同的荷

载作用频率下，沥青材料会呈现出不同的黏弹性质。本研究采用频率扫描（Frequency Sweep）模式测试沥青胶浆的动态流变性能，扫描时的温度分别为 5℃、20℃、35℃、50℃、65℃，每一温度下采用的频率扫描范围为 0.1 ~ 100rad/s。试验方法按照 ASTM D4402 规定的进行[165]，以测试石墨的加入对沥青的复合剪切模量、相位角、储能模量和车辙因子等的影响。然后用时间 - 温度等效原理对频率扫描数据进行处理，就可以得到更宽频率范围内沥青的流变特性。

对于沥青这种黏弹性材料，黏性流动变形是温度和荷载作用时间（频率）的函数，其在高温、快速荷载条件下的力学响应与在长时间荷载作用、低温下的力学响应将可能是等效的，这即为沥青的时间 - 温度等效原理。因此，在不同温度和频率下得到的性能参数，能够通过平移后形成一条在某一参考温度下的光滑曲线，即主曲线（Master Curve）。[166]

根据时间 - 温度等效原理，将沥青胶浆在不同温度下获得的黏弹性数据，比如剪切模量、蠕变等各种动态力学试验，都通过沿着时间轴平移而叠合在一起，形成某一参考温度下的剪切模量或蠕变主曲线等。首先将不同温度 T、一定时间内试验测定的模量 - 时间曲线，通过计算折算成参考温度下的模量，然后沿纵坐标上下移动，得到一条光滑的曲线。其中，需要移动的量称为位移因子 α_T。在时间 - 温度等效原理中[167]

$$E(T,t) = E(T_0, t/\alpha_T) \qquad (2-10)$$

式中：T 为试验温度；T_0 为参考温度。若 $T < T_0$，则 $\alpha_T > 1$；若 $T > T_0$，则 $\alpha_T < 1$。

以原样沥青为例，图 2 - 13 给出了剪切模量主曲线的形成过程。图 2 - 13 中的分段数据点分别为 5℃、20℃、35℃、50℃、65℃ 时得到的剪切模量。由于沥青的动态力学性质在 20℃ 左右发生过渡，即从高弹态进入黏流态，因此选择 20℃ 为主曲线的参考温度。需要根据时间 - 温度等效原理得到一条光滑的复数剪切模量主曲线，首先计算出各个不同温度下相对于参考温度的移位因子，然后对其他温度下的频率扫描数据在双对数坐标中进行上下平移。由图 2 - 13 可以看出，沥青胶浆的荷载作用频率范围由原来的 0.1 ~ 100rad/s 扩展到 10^{-5} ~ 10^4rad/s，分别对应了极限的高温和极限的低温，极大地方便了研究更宽频率范围内的动态力学性质。本研究通过在基质沥青中添加不同量的石墨，然后在不同温度下进行频率扫描测试，根据时间－温度等效原理，绘制出不同沥青胶浆的动态剪切模量主曲线，进而分析传导沥青胶浆在更宽的荷载作用频率范围内的动态力学性质。

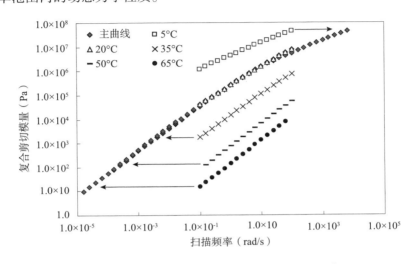

图 2 – 13　原样沥青复合剪切模量主曲线形成示意

2.2.5.2　试验结果与分析

1. 石墨掺量对复合剪切模量及相位角的影响

不同石墨掺量对沥青胶浆复合剪切模量 $|G^*|$ 和相位角 δ 的影响如图 2 – 14 及图 2 – 15 所示。其中，图 2 – 14 的测试温度为 5℃，图 2 – 15 的测试温度为 50℃。不论是 5℃ 还是 50℃ 时，对同一石墨掺量的沥青胶浆而言，胶浆的复合剪切模量随扫描频率的增大而增大，相位角随扫描频率的增大呈减小的趋势。这是由于扫描频率越大，荷载作用时间越短，沥青产生的变形就越小；根据时间－温度等效原理，在高频率作用下的力学性能与材料低温时的性能类似，温度越低时沥青材料中的黏性成分不断减少、弹性成分不断增加，沥青内部链段运动速度缓慢、内耗低，因而复合模量不断增加、相位角不断降低。扫描频率对于复合剪切模量的影响在高温下更为显著，如图 2 – 14 所示，5℃ 时荷载频率从 0.1rad/s 增大到 100rad/s，$|G^*|$ 增大一个数量级；而在 50℃ 时，如图 2 – 15 所示，$|G^*|$ 增大了 3 个数量级。

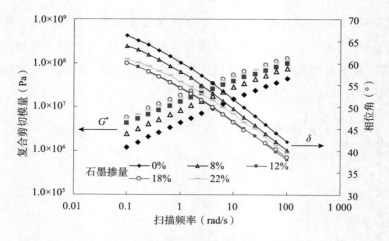

图 2 – 14 5℃下不同石墨掺量对 $|G^*|$ 和相位角 δ 的影响

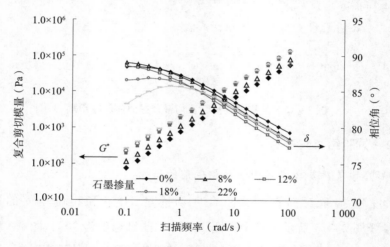

图 2 – 15 50℃下不同石墨掺量对 $|G^*|$ 和相位角 δ 的影响

此外，从图 2 – 14 可知，在 5℃ 的较低温度下，扫描频率不变时，当石墨掺量由 0 增加到 18%，沥青胶浆的复合剪切模量随之显著增大；当石墨掺量到达 22%，复合剪切模量比掺量为 18% 的稍小。这表明适量石墨能够发挥石墨对沥青的吸附增强作用，能够提高沥青胶浆的劲度；但是，由于石墨的润滑性，掺入过多的石墨将导致沥青胶浆之间内聚力下降，造成沥青胶浆的强度下降，模量降低，这说明石墨存在最佳掺量的问题。相同地，相位角的变化也反映了石墨存在临界掺量的问题。随着石墨掺量的增加，胶浆的相位角先下降，表明沥青胶浆的弹性成分在增大；当石墨掺量超过 12% 时，相位角逐渐回升，石墨掺量为 18% 的胶浆，其相位角和掺量为 12% 的相当，当石墨掺量达 22% 时，胶浆的相位角已明显比掺量为 12% 的大。这表明适量的石墨能够降低沥青胶浆中的黏性部分，使其弹性增加，从而提高沥青在外力作用下的抗变形能力；而过量的石墨造成沥青内聚力下降，从而导致沥青弹性部分下降，在外力作用下易于破坏。

由图 2 – 15 可知，在 50℃ 的较高温度下，扫描频率不变时，复合剪切模量随石墨掺量的增加而增大，但当石墨掺量超过 12% 时，模量的曲线已经基本重合，说明模量随石墨掺量的变化已不明显。这表明在高温时，适量石墨掺入沥青能够提高胶浆的劲度，从而提高其高温稳定性，但石墨掺量超过 12% 后，对模量已无进一步增强效果。在高温时，相位角越大，表示在荷载作用下模量的黏性部分越大，越容易产生永久变形。相位角的变化分为两部分，扫描频率 1 ~ 100rad/s 段，胶浆相位角的变化与 5℃ 时类似，出现先下降后回升的趋势，表明合适的掺量能够提高沥青的抗高温变形能力；扫描频率为 0.1 ~ 1rad/s 段，胶浆的相位角变化出现反转，又出现下降的趋势。可能的原因是：在 50℃ 的低扫描频率下，胶浆已近乎黏性流体，石墨之间相互错开，过多的石墨重新吸收近乎流体的沥青，从而增加了胶浆的稠度，致使模量增加，相位角下降。

2. 石墨掺量对沥青胶浆储能模量 G' 的影响

储能模量 G' 反映沥青变形过程中能量的储存与释放，为剪切模量中的弹性部分，用 G' 可以更好地表示石墨对沥青胶浆 G^* 弹性部分的影响。5℃ 下石墨掺量对胶浆储能模量的影响如图 2 – 16 所示。从图 2 – 16 可以看出，在同一石墨掺量下，储能模量随着扫描频率的增大而增加；在同一扫描频率下，储能模量随着石墨掺量的增加而首先增大，当石墨掺量达 22% 时，又出现了下降的趋势，其值比掺量为 18% 的小。这表明适量的石墨掺入沥青，能够提高胶浆复合模量中的弹性部分，从而提高其在外力作用下的抗破坏能力，这与相位角的分析结果相吻合。

3. 石墨掺量对沥青胶浆抗高温变形能力的影响

美国战略公路研究计划提出用复合剪切模量与相位角正弦值的比值 $\dfrac{|G^*|}{\sin\delta}$ 作为表征沥青胶浆抗高温永久变形的能力，这一指标又被称为车辙因子（Rutting Parameter）[168]。本书采用车辙因子来评价石墨对沥青胶浆抗高温变形能力的影响，50℃ 下不同石墨掺量对车辙因子的影响如图 2 – 17 所示。

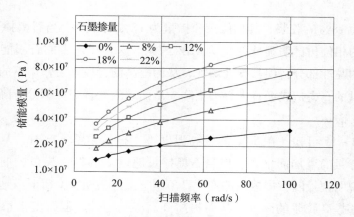

图 2 - 16   5℃下不同石墨掺量对 G' 的影响

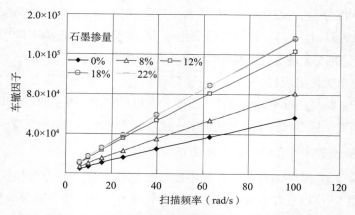

图 2 - 17   50℃下不同石墨掺量对车辙因子的影响

由图 2 - 17 可知，在同一石墨掺量下，车辙因子随着扫描频率的增加而增大，扫描频率越高，车辙因子提高幅度越大；在同一扫描频率下，其值随石墨掺量的增加而增大，但当石墨掺量达 22% 时，其曲线已基本与掺量为 18% 的重合，表明过多的石墨已无明显改善效果。总之，适量的石墨能够提高沥青胶浆的抗高温车辙性能；在高的荷载频率下，抗车辙性能改善效果更明显。

4. 复合剪切模量主曲线

图 2 - 18 为不同石墨掺量的沥青胶浆的复合剪切模量主曲线。从图 2 - 18 中可以看出，掺石墨沥青胶浆的复合剪切模量在整个荷载作用频率范围内均大于原样沥青的复合剪切模量。这说明在加入石墨后，沥青的抗高温变形能力得到了改善。各种沥青胶浆的复合模量主曲线在高频区段区别缩小，如在频率为

$1 \times 10^3 \text{rad/s}$ 处，原样沥青的复合剪切模量为 $1.89 \times 10^7 \text{Pa}$，而石墨掺量为 8% 、12% 、18% 、22% 的沥青胶浆对应的复合模量分别是原样沥青的 1.8 倍、2.5 倍、3.4 倍和 3.1 倍；而在频率为 $1 \times 10^{-5} \text{rad/s}$ 处，原样沥青的复合剪切模量为 9.3Pa，而石墨掺量为 8% 、12% 、18% 、22% 的胶浆对应的复合模量分别是原样沥青的 2.1 倍、5.3 倍、10.3 倍和 12.3 倍。这表明石墨对沥青胶浆的增强作用在低频或者极限高温作用时效果更加显著。

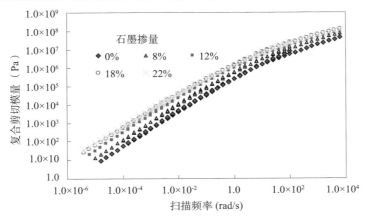

图 2 - 18　石墨掺量对沥青胶浆复合剪切模量主曲线的影响

2.3　传导沥青混凝土路用性能

对于集热及融雪化冰用沥青混凝土面层，在具有良好功能性的同时，更应兼具良好的路用性能。在沥青混合料中掺入不同比例的导热相填料，制备出传导沥青混凝土，通过马歇尔试验、水稳性试验、动稳定度试验及间接拉伸疲劳试验，研究导热相填料的掺量对沥青混合料路用性能的影响。

2.3.1　传导沥青混合料的制备

传导沥青混凝土由于导热相材料的掺入，需要对拌和工艺进行调整。根据导热相材料的物理特性，确定导热相材料的掺入先后顺序为：首先是钢渣，然后是纤维，最后为石墨。钢渣与矿料拌和后再添加纤维拌和 90s 以保证其均匀分散，石墨由于其吸油性需要在添加沥青之后再与矿粉一起拌和 90s。其中沥青的施工温度通过在 135℃ 及 175℃ 条件下测定的黏度 – 温度曲线确定，矿料加热温度在采用连续式拌和机时比沥青温度高 5 ~ 10℃。由 2.2.2 节中不同掺量石墨沥青胶浆的黏温曲线可以知道，为了保证沥青混合料的拌和黏度 0.17Pa·s ± 0.02Pa·s 及压实黏度 0.28Pa·s ± 0.03Pa·s[142]，需保证沥青的加热温度为 155 ~ 165℃ 及成型温度为 165 ~ 175℃。

本试验制备了 5 组沥青混合料试样，所用的导热相填料包括石墨和碳纤维，石墨的掺量选择分别为 0、12%、18%、22%，此处所指的掺量为石墨占沥青的体积百分数，另外有一组试样同时掺加 22% 的石墨和 0.2% 的碳纤维，此处所指的碳纤维掺量为碳纤维占整个混合料的重量百分数。每组沥青混合料的额外用沥青量参照表 2 – 12 中有关传导沥青混凝土的参数进行添加。

沥青混合料的压实或成型采用 Superpave 旋转压实仪（SGC）、马歇尔击实仪或车辙成型机进行，由于石墨的掺入使得混合料的压实性发生了变化，因此在试样成型时试图通过特殊工艺将混合料试件压实到在实际路面气候和荷载条件下所达到的密度或空隙率。压实过程中可以通过已知试模中材料的最大理论密度、质量、试模内径和试件高度来估算试件密度。具体拌和与成型工艺流程如图 2 – 19 所示。

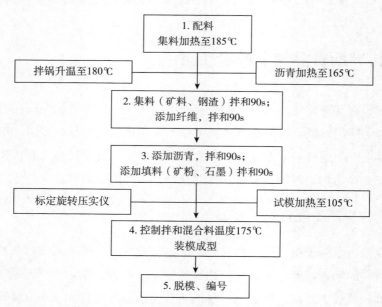

图 2 – 19　传导沥青混合料拌和与成型工艺流程

2.3.2　马歇尔试验

采用 2.1.2 节中设计的 Superpave 12.5 传导沥青混合料，马歇尔试样双面击实 75 次，试件的尺寸符合直径 101.6mm ± 0.2mm，高度 63.5mm ± 1.3mm 的要求。[104] 采用水中重法测量试件的干重、表干重和水中重，计算试件的表观密度、空隙率、沥青体积百分率、沥青饱和度、矿料间隙率等物理指标，试验结果如表 2 – 13 所示。与 Superpave 设计方法中旋转压实效果相比，空隙率高 1.0% 左右，这是因为旋转压实的揉搓与马歇尔击实仪在轴向的压实更为有效，因此在同一沥青用量下马歇尔试样的空隙率高。石墨替代部分矿粉后，由于具有较强的吸收沥青的能力，导致沥青用量比素沥青混合料的高，掺石墨的沥青混凝土的饱和沥青度大；同时被吸入石墨微孔中的沥青并不参与填充矿料间隙率，因此计算出来的沥青饱和度（VFA）和矿料间隙率（VMA）在石墨掺量为 18% 和 22% 时均不能满足 Superpave 技术要求。此外，石墨使混合料颗粒间易解理滑动，有润滑作用，导致稳定度的降低和流值的增加；但当加入 0.2% 的碳纤维以后，马歇尔稳定度由 7.9kN 增加到 9.3kN，碳纤维对沥青混凝土有明显的增强效果。

表 2 – 13　马歇尔试验结果

石墨掺量	VV（%）	VMA（%）	VFA（%）	稳定度（kN）	流值（0.1mm）
0	4.9	14.6	69.1	13.2	25.2
12%	5.1	16.1	70.89	11.7	26.4
18%	4.8	16.9	78.63	8.4	28.3
22%	4.8	17.8	80.12	7.9	29.9
22% +0.2%碳纤维	4.9	17.8	80.11	9.3	27.1
指标要求	≥5.5	≥13	65~75	≥8	20~40

2.3.3　水稳定性试验

沥青混合料的水稳定性是由浸水条件下沥青混合料物理力学性能降低的程度来表征的。本研究采用浸水马歇尔试验和冻融劈裂试验来评价传导沥青混合料的水稳定性。浸水马歇尔试验用于评价沥青混合料受水损害时抵抗剥落的能力，用浸水马歇尔残留稳定度来表示，残留稳定度越大，抗水损害能力越好。

通常残留稳定度需要满足大于 80% 的条件，才认为混合料具有良好的抗水损害能力。试验的具体操作步骤根据 T 0709—2000 的规定进行。[104] 冻融劈裂试验也是用于评价沥青混合料受水损害时抵抗剥落的能力，用劈裂强度比来表示，劈裂强度比越大，抗水损害能力越好。通常认为劈裂强度比大于 80%，路面具有良好的抗水损害能力。试验的具体操作步骤根据 T 0729—2000 的规定进行。[104] 图 2 - 20 和图 2 - 21 分别给出了传导沥青混合料的浸水稳定度和冻融劈裂试验结果。

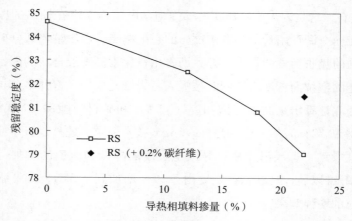

图 2 - 20　导热相填料对残留稳定度（RS）的影响

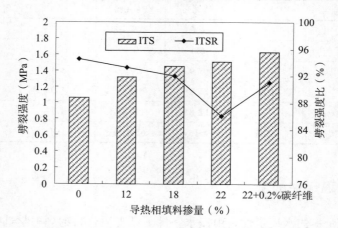

图 2 - 21　导热相填料对劈裂强度（ITS）和劈裂强度比（ITSR）的影响

由图 2 - 20 和表 2 - 13 可知，石墨的掺入降低了沥青混合料的稳定度和浸水残留稳定度；特别是在石墨掺量达到 22% 时沥青混合料的稳定度为 7.9kN，残留稳定度也低于 80%。对于沥青混合料的稳定度，存在石墨掺量要满足规范要求的合理范围，对于不同的材料和组成，由于其稳定度值不一致，因此其最大石墨掺量也不能设定固定值，需根据实测值确定。由图 2-21 可知，石墨的掺入使沥青混合料的劈裂强度由 1.06MPa 升至 1.51MPa，并且加入碳纤维后劈裂强度更进一步升高至 1.63MPa，但冻融后劈裂强度急剧降低，使得其冻融劈裂强度比随之下降，复合了石墨的沥青混合料抗水损害能力不强，需要进一步研究改善。

2.3.4　高温稳定性试验

车辙试验用于评价沥青混合料抗高温永久变形能力，用动稳定度来表示，动稳定度越大，抗高温变形能力越强，行业标准要求用于面层的沥青混合料，其动稳定度在夏季炎热区改性沥青混合料不小于 2 800 次/mm，普通沥青混合料不小于 1 000 次/mm。试验的具体操作步骤依照 T 0719—2000 的规定进行。[104] 不同导热相填料的沥青混合料车辙深度及动稳定度的试验结果如图 2-22、图 2-23 所示。

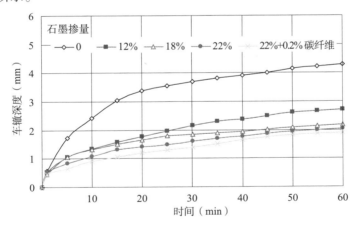

图 2-22　导热相填料对车辙深度的影响

由图 2-22 和图 2-23 可知，沥青混合料的动稳定度随着石墨掺量增加而大幅增大，车辙深度也随着大幅度减小。当石墨掺量由 0 增加至 22% 时，动稳定度由 2 206 次/mm 增大至 3 870 次/mm，同时车辙深度由 4.29mm 减小至 2.18mm。这表明在沥青混合料中掺入石墨后，具有更强的抗高温变形能力。

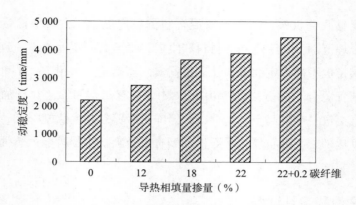

图 2 – 23   导热相填料对动稳定度的影响

同时，掺量为 18% 与掺量为 22% 的差别不大，其动稳定度分别为 3 635 次/mm 和 3 870 次/mm。这说明，过量的石墨对高温性能无进一步改善效果。这与沥青胶浆得出的车辙因子分析结果相一致。此外，在掺有 22% 石墨的沥青混合料中掺入 0.2% 碳纤维后，动稳定度由 3 870 次/mm 增加至 4 437 次/mm，说明碳纤维能够进一步提高沥青混合料的高温稳定性。

2.3.5   间接拉伸疲劳试验

沥青路面使用期间经受车轮荷载的反复作用，长期处于应力应变交叠变化状态。一方面，高温下沥青及沥青的黏性发挥使沥青混合料抵抗剪切应力能力降低，在重复荷载作用下沥青混合料永久变形的积累使路面表面出现车辙；另一方面，当重复荷载作用超过一定次数以后，在荷载作用下路面内产生的应力就会超过强度下降后的结构抗力，使路面出现裂纹，产生疲劳断裂破坏。[155] 为了使实验室测定的传导沥青混凝土的力学性能能更好地反映沥青混合料在实际路面上的使用性能，采用重复荷载的间接拉伸疲劳试验来研究传导沥青混合料的疲劳特性。

试验采用 3 组试样，石墨掺量分别为 0，22% 以及 22% +0.2% 的碳纤维。试样采用马歇尔击实成型的方法制备，厚度 63.5mm ± 0.2mm，直径 101.6mm。试验温度 15℃，荷载采用半正弦波，荷载加载时间为 0.1s，间歇时间为 0.4s，在应力控制模式下以试样完全破坏为疲劳破坏的评定标准。

沥青混凝土的疲劳寿命与应力之间的关系为[169]

$$N_f = K(\sigma_T)^{-n} \tag{2-11}$$

式中：N_f 为疲劳寿命；σ_T 为施加的拉应力（N/cm^2）；n 为应力与疲劳寿命对数曲线的斜率；K 为应力与疲劳寿命对数曲线的截距。

3 种沥青混凝土在不同应力水平下的疲劳寿命双对数坐标曲线如图 2-24 所示。

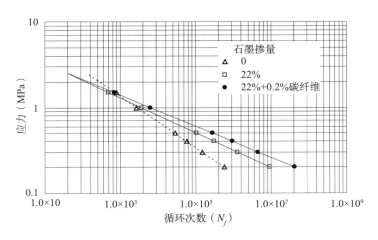

图 2-24　15℃时传导沥青混凝土的疲劳曲线

从图 2-24 中 3 组混凝土的疲劳曲线可以看出，混凝土的疲劳寿命随应力水平的提高而降低，与未掺石墨的沥青混凝土随应力水平的提高下降相比，掺有石墨的试样下降较为缓慢；3 条疲劳曲线交于应力为 1.2MPa 处，且当应力小于 1.2MPa 时，原样沥青混凝土的疲劳寿命比掺有石墨的导热试样的疲劳寿命短；碳纤维有效改善了沥青混凝土的疲劳性能，在 3 种混凝土中具有最大的疲劳寿命。如当应力水平为 0.3MPa 时，原样沥青混凝土疲劳寿命为 1.5×10^5，而石墨掺量为 22% 的沥青混凝土的疲劳寿命为 1.2×10^6，同时掺入 22% 的石墨和 0.2% 的碳纤维的沥青混凝土的疲劳寿命达到 4.5×10^6。对图 2-24 上的曲线进行回归，可得到关于传导沥青混凝土疲劳寿命的回归参数，见表 2-14。

表 2 - 14　15℃时传导沥青混凝土的疲劳寿命参数

导热相填料掺量	n	K	R^2
0	3.283	2 887.1	0.999
22% 石墨	4.867	3 593.1	0.998
22% 石墨 + 0.2% 碳纤维	5.450	6 377.8	0.998

2.4　隔热层材料路用性能检验

2.4.1　稀浆封层

根据《微表处和稀浆封层技术指南》中所规定的微表处设计方法，采用拌和试验、黏聚力试验、湿轮磨耗试验和负载车轮黏附砂量试验来确定乳化沥青、填料、水和添加剂的比例。[151]稀浆封层采用 ES - 2 型矿料级配，最终确定的级配曲线如图 2 - 4 所示，油石比为 7.8%，用水量为 11%。成型的试样破乳后呈黑色，有瓣有韧性，石料与沥青裹覆良好，其他性能指标见表 2 - 15。

表 2 - 15　稀浆封层混合料性能

试验项目	结　果	指标要求
可拌和时间（25℃，s）	197	≥180
湿轮磨耗损失（浸水 1h，g/m²）	326	≤450

2.4.2　陶粒沥青混凝土

分别进行车辙试验、冻融劈裂试验与马歇尔试验，具体的试验结果如表 2 - 16 所示。从表 2 - 16 中数据可以看出，沥青混凝土中所有集料为页岩陶粒时，其力学性能较差，特别是温度和冻融劈裂强度较低，满足不了公路建设的要求；当采用粗集料形成骨架，2.36 ~ 4.75mm、4.75 ~ 9.5mm 粒径的集料后，其性能能满足规范要求。[142,151]

表 2－16　页岩陶粒沥青混凝土性能

试验项目	陶　粒	部分陶粒	指标要求
稳定度（kN）	5.4	8.7	≥8
浸水马歇尔残留稳定度（％）	82.7	83.2	≥80
冻融劈裂强度（25℃，MPa）	0.66	0.89	—
冻融劈裂残留强度比（％）	78.3	79.1	≥75
动稳定度（次／mm）	1 123	1 251	≥1 000

2.5　小　结

本章测试了原材料的性能，对集热及融雪用沥青路面材料进行组成设计，研究导热相填料对沥青及沥青混凝土的流变、路用等性能的影响，评价和优选材料组成，制备出符合集热及融雪要求的沥青路面建筑材料，得出的主要结论如下。

（1）集热及融雪沥青路面拟采用结构形式为上、中面层为普通沥青混凝土或传导沥青混凝土，上面层需防水抗磨耗功能；在沥青面层与下承层之间设具有防水功能的隔热层，下承层可以为旧混凝土路面或新建的基层。

（2）采用 Superpave 设计方法对集热及融雪化冰用沥青混合料的组成进行了设计，通过掺加高导热相填料来提高沥青混凝土的导热性能；确定了稀浆封层材料级配组成，采用体积级配将页岩陶粒取代部分集料设计了陶粒沥青混凝土的组成。

（3）掺石墨沥青胶浆随石墨掺量的增加，针入度和延度降低，软化点和黏度升高。这说明石墨的掺入可以提高沥青胶浆的高温稳定性，但由于石墨的润滑性使沥青之间的内聚力下降，在拉应力作用下，沥青容易发生开裂。

（4）Einstein 增黏系数表明石墨掺量越大，对沥青胶浆的增黏效果显著，且低温时的增黏效果比高温时的效果更加显著；通过针入度指数 PI 值、黏温指数 VTS 和针入度黏度指数 PVN 随石墨的掺入能够显著改善沥青的抗高温流动变形能力，即传导沥青胶浆的温度敏感性减小；在低于 40℃ 的温度下，少量的石墨即能较大程度地降低沥青胶浆的温度敏感性，温度高于 60℃ 时，石墨对沥青胶浆的温度敏感性的影响降低。

（5）石墨在沥青中容易出现严重的沉降离析，在研究石墨对沥青胶浆性能的影响时，试样制备后存放时间不能超过 0.5h，并通过加大平行试验组来排除因石墨在沥青中的离析导致的试验结果偏差。

（6）掺石墨沥青胶浆的复合剪切模量随扫描频率的增大而增大，相位角随扫描频率的增大而减小；随着石墨掺量的增加，复合剪切模量先增加后降低、相位角先降低后增大和同一扫描频率下的储能模量先增大后降低，说明适量石墨能够发挥石墨对沥青的吸附增强作用，从而提高沥青在外力作用下的抗变形能力；而过量的石墨造成沥青内聚力下降，从而导致沥青弹性部分下降，在外力作用下易于破坏。

（7）在同一石墨掺量下，车辙因子随着扫描频率的增加而增大，扫描频率越高，车辙因子提高越明显；在同一扫描频率下随着石墨掺量的增加而先增大后降低，表明复合适量的石墨能够提高沥青胶浆的抗高温车辙性能，特别是在高的荷载频率下，抗车辙性能改善效果更明显；复合剪切模量主曲线也表明石墨能够提高胶浆的劲度，且石墨的这种增强作用在低频端表现得更加显著。

（8）沥青胶浆的一系列试验结果表明，过大的石墨掺量会造成沥青胶浆性能的衰减，建议沥青胶浆中石墨的体积分数掺量为 12% ~ 18%。

（9）在沥青混凝土掺入石墨后，随着石墨掺量的增加，其马歇尔稳定度、残留稳定度和冻融劈裂强度比下降，表明石墨会造成沥青混合料强度的下降，但这些指标能满足规范要求，且碳纤维的掺入能够起到明显的增强效果。

（10）动稳定度和车辙深度表明石墨的掺入能够大幅提高沥青混凝土的高温稳定性，且碳纤维的掺入能进一步提高高温稳定性。

（11）在间接拉伸疲劳试验中，当应力小于 1.2MPa 时，掺入沥青体积分数 22% 的传导沥青混凝土具有更好的耐疲劳性能，且碳纤维的掺入能进一步改善疲劳寿命。

（12）对用于隔热保温层材料的稀浆封层和陶粒沥青混凝土的性能进行检验，稀浆封层和利用陶粒替代部分集料的沥青混凝土满足规范的性能要求。

第3章 集热及融雪化冰沥青路面传热机理和材料热物性

　　路面结构完全处在大气环境中，沥青路面与外界自然环境之间的对流、辐射换热作用、光的吸收和雪的融化过程是一系列重要的物理问题。换热介质经埋设在沥青路面中的管道进行热量的交换，涉及沥青路面的导热、管内对流换热等过程。本章结合气候学和传热学的基本原理，分析沥青路面太阳能集热原理及热工过程，对影响沥青路面集热的路面材料及结构特性和环境气候条件等基本概念进行解析，并界定影响沥青混凝土太阳能集热及融雪性能的关键参数，为后续章节中关于融雪及太阳能集热室内室外试验装置的设计、沥青混凝土换热器试样的成型、试验研究等奠定基础。

　　沥青混凝土对太阳光的吸收效率决定了整个集热系统的优劣，而沥青混凝土的热学参数直接决定了其对太阳光的吸收效率和融雪性能的高低。不管是沥青路面在集热技术中的应用评价，还是融雪技术应用过程中提高融雪化冰传热效率，获得精确的沥青混凝土热物理常数以及深入研究其变化规律都是必不可少的。目前沥青混凝土材料热学参数大都是根据经验取值，这在一定程度上制约了相关技术的应用和发展。本章的另外一个任务是对复合材料的各种导热模型进行归纳和总结，结合理论计算方程预估沥青胶浆及沥青混凝土导热系数，并且采用瞬态平板热源法精确测量沥青胶浆及沥青混凝土的热学参数，优选适合传导沥青混凝土的计算预估模型。

3.1 集热及融雪化冰沥青路面传热机理分析

3.1.1 传热的基本模式

传热是因存在温差而发生的热能转移。热量传递过程分热传导、热对流、热辐射三种基本传热模式。[170-171]

3.1.1.1 热传导

导热又称热传导，是完全接触的两个物体或同一物体的不同部位之间由于存在温度梯度而引起的能量传递。热传导是依靠分子、原子及由电子微观粒子热动而发生的热量传递，温度越高，粒子的能量越高，当临近的粒子相互碰撞时，能量较大的粒子必然会向能量较小的传输能量；当存在温度梯度时，通过导热的能量传输总是向温度降低的方向进行。[170]

在线性导热过程中，物体各部分之间不发生相对位移，也没有能量形式的转换。无热源的稳定态导热能量传递的速率方程（傅里叶定律）通用的表达式为

$$q'' = -k \nabla T = -k\left(\mathrm{i}\, \frac{\partial T}{\partial x} + \mathrm{j}\, \frac{\partial T}{\partial y} + \mathrm{k}\, \frac{\partial T}{\partial z} \right) \qquad (3-1)$$

式中：q'' 为热流密度，表示单位面积上的传热量（W/m^2）；k 为导热系数 [$W/(m \cdot \mathcal{C})$]；∇ 为三维倒三角算子；$\dfrac{\partial T}{\partial x}$ 为 x 方向上的温度梯度。

傅里叶定律意味着热流是一个向量，热流总是与一个等温表面垂直。所以，傅里叶定律的另一种表达式为

$$q''_n = -k\, \frac{\partial T}{\partial n} \qquad (3-2)$$

式中：q_n 为在 n 方向上的热流密度。

热传导分析的主要目的是确定在给定边界条件下介质内部形成的温度场，即求出 $T = f(x, y, z, t)$ 的函数关系。内部温度场确定后，介质任何点或物体表面的传导热密度就可以通过傅里叶定律计算求出。通过对直角坐标系中描述温度分布的微分方程求解，可得傅里叶导热微分方程在直角坐标系中的表达式为

$$\frac{\partial T}{\partial t} = \frac{\mathrm{k}}{c_p \rho} \left(\frac{\partial^2 T}{\partial x^2} + \frac{\partial^2 T}{\partial y^2} + \frac{\partial^2 T}{\partial z^2} \right) + \frac{q_g''}{c_p \rho} = \alpha \nabla^2 T + \frac{q_g''}{c_p \rho} \qquad (3-3)$$

式中：∇^2 为拉普拉斯算子，$\nabla^2 T$ 为对 T 的拉普拉斯算子；α 为导温系数（$\mathrm{m^2/s}$）。

式（3-3）仅适用于固体。方程中的拉普拉斯算子具有明确的物理意义：当它为正时，表示物体被加热；当它为负时，表示物体被冷却；当它等于零时，表示稳定温度场。

导热系数 k、导温系数 α 和比热 c_p 是材料的重要物性，将在下面章节中进行讨论，并将通过试验方法来获得沥青混凝土的导热系数、导温系数和比热。

3.1.1.2　热对流

对流换热是指固体表面与其上面通过的流体之间的能量传递过程。它既包括流体位移时所产生的对流，也包括流体分子间的导热作用，因此对流换热是导热和对流总换热换质作用的结果。[170] 对流换热过程可按流体的流动发生原因分为：自然对流和受迫对流。由流体各部分冷热不同，致使各部分密度不同而引起的流体流动称为自然对流。[170] 凡受外力（风力、泵或风机的作用力）影响而引起的流体流动称为受迫流动。必须指出：流体做受迫流动时，也会同时发生自然对流，当受迫对流相当强烈时附加的自然对流可以忽略不计。不论对流传热过程的具体特性如何，其能量传输速率方程都符合牛顿冷却定律

$$q'' = h(T_s - T_f) \qquad (3-4)$$

式中：h 为对流换热表面传热系数，其意义是指单位面积上，当流体同固体壁之间为单位温度差，在单位时间内所能传递的热量，计量单位为 $\mathrm{J/(m^2 \cdot s \cdot ℃)}$ 或 $\mathrm{W/(m^2 \cdot ℃)}$；T_s 为固体表面温度（℃）；T_f 为流体温度（℃）。

推导二维、三维对流换热问题的微分方程组所依据的原理是相同的。为了突出应用原理的方法和有利于在路面集热过程中应用，对微分方程组的推导限于二维问题。并设定流体为常物性不可压缩的稳态二维流体，并且由黏性摩擦产生的耗散热可以忽略不计。对流换热问题的微分方程组包括[170]以下 4 种。

1. 流体与壁面的导热方程

根据傅里叶定律可以写出流体与壁面之间边界层内的导热公式，因为在紧挨壁面的流体边界层内，热量的传递完全是靠导热，所以有

$$h = -\frac{\mathrm{k}}{\Delta T} \frac{\partial T}{\partial y} \bigg|_{y=0}$$

式中：$\left(\dfrac{\partial T}{\partial y}\right)\Big|_{y=0}$ 为壁面法向的温度变化率。它把换热系数与流体的温度场联系起来，不论是分析解还是准则实验法都要用到它。

2. 连续性方程

将质量守恒定律应用于流体中的微元体，可得

$$\frac{\partial u}{\partial x} + \frac{\partial u}{\partial y} = 0 \tag{3-5}$$

连续性方程是总的质量守恒要求的通用表达式，它必须在流体中的任意点得到满足。该方程适用于流体近似为不可压缩的流体，即密度为常数。

3. 动量微分方程

动量微分方程由与黏性流体流动相关的牛顿第二运动定律导出。对于流体中的微元体，作用于微元体表面和内部的所有外力的总和等于微元体中流体动量的变化率。作用在流体上的力可分为两种：与体积成比例的物体力和与面积成比例的表面力。重力、离心力、磁力或电力场可对总的物体力做贡献；表面力是由流体静压力以及黏性应力引起的。

x 和 y 方向上动量微分表达式分别为

$$\left.\begin{array}{l} \rho\left(\dfrac{\partial u}{\partial \tau} + u\,\dfrac{\partial u}{\partial x} + v\,\dfrac{\partial u}{\partial y} \right) = F_x - \dfrac{\partial p}{\partial x} + \mu\left(\dfrac{\partial^2 u}{\partial x^2} + \dfrac{\partial^2 u}{\partial y^2} \right) \\[3mm] \rho\left(\dfrac{\partial v}{\partial \tau} + u\,\dfrac{\partial v}{\partial x} + v\,\dfrac{\partial v}{\partial y} \right) = F_y - \dfrac{\partial p}{\partial y} + \mu\left(\dfrac{\partial^2 v}{\partial x^2} + \dfrac{\partial^2 v}{\partial y^2} \right) \end{array}\right\} \tag{3-6}$$

上式又被称为纳维埃－斯托克斯方程，它是著名的描写黏性流体流动的经典方程。

对于稳态流动，有

$$\frac{\partial u}{\partial t} = 0 ; \quad \frac{\partial v}{\partial t} = 0$$

当体积力中只有重力场作用时，将对自然对流中的浮升力起重要作用，而强制对流一般可以忽略重力项。

4. 能量微分方程

当把能量守恒应用于运动流体中的微元控制体时，它表示能量由导热进入微元体的热量加上由对流进入微元体的热量等于微元体中流体的焓增量。二维

的能量微分方程为

$$\frac{\partial T}{\partial t} + u\frac{\partial T}{\partial x} + v\frac{\partial T}{\partial y} = \frac{k}{\rho c_p}\left(\frac{\partial^2 T}{\partial x^2} + \frac{\partial^2 T}{\partial y^2}\right) \tag{3-7}$$

因为 $T = f(x,y,t)$，所以 T 对时间 t 的全导数 $\dfrac{\mathrm{d}T}{\mathrm{d}t}$ 可以表示成数学上更简练的形式

$$\frac{\mathrm{d}T}{\mathrm{d}t} = \alpha\nabla^2 T \tag{3-8}$$

根据以上对流换热问题的数学描述（即对流换热微分方程组），可以知道对流换热系数 h 不仅取决于诸如密度、黏度、热导率以及比热容等流体性质之外，还与换热表面的几何形状及流动状态有关。在强制对流换热问题中，如果把高速流动（只在航空、航天飞行中出现）对流换热排除，影响换热系数的因素可表示为 $h = f(u,l,\rho,\mu,\lambda,c_p)$。对于自然对流，流体的流速是由浮升力引起的，因此，速度不是独立变量而可以略去。于是大空间自然对流问题中，影响换热系数的因素为 $h = f(l,\rho,\mu,\lambda,c_p,\beta\Delta T)$。式中，$\beta\Delta T$ 是动量微分方程中浮升力项所包含的因子。由于 h 是一个综合系数，其影响因素十分复杂，并且随时间、环境的变化而变化，所以难以计算出准确数值。工程应用中，通常采用近似值代替。适合路面和 U 形管内的对流换热系数 h 将在下面章节中进行讨论。

3.1.1.3　热辐射

热辐射是处于一定温度下的物质所发射的能量，是通过电磁波的方式传递能量的过程。依靠导热或对流传输能量时需要有物质媒介，而辐射不需要，在真空中传输最为有效。物体的温度是内部电子激发的根本原因，由此而产生的辐射能也就取决于温度，这种仅与温度有关的辐射被称为热辐射。[170] 热辐射的运载体是电子激发所产生的电磁波，其波长可以从几分之一微米到几千米。电磁波按其波长不同可以分为：无线电波、红外线、可见光、紫外线、X 射线和 γ 射线等。各种不同波长的电磁波都有不同的性质，在辐射换热中所关注的是为物体吸收后重新变为热能的那些电磁波，具备这种性质的电磁波是波长从 $0.4 \sim 1\,000\,\mu m$ 范围内的可见光和红外线，通常把这些具有热效应的电磁波叫作热射线。$0.4 \sim 0.7\,\mu m$ 为可见波段，$0.7\,\mu m$ 以上为红外波段，热辐射的绝大

部分集中在红外波段。为计算使用的全球辐射详细光谱分布见表 3-1。[172]

表 3-1　为计算使用的全球辐射详细光谱分布[172]

光谱区	带宽（μm）	辐射强度（W/m²）	辐射强度百分比（%）
紫外线 B	0.28 ~ 0.32	5	0.4
紫外线 A	0.32 ~ 0.36	27	2.4
	0.36 ~ 0.40	36	3.2
可见光	0.40 ~ 0.44	56	5.0
	0.44 ~ 0.48	73	6.5
	0.48 ~ 0.52	71	6.4
	0.52 ~ 0.56	65	5.8
	0.56 ~ 0.64	121	10.8
	0.64 ~ 0.68	55	4.9
	0.68 ~ 0.72	52	4.6
	0.72 ~ 0.78	67	6.0
红外线	0.78 ~ 1.0	176	15.7
	1.0 ~ 1.2	108	9.7
	1.2 ~ 1.4	65	5.8
	1.4 ~ 1.6	44	3.9
	1.6 ~ 1.8	29	2.6
	1.8 ~ 2.0	20	1.8
	2.0 ~ 2.5	35	3.1
	2.5 ~ 3.0	15	1.4
合计	—	1 120	100.0

同一物体在温度不同时的热辐射能力不一样，温度相同的不同物质的热辐射能力也不一样，同一温度下黑体的热辐射能力最强。根据斯蒂芬-波尔兹曼（Stefan-Boltzmann）定律，灰体的单位面积辐射功率是跟物体温度的 4 次方成正比，其数学关系式为[170]

$$E = \varepsilon \sigma T^4 \qquad\qquad (3-9)$$

式中：σ 为黑体辐射常数，$5.67 \times 10^{-8} \, \text{W/(m}^2 \cdot ℃^4)$；$T$ 为黑体的热力学温度（℃）；ΔT 为固体表面与流体表面之间的温度差（℃）；ε 为实际物体的辐射率，或称为黑度，它的数值处于 0 ~ 1。

自然界中的任何物体都在不断地向周围空间发射辐射能，并吸收来自空间其他物体的辐射能。这种辐射和吸收过程的综合作用便形成了辐射换热过程。大多数材料的黑度随温度的升高而增大。材料的黑度除了与温度有关外，还与材料的性质、表面状态（氧化程度、粗糙程度）有关。表面越粗糙，材料的黑度越大。由于各种材料的表面状态不可能确切地描述，因此各种材料的黑度都是用试验的方法测得的。

3.1.2　集热及融雪沥青路面热平衡分析

沥青路面太阳能集热及融雪系统由铺设在沥青面层内的换热装置、储热器、辅助热源、用户热交换器、循环泵等关键部件组成，如图 3－1 所示。其中铺设在沥青面层内的换热装置结构为自上而下依次是（乳化/热拌）沥青混凝土（封）层、内有换热管组的导热型沥青混凝土层、隔热材料层。传导沥青混凝土层是对普通沥青混凝土进行复合/共混改性，使其导热性能较普通沥青混凝土有较大提高的一类沥青混凝土，以提高集热效率为最终目的。（乳化/热拌）沥青混凝土防水层主要起到防水作用，保护传导沥青混凝土及其内部的管道不受水的侵害，提高传导沥青混凝土及其换热装置的耐久性。

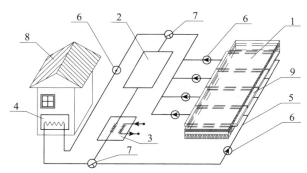

图 3－1　沥青路面太阳能集热/融雪循环系统

1. 沥青混凝土路面换热装置；2. 储热器；3. 辅助热源；4. 用户热交换器；

5. 管道；6. 循环泵；7. 三通阀；8. 建筑物；9. 换热装置

沥青混凝土层内部设置的换热管道组可以为 U 形或直线形，管道材料具有较高的导热系数及机械强度，与沥青混凝土具有良好的黏附性，在 180℃时耐25t压路机震动碾压。换热管道组的进出水口与地下热交换器、土壤热泵装置、用户热交换器和循环水泵连接，构成本系统的热循环闭合回路。地下热交换器可以与岩石床、土壤及地下水储热器相连，实现能量的跨季节存储及应用。

3.1.2.1　集热过程

沥青路面太阳能集热利用太阳能的光热效应，其中黑色沥青路面起到吸热板的作用。在夏天时，沥青路面温度可以升高到70℃，土壤热泵装置从地下储热器中抽取冷的介质水，通过管道输送至附近建筑物内的热交换器；热交换器可以为屋内提供冷源，介质水再输送至路面吸收光热效应产生的热量，最终水将吸收的热量带回地下储热器进行储存。从而实现了在夏季给路面降温，防止路面的永久变形，给建筑物供冷，可以减少传统能源在建筑能耗中的比重。

沥青路面结构处在大气自然环境中，发生在路面的热能交换主要有三种传递方式：热传导、热对流和热辐射。根据能量守恒定律，在规定时段内输入路面的能量等于同一时段内由介质带走的能量加上路面及换热装置对周围环境散失的能量。路面集热的能量传输项包含了路表面的辐射换热、路表面的对流换热、路面的导热及换热管道内的对流换热。沥青路面收集太阳能时的换热过程见图3－2。

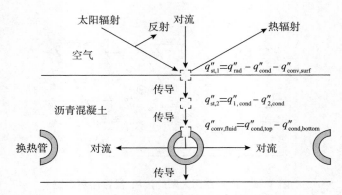

图3－2　沥青路面收集太阳能时的换热过程

路表面的能量平衡关系为

$$q_s = q_{rad} + q_{cond} + q_{1,conv} \tag{3-10}$$

式中：q_s 为路面热力学能的增加；q_{rad} 为辐射换热净流入热量；q_{cond} 为路表面的

导热量；$q_{1,\text{conv}}$ 为路表面与大气环境的对流换热量。

q_{rad} 也可以称为外界投射辐射与有效辐射之差，有效辐射是物体本身辐射和反射辐射之和，则有

$$q_{\text{rad}} = G - \varepsilon E_0 - (1 - \alpha)G = \alpha G - \varepsilon E_0 \qquad (3-11)$$

式中：G 为外界投射的辐射（W/m^2）；α 为路面的吸收率。

外界投射的辐射包括太阳投射辐射和大气逆辐射。大气逆辐射 $G_{\text{amb}} = \varepsilon_a \sigma T_{\text{sky}}^4$，$T_{\text{sky}}$ 为天空有效温度，其值与大气条件有关。

$q_{1,\text{conv}}$ 为路面与空气之间的换热，包括强制对流和自然对流

$$q''_{1,\text{conv}} = h(T_s - T_\infty) \qquad (3-12)$$

式中：T_∞ 为环境温度（℃）；h 为对流换热系数。

q_{cond} 为路面的导热，是离开路表面向内部传递的热量，其能量传递主要由材料的热物性决定。

3.1.2.2　融雪化冰过程

冬季供暖融雪时，通过土壤源热泵装置从地下储热器中取出热量，通过管道输送至近旁的建筑物内的用户热交换器实施供暖，再输送至路面，用于路面融雪化冰。同时实现给路面升温，避免沥青路面温缩裂缝的形成。路面融雪化冰是一个比路面太阳能集热更为复杂的传热传质过程，并且伴有相变过程的发生。路面融雪的目的就是将积雪融化成液态的水，有时甚至存在升华或者蒸发过程。影响因素包括天气状况（天空温度、环境温度、空气湿度、太阳辐射强度、降雪量、风速风向等）、地下状态（地下温度、湿度等）以及道路状况（道路性质、路面状况等）等。[21]

在实际的路面过程中，会出现诸如霜冻、干燥、潮湿、干雪、湿雪、干湿雪夹杂和含冰等多种不同的路面状态。[46]此外，在雪的融化过程中，不同的路面状态是可以相互转换的。由于雪是一种多孔介质，当底层的积雪融化成水后，由于毛细作用，液态水会向上运输。[173]此时，底层就形成饱和水的雪浆层，上层仍为干雪层。在积雪融化过程中，还存在雪水层这种路面状况，即雪浆和干雪都已经融化成水，此时路面是潮湿路面。在融雪过程中出现的路面状态如图 3-3 所示。

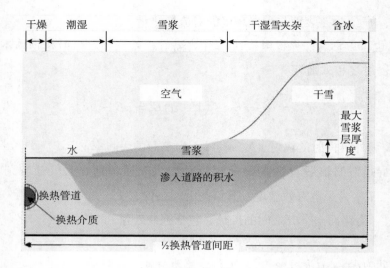

图 3-3　融雪过程中不同的路面状态[46]

道路上冰雪的融化是从固态到液态的过程，即是冰雪的相变。相变问题实际上是一种非线性的瞬态热分析问题。非线性与线性问题的唯一差别在于非线性问题需要考虑相变过程中吸收或释放的潜热（Latent Heat）。在数值分析计算中，可以通过定义材料随温度变化的焓来等效考虑相变材料的潜热。[174] 图 3-4 为固态到液态的相变过程中焓值的变化曲线。

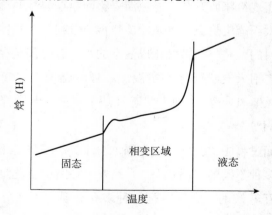

图 3-4　固态到液态的相变过程中焓值的变化曲线[175]

焓值的变化可描述为密度、比热以及温度的函数

$$\Delta H = \int \rho C(T) \mathrm{d}T \tag{3-13}$$

式中：ΔH 为密度与比热乘积对温度的积分（J/m^3）。

由以上融雪化冰过程分析可知，不同路面状态和不同融雪程度所需的热流程度是不同的。在积雪融化过程中，由于毛细力和重力的作用存在雪浆层，并且该层高度是不断增加直至达到最大高度（即平衡高度）。[173] 当雪层厚度大于"平衡高度"时，积雪层由干雪和雪浆组成，如图 3 - 5 所示。该层融雪模型数学方程有质量平衡方程、干雪表面热平衡方程和雪浆热平衡方程。

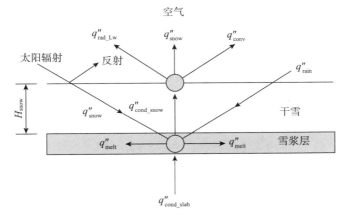

图 3 - 5　两点融雪模型传热示意[46]

1. 干雪和雪浆中冰的质量平衡方程为

$$\frac{dm''_{ice}}{d\theta} = m''_{snowfall} - m''_{melt} \qquad (3-14)$$

式中：m''_{ice} 为冰晶体质量（kg/m^2）；θ 为时间（s）；$m''_{snowfall}$ 为降雪速率 $[kg/(m^2 \cdot s)]$；m''_{melt} 为融雪速率 $[kg/(m^2 \cdot s)]$。

2. 雪浆中的热量平衡方程为

$$m''_{melt} h_{if} = q''_{cond\_slab} + q''_{solar} + q''_{rainfall} - q''_{cond\_snow} \qquad (3-15)$$

式中：h_{if} 为雪的融化潜热（J/kg）；q''_{cond_slab} 为路面板表面热流密度（W/m^2）；q''_{solar} 为路面吸收的太阳辐射热流密度；$q''_{rainfall}$ 为降雨热流密度；q''_{cond_snow} 为雪浆层传向干雪层的热流密度。

3. 干雪层上部的热量平衡方程

$$q''_{cond\_snow} = q''_{conv} + q''_{rad\_LW} + q''_{snowfall} \qquad (3-16)$$

式中：q''_{conv} 为表面对流换热密度（W/m²）；q''_{rad_LW} 为长波辐射热流密度（W/m²）；$q''_{snowfall}$ 为降雪显热热流密度（W/m²）。

对于干雪层内部的导热过程有

$$q''_{cond\_snow} = \frac{k_{snow}}{H_{snow}}(t_{snow\_bottom} - t_{snow\_top}) \qquad (3-17)$$

式中：干雪的有效导热系数 k_{snow} 可以由公式 $k_{snow} = 2.223\,62\rho_{snow}^{1.885}$ 计算[176]。其中，ρ_{snow} 为干雪的密度；t_{snow_bottom} 为干雪底部（即雪浆层）的温度；H_{snow} 为干雪层的厚度。

对于雪与环境的对流换热和长波辐射换热可参考式（3-11）和式（3-12）。

当雪层厚度小于平衡高度时，路面只存在雪浆，雪浆层中的热量平衡为

$$m'' \cdot h_{if} = q''_{cond\_slab} + q''_{solar} + q''_{rainfall} - q''_{conv} - q''_{rad\_LW} - q''_{snowfall} - q''_{evap/cond} \qquad (3-18)$$

式中：$q''_{evap/cond}$ 为蒸发和冷凝水的热流密度。

$$q''_{evap/cond} = h_{fg} \cdot h_d \cdot (w_{air} - w_{pv}) \qquad (3-19)$$

式中：h_{fg} 为水的汽化比潜热（J/kg）；h_d 为表面传质系数［kg/（m² · s）］；w_{air} 为周围控制湿度；w_{pv} 为雪浆周围饱和空气的湿度。

3.1.3　集热及融雪化冰有关的影响因素

在沥青路面集热及融雪化冰过程中，热量的传递过程与沥青路面材料特性（如沥青各面层的导热系数与导温系数、材料对太阳辐射的吸收率、路表换热系数等）、换热工质物性、雪的物性和环境气候条件（如外界气温、太阳辐射、天空辐射、路面有效辐射等）有着紧密的关系。

3.1.3.1　材料的热物性

1. 沥青混凝土的热物性

导热系数是衡量物质导热能力的一个指标。不同物质的导热系数差别很大。一般来说金属的导热系数较大，非金属材料和液体次之，气体的导热系数最小。[170]一些典型材料的导热系数可以从参考文献［170-171］的附录或其他相关手册中查到数据。但必须注意，这些数据往往只是参考值，与实际使用情况会有所出入，应通过试验加以验证。

在 3.1.1 节中已经定义了导温系数，导温系数与导热系数的关系可用下式来表示

$$\alpha = \frac{k}{\rho C_p} \qquad\qquad (3-20)$$

式中：α 为导温系数（m^2/s）；ρ 为毛体积密度（kg/m^3）；C_p 为比热（$J/kg \cdot ℃$）。

导温系数用来描述温度传递的速率，导温系数越高，温度传递的速率也就越快。高的导温系数能降低路面中的温度梯度，保证路面结构在不利的温度环境中具有足够的稳定性。但不同地区、不同材料的路面材料的导热系数和导温系数不同。[177]沥青混凝土材料主要由沥青、骨料及矿粉组成，如图 3－6所示。沥青混凝土导热性能的好坏直接与其组成材料有关。材料的导热系数是其本身固有的特性，普通的沥青材料本身相对于骨料来说，是一种低传导性材料，其导热系数仅为 0.17W/（m·℃），而骨料的导热系数：普通的石灰岩为 1.26W/（m·℃），石英岩导热系数相对较高，为 3.0 W/（m·℃），可用于路面材料沥青混凝土中的骨料最大导热系数亦不会超过 5.0W/（m·℃）。

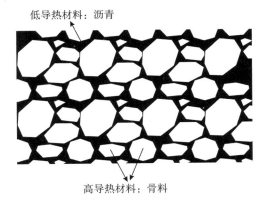

低导热材料：沥青

高导热材料：骨料

图 3－6　沥青混合料主要组成

表 3－2 即给出了沥青混合料中主要组成成分的导热系数。[178]在沥青混合料中，导热系数相对较高的骨料被导热系数较低的沥青所包裹，热传导性能较差，因此，欲提高沥青混合料的传导性能主要是改善沥青材料的导热性能，如在沥青材料中加入一些高导热相材料（石墨、钢渣等），在改善沥青材料导热性能的同时，可考虑采用高传导性能的骨料。

表 3 - 2　不同材料的热学参数

材料	导热系数［W/(m·℃)］	材料	导热系数［W/(m·℃)］
沥青	0.17	镁	4.15
石灰石	1.26～1.33	石英矿	3.0
花岗岩	1.7～4.0	岩石（固态）	2.0～7.0
大理石	2.08～2.94	岩石（多孔）	0.5～2.5
石墨	25～470	碳纤维	119～165

2. 换热工质物性

本研究拟采用水为换热工质，水的热物性还与温度、表面气压、矿物质含量等一系列因素有关。表 3 - 3 列出了饱和水在关键温度下的热物性。

表 3 - 3　饱和水的热物性

温度 T/K	汽化热 h_{fg} (kJ/kg)	比热容 c_p ［kJ/(kg·℃)］	动力黏度 $\mu(\times 10^6$ Pa·s)	热导率 $k[\times 10^3$ W/(m·℃)］	普朗特数 P_r	表面张力 $\sigma(\times 10^3$ N/m)	膨胀系数 $\beta(\times 10^6 ℃)$
273.15	2 502	4.217	1 750	569	12.99	75.5	-68.05
280	2 485	4.198	1 422	582	10.26	74.8	46.04
290	2 461	4.184	1 080	598	7.56	73.7	174.0
300	2 438	4.179	855	613	5.83	71.7	276.1
310	2 414	4.178	695	628	4.62	70.0	361.9
320	2 390	4.180	577	640	3.77	68.3	436.7

3. 路表面对太阳辐射的吸收率

投射到沥青路面的太阳辐射，一部分辐射能被沥青路面吸收并转换为热能，使路面温度升高，另外一部分被地面反射到大气中。不同的物质，由于其性质和状态不相同，他们的吸收率 α 和反射率都不同。α 也与投射辐射的光谱分布、方向分布及吸收表面的性质有关，可以近似地认为与温度无关。α 的取值对确定沥青路面的表面温度及路面的集热量和融雪有着重要的影响。其值的较小变化也会导致数值计算路面温度、路面集热与实际情况有较大幅度的波动。

此外，物体对于太阳辐射的吸收率还与太阳仰角有关[179]，即

$$\alpha_\theta = \alpha \times (1 - e^{-0.06\theta}) \tag{3-21}$$

式中：$1 - e^{-0.06\theta}$ 为太阳仰角的影响系数；$\theta = 90 - \varphi + 23.5\sin[2\pi(284 - n)/365]$，为正午太阳仰角；$\varphi$ 为纬度；n 为一年中第几天。

严作人在计算沥青路面温度场时，α 取值为 $0.92^{[179]}$；一般状况取 $\alpha = 0.85$，对于光滑沥青路面，取 $\alpha = 0.80^{[119]}$；Barber 的取值较高，取 $\alpha = 0.95^{[117]}$；在工程实践中，韩子东等现场实测了沥青路面对于波长在 $0.3 \sim 3\mu m$ 之间辐射热的吸收率，并测得 $\alpha = 0.87$，推荐一般的沥青路面采用 $\alpha = 0.86 \sim 0.90$，对于具有光滑表面的沥青路面采用 $\alpha = 0.82 \sim 0.83$。$^{[124]}$综合上述内容，选取 $0.80 \sim 0.95$。结合上述文献及文献［125、180、181、182］提出路面结构材料对太阳辐射的吸收率的推荐值，如表 3 - 4 所示。

表 3 - 4　路面太阳辐射吸收率建议值

路面类型	吸收率	
	一般状态	光滑表面
水泥路面	0.72 ~ 0.77	0.65 ~ 0.66
沥青路面	0.86 ~ 0.95	0.82 ~ 0.92

4. 冰雪的热物性

雪是自然界中一种典型的复杂现象，是在一定条件下云层中的水蒸气凝华成为冰晶，而液滴与冰晶之间不断碰撞凝结，使冰晶体积迅速增大，一旦能克服空气浮力便落到地面。雪的热物理特性由于成雪气象条件不同而存在较大差异。1991 年，在 Colbeck 等人的倡议下，起草并通过了地面季节降雪的国际分类法；该方法从密度、颗粒形状、颗粒尺寸、含水量、纯度、强度、硬度、温度、厚度 9 个特征对陆地积雪进行了分类。$^{[183]}$

对于道路融雪而言，主要关心雪的密度、导热系数、定压比热、孔隙率、吸收率等特性。Adlam 认为雪的密度可视为环境温度的二次函数。$^{[184]}$除环境温度外，雪的导热系数与密度变化有直接关系。Abel 给出了一个实验公式$^{[185]}$：$k_{snow} = 2.85\rho_{snow}^2$。Yen 也给出一个实验公式$^{[176]}$：$k_{snow} = 2.223\ 62\rho_{snow}^{1.885}$。Matthew 在实验数据基础上，回归了导热系数随密度变化的关系，结果与 Abel 比较吻合，相对偏差小于 2%；与 Yen 结论相比，Matthew 和 Abel 结果在密度 $100 \sim 200kg/m^3$ 范围内比较接近，相对偏差约为 6%，而密度大于 $200kg/m^3$ 以后，相对偏差约为 15% ~ 18%。[186] 一般情况下，密度在 240 ~ 260kg/m³ 以下雪的导热系数小于 0.2W/(m·℃)，具有较好的隔热作用。

Eicken 给出了冰的密度随温度的变化关系[187]

$$\rho_{ice} = 0.917 - 1.403 \times 10^{-4} t \qquad (3-22)$$

Yen 给出了冰的导热系数随温度的变化关系[176]

$$k_{ice} = 21.16(1.91 - 8.66 \times 10^{-3} T + 2.97 \times 10^{-5} T^2) \qquad (3-23)$$

在道路融雪研究中，雪的状态可以简化为干雪、湿雪和雪水三种状态。雪是一种典型的多孔介质。干雪中孔隙主要被空气占据，密度通常小于 300 ~ 500kg/m³，内部冰晶呈现多枝权的星状；湿雪中，由于孔隙的毛细作用，使得孔隙主要被水占据，且星状枝权多不可见，密度通常为 500 ~ 900kg/m³。雪水主要是液态水和微小冰晶的混合物，热物理性质基本与液态水相同。但密度不能完全确定地衡量上述三种状态，因为雪的密度大小还与雪的新旧、是否被碾压及雪粒粗细有关。

若已知雪的密度，可以获得降雪量

$$h_w = h_s \frac{\rho_s}{\rho_w} \qquad (3-24)$$

式中：h_w 和 h_s 分别为降雪量和积雪厚度；ρ_w 为水的密度；ρ_s 为雪的密度。

雪的表面发射率 ε 与辐射波长、频率等因素有关，情况比较复杂。通常情况下，新雪、湿雪和冰表面发射率可分别取 0.85、0.98 和 0.97。[21]

雪的反射率 ρ 是计算雪表面吸收太阳辐射热的重要参数。表 3-5 给出了雪和冰在可见光与近红外范围内的反射率。根据反射率，可以通过 $\alpha = 1 - \rho$ 计算出雪和冰对太阳辐射热的吸收率。[188-189]

表 3-5　雪和冰的反射率

表面类型		VIS	NIR	BB
雪	干雪	0.98	0.70	0.85
	湿雪	0.88	0.55	0.72
冰	干冰	0.78	0.36	0.58
	融冰	0.71	0.29	0.51

3.1.3.2　路表有效辐射

太阳光辐射到路面，其中一部分由路面吸收，一部分由路面反射。路表面与大气在不同温度时都向外辐射能量。路面与太阳、大气环境之间的相互辐射和吸收，构成了路面的辐射换热。参与辐射换热过程的路面与大气环境，失去或接受能量取决于各自同时期内所发射和吸收辐射的差额，只要路表温度与气温不同，辐射能的差额就不会为零。路面本身接收的辐射与反射辐射之和称为有效辐射，即路面环境辐射与大气逆辐射之差。

1. 大气逆辐射

前文已经提到，所有温度对于绝对零度的物体都具有辐射能力，这也适用于气体。大气逆辐射可根据恩克斯娄姆（Angstrom）公式确定[125]

$$G_{\mathrm{amb}} = \varepsilon_a \sigma T_{\mathrm{air}}^4 \qquad (3-25)$$

式中：T_{air} 为外界气温；ε_a 为大气辐射系数；一般大气辐射系数可取 0.74。[125,179]

由于确定表面温度有较大困难，气温的日过程与路表温度的日过程具有相似的变化规律。因此可考虑采用气温的日过程代表路表温度的日过程来计算大气逆辐射。舒尔茨（Schulze）等人对这一问题进行深入的分析后，提出晴天无云时

$$G_{\mathrm{amb}} = 0.82\sigma T_{\mathrm{air}}^4 \qquad (3-26)$$

当天空完全被云雾遮盖的情况时

$$G_{\mathrm{amb}} = 0.94\sigma T_{\mathrm{air}}^4 \qquad (3-27)$$

式中：T_{air} 为外界气温温度。

对于天空无云时，ε_a 的计算可以根据经验公式获得[190]

$$\varepsilon_a = 1 - 0.261\exp[-7.77 \times 10^{-4}(T_{\mathrm{air}} - 273.15)^2] \qquad (3-28)$$

2. 路表环境辐射

对于沥青路面发射的长波辐射，可以根据下式计算

$$G_{\mathrm{surf}} = \varepsilon \sigma T_{\mathrm{surf}}^4 \qquad (3-29)$$

式中：ε 为沥青路面表面的长波辐射发射率，一般取值为 0.93，在数值上近似等于沥青路面对于长波辐射吸收率。

除了地表环境的长波辐射外，还有一种由于大气逆辐射引起的反射，按下式计算

$$G_R = (1 - \varepsilon_a)G_{\mathrm{amb}} \qquad (3-30)$$

在气象测量中，总是测得 $G_R + G_{surf}$。

综上所述，路面的有效辐射为

$$F = G_R + G_{surf} - G_{amb} \qquad (3-31)$$

舒尔茨（Schulze）将路面有效辐射依赖的外界气温近似为

$$F = \varepsilon_f \sigma T_{air}^4 \qquad (3-32)$$

式中：ε_f 为有效辐射系数，它主要与天气的阴晴有关，而天气的阴晴在气象学中用总云量来反映。

3.1.3.3 天空有效温度

由于大气层的影响，地面物体与大气环境进行辐射换热时，情况比较复杂。为研究方便，在上一节中我们将大气逆辐射中的大气假定为一个具有一定温度 T_{air} 的辐射体，这一温度并不能等同于天空有效温度。天空有效温度 T_{sky} 与地表温度、空气温度、相对湿度、云层覆盖程度、空气水蒸气压等因素有关。[199-200]

早期提出了根据空气干球温度和露点温度计算天空有效温度。直至进入20 世纪 80 年代，才出现各种更为精确的模型，而且得到修正改进。表 3-6 列出了不同文献中的天空有效温度模型。在实际应用过程中，一般采用Ramsey 计算模型，因为该计算模型同时考虑环境温度和空气湿度的影响，计算结果与其他模型相比与实际天空温度最为接近。[193]

表 3-6 不同文献中的天空有效温度模型

参考文献	模型	备注
Bliss（1961）[191]	$T_{sky} = T_{db}(0.8 + \dfrac{T_{dp}}{250}\varepsilon_a)^{1/4}$	T_{db} 为空气干球温度；T_{dp} 为空气露点温度
Swinbank（1963）[192]	$T_{sky} = 0.055\,2 T_{db1.5}$	T_{db} 为空气干球温度
Ramsey（1982）[193]	$T_{sky} = T_a - [1.105\,8 \times 10^3 - 7.562 T_a + 1.333 \times 10^{-2}(T_a)^2 - 31.292\varphi + 14.58\varphi^2]$	T_a 为空气平均温度；ϕ 为空气湿度
Melchior（1982）[194]	$T_{sky} = T_a\,(0.56 + 0.08 P_v^{0.5})^{0.25}$	P_v 为空气水蒸气压
刘森元（1983）[195]	$T_{sky} = [0.9 T_s^4 - (0.32 - 0.026\sqrt{P_v}) \times (0.30 + 0.70\delta_h) T_a^4]^{1/4}$	T_s 为地表温度；δ_h 为日照百分率

参考文献	模型	备注
Daguenet （1985）[196]	$T_{sky} = T_a \ (0.55 + 0.038\,5P_v^{0.5})^{0.25}$	与 Melchor 模型近似
	$T_{sky} = T_a\left[(a + bP_v^{0.5})\left(1 - \dfrac{\xi N_e}{8}\right) + \dfrac{\xi N_e}{8}\right]^{0.25}$	N_e 为云层覆盖程度；ξ 为云层高度修正因子
Roulet （1991）[197]	$T_{sky} = (L/\delta)^{0.25}$ $L = L_0(1 + 0.01A) + \dfrac{BC(8 - N_e)}{8}$	$L_0 = 3.6(T_a - 273) + 231$； $A = 10.1ln(P_v) - 12.3$； $B = 17(T_a - 273) + 107$； $C = -0.22ln(P_v) + 1.25$
Aubinet （1994）[198]	$T_{sky} = 94 + 12.6ln(P_v) - 13K_t + 0.341T_a$	K_t 为晴朗指数

3.1.3.4　表面对流换热系数

在任何对流问题中，热量的传递速率是极为重要的，确定换热必须知道局部和平均对流换热系数。对流换热系数除了依赖很多流体性质（诸如密度、黏度、热导率以及比热容等）外，还和表面的几何形状及流动状态有关。[117,171] 由于对流换热系数的各约束因素的复杂性，使得该系数的精确解析一直备受争议。截至目前，此方面的研究仍然在持续。

利用相似理论来分析对流换热过程，可以达到确定表面局部换热系数及平均换热系数的目的。相关的相似准数见表 3 - 7。

表 3 - 7　相关的相似准数

准　　数	定　　义	解　　释
雷诺数 Re_x	$Re_x = \dfrac{\rho u x}{\mu}$	惯性力与黏性力之比
努塞尔数 Nu_L	$Nu_L = \dfrac{hL}{k}$	对流传热与热传导之比
普朗特数 Pr	$Pr = \dfrac{c_p\mu}{k} = \dfrac{\nu}{\alpha}$	动量扩散系数与热扩散系数之比
瑞利数 Ra	$Ra = Gr \cdot Pr$	流体流态过渡发生的条件

利用适当形式边界层方程可以获得对流换热系数。

1. 等温平板上的层流

局部努赛尔数的形式为

$$Nu_x = \frac{h_x x}{k} = 0.332 Re_x^{1/2} Pr^{1/3} \qquad (3-33)$$

平均换热系数为

$$\overline{Nu_x} = \frac{\overline{h_x} x}{k} = 0.664 Re_x^{1/2} Pr^{1/3} \qquad (3-34)$$

$\overline{Nu_x}$ 为平均努塞尔数,成立的条件为 $Pr \geqslant 0.6$,流体物性采用膜温 $T_f = (T_s + T_\infty)/2$ 计算。

局部湍流的努赛尔数为

$$Nu_x = \frac{h_x x}{k} = 0.029\ 6 Re_x^{4/5} Pr^{1/3} \qquad (3-35)$$

成立的条件为 $0.6 \leqslant Pr \leqslant 60$。

完全湍流努赛尔数为

$$\overline{Nu_x} = \frac{\overline{h_x} x}{k} = 0.037 Re_x^{4/5} Pr^{1/3} \qquad (3-36)$$

成立的条件为 $0.6 \leqslant Pr \leqslant 60$,$Re_{x,c} \leqslant Re_L \leqslant 10^8$。式(3-36)为美国采暖制冷与空调工程师协会推荐的路面融雪化冰表面换热系数计算方法。[201]

2. 具有恒定热流密度的平板

除了均匀温度外,还在表面上施加均匀热流密度。对于层流

$$Nu_x = \frac{h_x x}{k} = 0.453 Re_x^{1/2} Pr^{1/3} \qquad (3-37)$$

对于湍流则有

$$Nu_x = \frac{h_x x}{k} = 0.030\ 8 Re_x^{4/5} Pr^{1/3} \qquad (3-38)$$

虽然这些公式适用于大多数工程计算,但实际上它们很少能够给出对流换热系数的精确值,使用这些表达式所产生的误差可能达到25%。[171]

由于对流换热系数在解决传热问题中通常作边界条件设置,除了利用相似原理计算外,为了简化计算,人们往往倾向于采用试验回归模型和关联式。典型的模型有 McAdams 模型[202]、Sturrock 模型[203]、CIBS 模型[204]、Nicol 模

型[205]、Kimura 模型[206]、Clarke 模型[207]、ASHRAE/DOE - 2 模型[208]、Y - K 模型[209]、Loveday 模型[210]、CGW 模型[211]和 Sartori 模型。[212]对流换热系数特征关联式是因研究对象、分析角度以及使用范围等因素而异的。因此，在道路桥面换热研究中可以采用 MacAdams 模型、CIBS 模型以及 Clarke 模型，在风速小于 10m/s 范围内误差下，Clarke 模型尤为适合稳态分析。

其中 Y - K 模型是 Yazdanian 和 Klems 在以前提出的 MOWITT 模型[213]基础上，结合实验数据，于 1994 年提出的一个基于风速和温差修正的数学模型。

$$h = \sqrt{(C_t \Delta T^{1/3})^2 + (av^b)^2} \qquad (3-39)$$

式中：C_t 为自然对流系数；a 和 b 为强制对流作用系数。

该模型突破了之前的 $a + bv^n$ 形式，并得到了美国采暖制冷与空调工程师学会（ASHRAE）的肯定。表 3 - 8 给出了不同风向条件下的 Y - K 模型各参数的取值范围。[209]需要注意的是，上式中风速的对应基准高度为 10m，因此在实际计算中，要进行风速修正。

表 3 - 8　Y - K 模型参数选择

风向	C_t	a	b
迎风	0.84 ± 0.015	2.38 ± 0.036	0.89 ± 0.009
背风	0.84 ± 0.015	2.38 ± 0.098	0.617 ± 0.017

Y - K 模型有效地考虑了风速和温差修正，比较适合于一些非稳态传热过程。与 McAdams 模型相比，在温差 10 ~ 30℃、风速 5 ~ 10m/s 范围内 Y - K 模型计算结果偏低约 3.2% ~ 8.7%。对于低风速的流动情况，Y - K 模型与 Sartoti 模型比较一致，相对误差约为 0.9% ~ 3.8%。造成上述模型之间数值差异的重要原因在于风速的选择基准、修正方法以及表面流动状况等条件有所不同。在缺乏必要的测试数据或实验手段的情况下，可以作为一种参考方法。

3.1.3.5　管内对流换热系数

管内流动的雷诺数定义为

$$Re_D = \frac{\rho u_m x}{\mu} \qquad (3-40)$$

式中：u_m 为圆管横截面上的平均流体速度；D 为圆管的直径。

在充分发展的流动中，对应于湍流发生的临界雷诺数为

$$Re_{D,c} \approx 2\ 300$$

计算管内的对流换热系数可由科尔伯恩（Colburn）提出的局部努赛尔数经典的表达式推导[171]

$$Nu_D = 0.023Re_D^{4/5}Pr^{1/3} \tag{3-41}$$

迪图斯－贝特尔（Dittus－Boelter）方程与式（3-41）略有不同，但更为常用[171,214]

$$Nu_D = 0.023Re_D^{4/5}Pr^n \tag{3-42}$$

其中加热（ $T_s > T_m$ ）时，$n = 0.4$ ；而冷却（ $T_s < T_m$ ）时，$n = 0.3$ 。通过试验，验证这些方程使用的条件为

$$\begin{cases} 0.7 \leqslant Pr \leqslant 160 \\ Re_D \geqslant 10\ 000 \\ \dfrac{L}{D} \geqslant 10 \end{cases}$$

式（3-41）和式（3-42）未考虑流体物性的变化以及管内形貌状态等，其误差有可能达到25%。

3.2 路面材料热物性的测量

3.2.1 瞬态平板热源法的测量原理

瞬态平面热源法（Transient Plane Source Method，TPS）是由瑞典Chalmer理工大学的Silas Gustafsson教授在热线法的基础上发展起来的一项专利技术，其原理是基于无限大介质中阶跃加热的圆盘形热源产生的瞬态温度响应，在理想情况下这一瞬态导热问题的求解如下所述。[215]

假设在均匀无限大介质中有一圆盘形平面热源，热源的半径为 r_0 ，厚度和热容均可忽略不计。整个热源从 $\tau' = 0$ 时刻起均匀发热，单位面积的发热率为 q（W/m²），总的发热功率 $Q = q\pi r_0^2$（W）。选用柱坐标系，其中 z 轴垂直圆盘所在的平面，并且过圆心 O 点。

无限大空间中，位于点（ r' ，φ' ，z' ）在 τ' 时刻发热量为 ρc（J）的瞬时

点热源的温度响应称为格林函数，在柱坐标系中的表达式[215]为

$$G(r,\varphi,z,\tau;r',\varphi',z',\tau') = \frac{1}{8\left[\sqrt{\pi a(\tau-\tau')}\right]^3} \cdot$$

$$\exp\left[-\frac{r^2+r'^2-2rr'\cos(\varphi-\varphi')+(z-z')^2}{4a(\tau-\tau')}\right]$$

$$(3-43)$$

在 $z'=0$ 的平面上，圆心在 O 点，半径为 r' 的均匀发热环形线热源，在 τ' 时刻的瞬时发热量为 $Q_1(\text{J})$，它可以看作是许多强度为 $\dfrac{Q_1}{2\pi}\mathrm{d}\varphi'$ 的瞬时点热源的集合，产生的温度响应为[215]

$$\theta_1 = \int_0^{2\pi}\frac{Q_1}{2\pi\rho c}\frac{1}{8\left[\sqrt{\pi a(\tau-\tau')}\right]^3}\exp\left[-\frac{r^2+r'^2-2rr'\cos(\varphi-\varphi')+z^2}{4a(\tau-\tau')}\right]\mathrm{d}\varphi'$$

$$(3-44)$$

对式（3-44）积分得

$$\theta_1 = \frac{Q_1}{\rho c}\frac{1}{8\left[\sqrt{\pi a(\tau-\tau')}\right]^3}\exp\left[-\frac{r^2+r'^2+z^2}{4a(\tau-\tau')}\right]I_0\left[\frac{rr'}{2a(\tau-\tau')}\right] \quad (3-45)$$

式中：$I_0(x)$ 是零阶变形贝塞尔函数，且有 $I_0(x) = \dfrac{1}{\pi}\displaystyle\int_0^\pi \exp(x\cos\theta)\mathrm{d}\theta$。

连续发热的圆盘形热源可以看作是许多瞬时发热量为 $Q_1 = q2\pi r'\mathrm{d}r'\mathrm{d}\tau'$ 的环形线热源的集合，产生的温度响应为[215]

$$\theta_2 = \int_0^\tau\frac{2\pi q}{\rho c}\frac{1}{8\left[\sqrt{(\tau-\tau')}\right]^3}\mathrm{d}\tau'\int_0^0\exp\left[-\frac{r^2+r'^2+z^2}{4a(\tau-\tau')}\right]I_0\left[\frac{rr'}{2a(\tau-\tau')}\right]r'\mathrm{d}r'$$

$$(3-46)$$

对式（3-46）进行变量代换及无因次化，整理得

$$\Theta_2(R,Z,Fo) = \frac{1}{2\sqrt{\pi^3}}\int^{\sqrt{Fo}}\frac{1}{\sigma^2}\mathrm{d}\sigma\int_0^1\exp\left(-\frac{R^2+R'^2+Z^2}{4\sigma^2}\right)I_0\left(\frac{RR'}{2\sigma^2}\right)R'\mathrm{d}R'$$

$$(3-47)$$

式中：$Fo = \dfrac{a\tau}{r_0^2}$；$\Theta_2 = \dfrac{\lambda\theta_2}{\pi r_0 q}$；$R = \dfrac{r}{r_0}$；$R' = \dfrac{r'}{r_0}$；$Z = \dfrac{z}{r_0}$。

对于 $Z=0$ 平面上的温度响应，可表示为[215]

$$\Theta_2(R,0,Fo) = \frac{1}{2\sqrt{\pi^3}}\int^{\sqrt{Fo}}\frac{1}{\sigma^2}\mathrm{d}\sigma\int_0^1\exp\left(-\frac{R^2+R'^2}{4\sigma^2}\right)I_0\left(\frac{RR'}{2\sigma^2}\right)R'\mathrm{d}R' \quad (3-48)$$

对式（3-48）积分可以得圆盘上的平均温度响应为

$$\overline{\Theta} = \frac{1}{\sqrt{\pi^3}} \int_0^{\sqrt{Fo}} \frac{\mathrm{d}\sigma}{\sigma^2} \int_0^1 RDR \int_0^1 \exp\left(-\frac{R^2+R'^2}{4\sigma^2}\right) I_0\left(\frac{RR'}{2\sigma^2}\right) R'\mathrm{d}R' \qquad (3-49)$$

其对应的圆盘加热器的平均温升为

$$\overline{\theta} = \frac{Q}{\lambda r_0 \sqrt{\pi^3}} \int_0^{\sqrt{Fo}} \frac{\mathrm{d}\sigma}{\sigma^2} \int_0^1 R\mathrm{d}R \int_0^1 \exp\left(-\frac{R^2+R'^2}{4\sigma^2}\right) I_0\left(\frac{RR'}{2\sigma^2}\right) R'\mathrm{d}R' \qquad (3-50)$$

瞬态平板热源在测定过程中，探头被夹在两片待测试样的中间，探头与试样形成夹层结构（如图 3-7 所示），且应使试样的光滑面与探头接触，并将两者夹紧以减少接触热阻。[215]

本研究采用瑞典 Hot Disk 公司生产的 TPS2500S 热常数分析仪对研究中所涉及材料的热学参数进行测量。Hot Disk 探头是由镍金属形成的连续双螺旋结构的平面薄片，如图 3-8 所示。在测试过程中，对探头通以恒定的加热功率，由于温度升高，探头的电阻值发生变化，从而使探头两端的电压发生变化。此时探头既是加热试样的热源，又是记录试样温度变化的动态温度传感器。通过记录在测试时间内电压的变化，就可以得到探头的电阻值随时间的变化关系，进而可以求出试样的导热信息。[216]

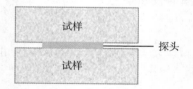

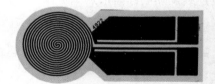

图 3-7　测试结构　　　　　　　　　图 3-8　测试探头

当探头通电加热时，探头的电阻值随时间变化的关系为

$$R(\tau) = R_0\left[1 + \alpha\Delta T_i + \alpha\overline{\Delta T(Fo)}\right] \qquad (3-51)$$

式中：R_0 为探头在 $\tau = 0$ 时的电阻值；α 为电阻温度系数；ΔT_i 为薄膜保护层中的温差；$\overline{\Delta T(Fo)}$ 为与试样处于理想接触状态时探头的平均温升；Fo 为前面定义的无因次时间。

由于保护层的厚度非常小，所以在很短的时间内可以把 Fo 看作定值。则 $\overline{\Delta T(Fo)}$ 可表示为

$$\overline{\Delta T(Fo)} = \frac{Q}{\lambda r_0 \sqrt{\pi^3}} D(Fo) \qquad (3-52)$$

式中：Q 为恒定的输出功率；r_0 为探头的半径；λ 为被测试样的导热系数；$D(Fo)$ 为无因次时间 Fo 的函数。

根据式（3-49）、式（3-50），$D(Fo)$ 函数可表示为

$$D(Fo) = \int_0^{\sqrt{Fo}} \frac{d\sigma}{\sigma^2} \int_0^1 RdR \int_0^1 \exp\left(-\frac{R^2+R'^2}{4\sigma^2}\right) I_0\left(\frac{RR'}{2\sigma^2}\right) R'dR' \qquad (3-53)$$

令 $R^* = R_0(1+\alpha\Delta T_i)$ 和 $C = \dfrac{\alpha R_0 Q}{\lambda r_0 \sqrt{\pi^3}}$，则式（3-51）可表示为

$$R(\tau) = R^* + C \cdot D(Fo) \qquad (3-54)$$

将电阻值 $R(\tau)$ 对 $D(Fo)$ 作图应当得到一条直线，截距是 R^*，斜率是 C。通过反复变换试样的热扩散率 α 来拟合直线，寻找到正确的 α 值，使 $R(\tau)$ 对 $D(Fo)$ 的直线相关性达到最大，此时导热系数 λ 便可以由直线的斜率 C 计算得出。[215]

Hot Disk 平面探头在测量热量传递时，探头温度增加应在零点几度到几度内。热导率的解是基于 Hot Disk 探头处在一个无限介质中，当两个被探头记录的样品边缘受到外界的影响，瞬态记录必然被打断。一般情况下，被测样品的大小在 $1\sim10\mathrm{cm}^3$，在一些特殊情况下可减少至 $0.01\mathrm{cm}^3$。样品的预处理只需要将两个样品切出一个平面即可。由于材料的物性不一致，不同的材料有不同的测试时间和测试功率，根据探头的热量传递深度确定被测样品的尺寸。为了延长瞬间记录时间，被测样品的平面尺寸和厚度必须大于探头的直径。Hot Disk TPS2500S 其相关精度参数为

导热系数测定范围：$0.005\sim500\mathrm{W/(m\cdot\mathbb{C})}$。

热扩散系数：$0.1\sim100\mathrm{mm}^2/\mathrm{s}$。

热容：最大 $5\mathrm{MJ/(m}^3\cdot\mathbb{C})$。

测量时间：$1\sim1\,280\mathrm{s}$。

重复性误差：小于 2%。

准确度：优于 2%。

温度范围、标准测量：室温。

带有熔炉：室温 $\sim750\mathbb{C}$。

带有循环器: $-20 \sim 180℃$。

探头使用厚度 $12.7\mu m$ 或 $25\mu m$ 的聚酰亚胺（Kapton）薄膜进行支撑和保护镍螺旋。为精确测量材料的热参数，需输入不同的温度时传感器的 TCR（电阻温度系数）。对于结构中有毫米级空洞（空隙）的材料，使用尽可能大的传感器。[217]在实际测试过程中，为了获得准确的测量结果，必须要求被测试样的温度均匀和恒定，否则对测试结果的准确度影响很大。由于探头会发热，在相邻两次测试之间要间隔一定时间以确保被测试样温度趋于恒定。[218]

3.2.2 沥青胶浆试样的制备与测试

测量和评价沥青胶浆的热物性时，石墨的掺量从 $0 \sim 18\%$ 按一定量逐级递增，此处所指的掺量为石墨占沥青的体积百分数。为了对比石墨对沥青胶浆导热性能的影响程度，在沥青中掺入矿粉制备沥青胶浆作为对照组。制备方法见2.2.1 节。

若采用原装试样夹具，一次需成型两块块状试样将探头夹在中间。由于沥青胶浆在 $45℃$ 左右出现软化，在其他温度范围内有蠕变特性，以及 HotDisk 探头测量的局限性，需对沥青胶浆的测量方法进行改进。图 3 - 9 为改进后的测试方法示意图。沥青胶浆制备好后，迅速将沥青胶浆（$110 \sim 130℃$）倒入不锈钢杯中，并将杯放入恒温油浴箱进行保温；然后将改装后的探头插入沥青胶浆内部，使探头与胶浆形成一体，避免了试样与探头之间的空隙导致的数据偏差。迅速降温避免了石墨的沉降离析，并可以在较宽温度范围内（$-30 \sim 110℃$）对沥青胶浆的热常数进行测量。

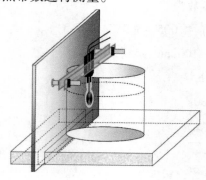

图 3 - 9 沥青胶浆热物性测试示意

试验参数的设定方式如下。

3.2.2.1　探头半径

探头插入胶浆中，距离杯壁大于 10mm，选用型号为 5465 的 Hot Disk 探头，其半径为 3.189mm。

3.2.2.2　测试时间

特征时间 $Fo = \dfrac{a\tau}{r_0^2}$，其取值要求为 0.33 ~ 1.0。经估算，测试时间的选择范围为 14.5 ~ 79.2s，取测试时间 20s 或 40s。

3.2.2.3　测试功率

样品上温度的升高取决于样品与探头接触面的输出功率大小。沥青胶浆的导热系数较小，局部温度过高软化后的沥青胶浆容易出现对流换热换质，通过试验尝试法确定合适的温升，选择输出功率 0.01 ~ 0.03W，控制升温幅度在 0.4 ~ 1.0℃内。

3.2.3　沥青混凝土试样的制备与测试

3.2.3.1　试样的制备

沥青混凝土试样采用旋转压实成型，设计空隙率为 4%，以研究空隙率对混凝土热常数的影响时可通过改变压实旋转次数来实现空隙率的改变。待旋转压实试样冷却后，取芯样，切割打磨成高 25mm、直径 100mm 的待测试样。

试验中根据 2.1.2 节的设计方法和 2.3.1 节的制备方法，成型和制备了 7 种沥青混凝土。

1. 空白样

采用玄武岩、石灰岩、辉绿岩、花岗岩以及石英砂岩等粗细集料，均采用图 2 - 2、图 2 - 3 所示级配，通过改变旋转压实次数（20 ~ 205 次）实现试样空隙率在 2% ~ 8% 分布。

2. 石墨

掺有石墨的试样有 5 组，石墨的掺量分别为 0、8%、12%、18% 和 22%。

3. 石墨、碳纤维

石墨掺量为 22%，并掺有 0.2% 碳纤维。

4. 钢渣、石墨

利用钢渣替代沥青混凝土中所有粒径为 2.36～4.75mm 和 4.75～9.5mm 的骨料，石墨的掺量为 18%。

5. 陶粒

除粒径为 0～2.36mm 为石灰岩细骨料外，陶粒替代沥青混凝土中所有粒径为 2.36～4.75mm、4.75～9.5mm 和 9.5～19mm 的骨料。

6. 建筑废弃物

建筑固体废弃物主要指旧建筑构造物在拆除和维修过程中产生的废弃混凝土和砖瓦等。除粒径为 0～2.36mm 为石灰岩细骨料外，废弃混凝土替代沥青混凝土中所有粒径为 2.36～4.75mm、4.75～9.5mm 和 9.5～19mm 的骨料。

7. 乳化稀浆封层

采用 2.1.2 节设计的稀浆封层组成进行拌和，装模成型 100mm×40mm×40mm 试样，然后在 60℃ 烘箱中烘干；切割成 25mm×40mm×40mm 的待测试样。

3.2.3.2　混凝土试样的测试

混凝土是将粗集料、细集料和填料经人工合理选择级配组成的矿物混合料与适量的胶结料拌和而成的。构成混凝土的骨料粒径、破碎面数、棱角性、纹理和分布等形态特征均不一样，如图 3-10 所示。图 3-10 中粗细骨料分布不均，Hot Disk 测试探头从 0.526～14.725mm 不等，但不能完全覆盖大部分骨料与填料区域，使混凝土热常数不具代表性。因此在试验过程中，除增加同一组成及成型方法的平行试验组外，对同一试样采取增加测试区域的方法来减小数据的偏差。测试的区域如图 3-10 所示，试样直径为 100mm，取中心 4 个区域进行热常数测试，平行测试 3 次并取平均值。保温采用恒温油浴箱进行保温。

试验参数的设定方式如下。

图 3 – 10　测试的区域

1. 探头半径

对于混凝土选用直径尽可能大的测试探头，选用型号为 4922 的 Hot Disk 探头，其半径为 14.610mm。

2. 测试时间

特征时间 $Fo = \dfrac{a\tau}{r_0^2}$，其取值要求为 0.33 ~ 1.0。经估算，测试时间的选择范围为 93.9 ~ 284.1s，取测试时间 160s 或 320s。

3. 测试功率

样品上温度的高低取决于样品与探头接触面的输出功率大小。通过试验尝试法确定合适的温升，选择输出功率 0.6 ~ 0.8W。

3.3　传导沥青胶浆热物性

3.3.1　传导沥青胶浆热常数的试验结果分析

3.3.1.1　石墨掺量对沥青胶浆热常数的影响

由 3.1.3 节可知，沥青胶浆的材料热学参数主要包括导热系数、导温系数以及比热。20℃时掺有不同体积石墨的沥青胶浆，其导热系数、导温系数和单位体积热容如图 3 – 11、图 3 – 12、图 3 – 13 所示。为了更为明显地体现石墨对沥青胶浆导热性能的影响程度，在沥青中掺入矿粉作为对照组，沥青胶浆热常数与矿粉掺量的关系同样可见图 3-11、图 3-12、图 3-13。

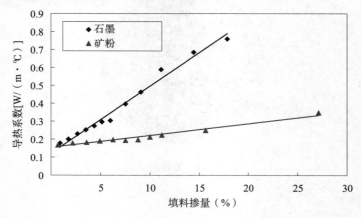

图 3-11　20℃时沥青胶浆的导热系数

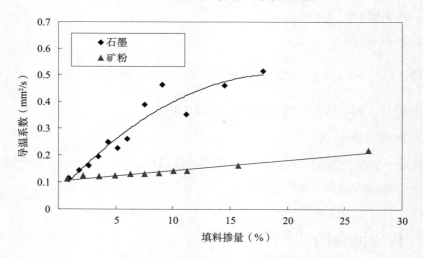

图 3-12　20℃时沥青胶浆的导温系数

　　由图 3-11 可知，沥青胶浆的导热系数随着石墨掺量的增加而增大，增大趋势近似于线性。当石墨的掺量由 0 增至 17.84% 时，沥青胶浆的导热系数由 0.168 3W/（m·℃）增大至 0.760 1W/（m·℃），增加了近 352%；而作为对照组的掺矿粉沥青胶浆，当矿粉掺量由 0 增至 27.09% 时，导热系数由 0.168 3W/（m·℃）增大至 0.347 6W/（m·℃），仅增加了 107%；说明石墨能有效提高沥青胶浆的导热系数。在高精度测试条件下，所得导热系数结果仍然不能回归平滑的曲（直）线，可能原因是沥青胶浆在制备过程中石墨出现了

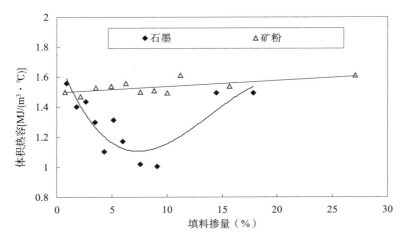

图 3 – 13　20℃时沥青胶浆的体积热容

离析，石墨掺量的增加测试结果与图中直线波动越大也证实了这一可能性；另外不同掺量的片状石墨在沥青胶浆出现了界面热阻、导热的各向异性都可能是原因之一。

导温系数用以描述温度传递的速率，图 3 – 12 给出了沥青胶浆随填料掺量的变化而变化的曲线。由图 3 – 12 可知，随填料的掺入，导温系数出现了和导热系数相同的增加；当石墨的掺量从 0 增至 17.84% 时，沥青胶浆的导温系数由 0.107 7mm^2/s 增大至 0.513mm^2/s，增加了近 376%；矿粉掺量由 0 增加至 27.09% 时，导温系数由 0.107 7mm^2/s 增大至 0.215 8mm^2/s，增加了 100%。不同的是掺石墨的沥青胶浆导温系数增加趋势由线性变缓，而掺矿粉的沥青胶浆仍维持线性增加，这是因为导温系数是与物质热容有关的物理量，物质的热容可能随填料的增加出现了变动。

图 3 – 13 给出了沥青胶浆单位体积热容随填料的掺量变化的曲线。沥青胶浆的热容随着石墨掺量的增加而减少，掺量大约在 10% 时开始增加；而掺有矿粉的沥青胶浆仍然随着矿粉掺量的增加而增加，只是数据出现了很大的波动。根据 Hot Disk 测试原理，测试未知样品的单位体积热容时，Hot Disk 软件对温度数据进行分析，在特征时间附近的数据可以计算获得单位体积热容，但数据偏离特征时间范围时，测试结果将出现较大偏差，测量的误差达 ±7%。因此如果要获得材料的比热，需要专门测试样品材料的比热，本研究结果仅供参考对比。

3.3.1.2 温度对沥青胶浆热常数的影响

一般情况下材料的导热系数随温度的增加而增加,而沥青胶浆出现了相反的现象。如图3-14,在-20~60℃温度范围内,掺有石墨的沥青胶浆随温度的增加而降低,并且在石墨掺量越高的情况下下降的幅度越大。图3-15给出了不同掺量石墨沥青胶浆的导温系数随温度的变化情况。与导热系数一样,导温系数随温度的升高而降低,石墨掺量越高,下降幅度越大。石墨掺量为7.56%与11.15%的沥青胶浆,其导温系数出现了部分重合,但两者随温度变化的趋势却不一致,可能是因为石墨的掺量不同,不同的导热模式对胶浆导热的贡献程度不一。与掺矿粉沥青胶浆对比,其结果见图3-16。图3-16中石墨的掺量为14.50%,矿粉的掺量为15.66%。明显地,掺石墨的导热系数和导温系数均高于掺矿粉的,但其在相同的温度变化范围内具有相近的变化趋势。

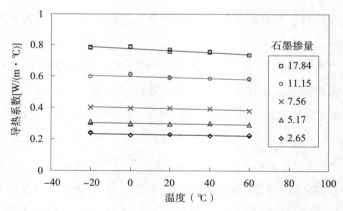

图3-14 温度对沥青胶浆导热系数的影响

物质的热传导是物质内部微观粒子相互碰撞的结果。在液体和气体中,热量的传递通常是通过分子或原子间相互作用或碰撞来实现的,即分子或原子导热。在无机非金属材料中,热量的传导是通过晶格或晶体点阵的振动来实现的。晶格振动的能量是量子化的,晶格振动的量子称为声子,所以无机非金属材料的热传导是通过声子相互作用来实现的,即声子导热。当然在高温时无机非金属材料中的电磁辐射传热的比重增大,也存在光子导热。在金属中的电子不受束缚,所以电子间的相互作用或碰撞是金属材料导热的主要形式,即电子

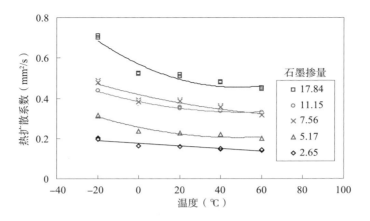

图 3 – 15　温度对沥青胶浆热扩散系数的影响

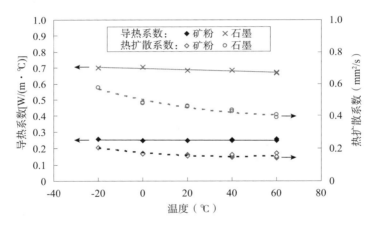

图 3 – 16　不同填料沥青胶浆的热物性对比

导热。此外，由于金属是晶体，所以晶格或点阵的振动，即声子导热也有微小的贡献。[170]

沥青的导热系数较小，沥青胶浆导热性能的提高主要依赖于填充物导热系数的高低、填充物在沥青基体中的分布以及与沥青基体的相互作用。本书所选的填充物石墨和矿粉，属于非金属晶体材料，其导热主要通过晶格振动来实现，即晶格振动的格波（声子）通过晶体结构基元（原子）的相互制约和相互谐调的振动来实现热的传导。石墨高的热导率主要源于碳原子间牢固的结合和高度有序的晶格排列。其导热系数可以用德拜（Debbye）公式来表示

$$\lambda = \frac{1}{3} C \bar{v} L \qquad\qquad (3-55)$$

式中：C 为单位体积的热容；$\bar{v}$ 为声子的传播速度；L 为声子的平均自由程。

当石墨的含量比较小的时候，石墨颗粒在沥青基体中均匀而孤立地分布，粒子之间相互接触的机会比较小，这样石墨颗粒就会被基体所包围，形成填充物为分散相、沥青材料为连续相的"海岛"两相体系结构。这样石墨对沥青胶浆导热性能提高的贡献不大。当石墨颗粒的含量达到一定比例的时候，颗粒之间才能相互作用，在沥青基体中形成类似链状或网状的导热网络，从而大大提高集体材料的导热性能。在渗流理论中，这一体积掺量称为渗流阈值，根据参考文献的对比分析，石墨在沥青胶浆中的渗流阈值为 11% ~ 12%。[219]

对于石墨来讲，室温热导率主要由声子的平均自由程 L 来决定。晶格波在传播过程中，会出现散射过程，即声子与声子之间以及声子与晶界、点阵缺陷的碰撞。在不同散射过程中，温度对声子的平均自由程均有影响。大于德拜温度（Debbye Temperature）时，声子的平均自由程与温度的倒数成正比。[220] 这是因为温度升高，声子的振动加剧，相互作用增强，平均自由程减小。因此石墨及矿粉填充的沥青胶浆导热系数随温度升高而降低。

3.3.2　沥青胶浆导热系数的理论推算

在沥青中复合导热填料石墨属于填充型二元体系导热复合材料，许多研究者曾提出各种理论模型对填充型导热复合材料的热导率进行预测。常见的粒子填充型复合材料热导率预估模型见表 3 - 9。

表 3 - 9　常见粒子填充热导率预估模型

名　称	模　型	备　注
Maxwell – Euchen 模型 (1881)[221]	$\lambda_e = \lambda_p \left[\dfrac{\lambda_f + 2\lambda_p + 2\varphi(\lambda_f - \lambda_p)}{\lambda_f + 2\lambda_p - \varphi(\lambda_f - \lambda_p)} \right]$	粒子的外形为球形，随机分布；λ_p 和 λ_f 为基体和粒子的热导率；φ 为粒子的体积百分数
Russell 模型 (1935)[222]	$\lambda_e = \lambda_p \left[\dfrac{\varphi^{\frac{2}{3}} + \dfrac{\lambda_p}{\lambda_f}(1 - \varphi^{\frac{2}{3}})}{\varphi^{\frac{2}{3}} - \varphi + \dfrac{\lambda_p}{\lambda_f}(1 - \varphi^{\frac{2}{3}})} \right]$	热传导与导电等效，分散相在基体材料中具有相同尺寸、相互之间没有作用的立方体

续表

名　称	模　型	备　注
Baschirow – Selenew 模型（1986）[223]	$\frac{\lambda_e}{\lambda_p}=1-\frac{a^2\pi}{4}+\frac{a\pi P}{2}\left[1-\frac{P}{a}\ln\left(1+\frac{a}{P}\right)\right]$	粒子是球形的，两相是各向同性的；$p=\frac{\lambda_f}{(\lambda_p-\lambda_f)}$；$a=\left(\frac{6\varphi}{\pi}\right)^{\frac{1}{3}}$
Bruggeman 模型（1935）[224]	$1-\varphi=\left(\frac{\lambda_p}{\lambda_e}\right)^{\frac{1}{3}}\left(\frac{\lambda_e-\lambda_f}{\lambda_p-\lambda_f}\right)$	高粒子含量复合材料，粒子间相互作用，采用微分的方法推导
Fricke 模型（1924）[225]	$\lambda_e=\lambda_p\left\{\frac{1+\varphi\left[F\left(\frac{\lambda_f}{\lambda_p-1}\right)\right]}{1+\varphi(F-1)}\right\}$	粒子为椭圆形，随机分布；$F=\frac{1}{3}\sum_{i=1}^{3}\left[1+\left(\frac{\lambda_f}{\lambda_p-1}\right)f_i\right]^{-1}$；$\sum_{i=1}^{3}f_i=1$，$f_i$ 为椭圆形的半轴长
Hamilton – Crosser 模型（1962）[226]	$\lambda_e=\lambda_p\left[\frac{\lambda_f+(n-1)\lambda_p+(n-1)\varphi(\lambda_f-\lambda_p)}{\lambda_f+(n-1)\lambda_p-\varphi(\lambda_f-\lambda_p)}\right]$	$n=\frac{3}{\psi}$，ψ 为粒子的球形度。球形时，$\psi=1$
Cheng – Vackon 模型（1969）[227]	$\frac{1}{\lambda_e}=\frac{1-B}{\lambda_p}+\frac{1}{\{C(\lambda_f-\lambda_p)[\lambda_p+B(\lambda_f-\lambda_p)]\}^{\frac{1}{2}}}\times \ln\frac{[\lambda_p+B(\lambda_f-\lambda_p)]^{\frac{1}{2}}+\frac{B}{2}[C(\lambda_f-\lambda_p)]^{\frac{1}{2}}}{[\lambda_p+B(\lambda_f-\lambda_p)]^{\frac{1}{2}}-\frac{B}{2}[C(\lambda_f-\lambda_p)]^{\frac{1}{2}}}$	粒子的分布服从高斯分布，分布常数是基体相体积分数的函数；$B=\left[\frac{3\varphi}{2}\right]^{\frac{1}{2}}C=\left[\frac{2}{3\varphi}\right]^{\frac{1}{2}}$
Nielsen – Lewis 模型（1970）[228]	$\lambda_e=\lambda_p\frac{1+AB\varphi}{1-B\varphi\varphi}$；$A=K_E-1$；$B=\frac{\frac{\lambda_f}{\lambda_p-1}}{\frac{\lambda_f}{\lambda_p+A}}$；$\varphi=1+\frac{(1-\psi_m)}{\psi_m^2}\phi$	K_E 为爱因斯坦系数，与分散颗粒的形状、聚集状态有关，低浓度、均匀球形颗粒 $K_E=2.50$；B 为与各组分有关的常数；φ 为与分散粒子最大堆积体积百分数 ψ_m 有关的函数
Y. Agari 模型[229]	$\lg\lambda_e=\varphi C_f\lg\lambda_f+(1-\varphi)\lg(C_p\lambda_p)$	C_p 影响结晶度和聚合物结晶尺寸的因子；C_f 形成粒子导热链的自由因子（$1\geqslant C_f\geqslant 0$）
梁基照模型[230]	$\lambda_e=\frac{1}{\frac{1}{\lambda_p}-\frac{1}{\lambda_p}\left(\frac{6\varphi}{\pi}\right)^{\frac{1}{3}}+\frac{2}{\lambda_p\left(\frac{4\pi}{3\varphi}\right)^{\frac{1}{3}}+\left(\frac{2\varphi}{9\pi}\right)^{\frac{1}{3}}\pi(\lambda_f-\lambda_p)}}$	最小热阻法则和比等效导热相等法则，导热单元为包含了球形颗粒的正方体

根据表 3 - 9 所列常用导热系数预估模型，图 3 - 17 给出了沥青胶浆导热系数的理论预估值随石墨掺量变化的曲线。由图 3 - 17 中可以看出，Maxwell - Euchen、Bruggeman、Cheng - Vackon、Russell 模型的预估值均低于实测值，特别是掺量越高，偏离越远。Russell 模型预估值在石墨掺量小于 7% 时与实测值较为接近。在沥青胶浆制备过程中采用高速剪切乳化机进行了剪切，可以保证石墨在沥青基体材料不发生团聚，但当石墨掺量增加时软化的沥青胶浆会出现石墨的沉降离析，石墨间有了接触而发生聚集现象甚至形成导热链。此外，更主要的原因是本研究采用鳞片状石墨，粒径在一定范围内分布，常用模型均基于填充粒子为球状，而 Russell 模型将粒子等效为立方体，因此在低掺量下与实测值较为接近。

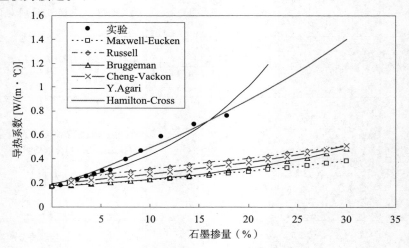

图 3 - 17　掺石墨沥青胶浆导热系数预估与实测对比

根据 Agari 理论[229]，把填充粒子形成的聚集体与聚合物的聚集体在热流方向上按照不同的排列方式提出了并联模型和串联模型，并推导了热导率计算方程。

对于并联模型有

$$\lambda_v = \varphi\lambda_f + (1 - \varphi)\lambda_p \qquad (3 - 56)$$

对于串联模型有

$$\lambda_h = \left[\frac{\varphi}{\lambda_f} + \frac{(1 - \varphi)}{\lambda_p} \right]^{-1} \qquad (3 - 57)$$

　　利用并联模型预估复合材料的导热系数往往偏大，而采用串联模型计算的导热系数又往往偏小。对于常见的填充型复合材料，粒子在材料中的分散是均匀的，考虑到聚合物的结晶度和结晶尺寸的影响，得到

$$\lg\lambda_e = \varphi C_f \lg\lambda_f + (1 - \varphi)\lg(C_p\lambda_p) \qquad (3-58)$$

　　Y. Agari 在其模型中，提出了参数取值范围，形成粒子导热链的自由因子需要满足 $1 \geqslant C_f \geqslant 0$，但根据该参数取值范围所得预估曲线与沥青胶浆实测值偏差非常大。

　　在这里引入标准误差 σ 这一参数，根据实测值回归计算 Y. Agari 模型中 C_p 和 C_f 值。

$$\sigma = \sqrt{\sum_i \frac{(y_i - y_{mi})^2}{n-2}} \qquad (3-59)$$

式中：y_i 为实测值；y_{mi} 为模型预估值；n 为样本数量。

　　标准误差 σ 越小代表拟合的模型越好。Y. Agari 模型是一个无约束非线性二元最优化问题，可以采用 Nelder - Mead 单纯形算法。[231] 解出的最优化模型参数 $C_p = 1.12$ 和 $C_f = 1.38$，图 3 - 17 中黑色实线即为计算后获得的预估模型曲线，可以与实测值有较好的吻合。这是因为片状石墨有别于球状颗粒，在相同的体积掺量下更易于形成导热链，特别是在石墨粒径越小的情况下。Hamilton - Crosser 模型[226]考虑了粒子形状，引入粒子的球形度 ψ。利用单变量尝试对于标准误差法确定了图 3 - 17 中绿色虚线，Hamilton - Crosser 模型中参数 $\psi = 0.17$。体积掺量在 0～20% 内，该模型与实测基本重合。

　　图 3 - 18 给出了沥青胶浆导热系数的理论预估值随矿粉掺量变化的曲线。由图 3 - 18 中可以看出 Bruggeman、Cheng - Vackon、Russell 模型的预估值均高于实测值，Maxwell - Euchen 模型可以在 0～15% 掺量范围内很好地预估沥青胶浆的导热系数。因为矿粉的主要成分为碳酸钙，是主要的无机填料之一，采用球磨机制备，其形貌以球形为主。进行回归运算后，Y. Agari 模型中参数 $C_p = 0.98$ 和 $C_f = 1.035$，Hamilton - Crosser 模型中参数 $\psi = 0.81$，均能很好地预估沥青胶浆的导热系数。掺矿粉沥青胶浆导热系数的实测值与模型预估值的对比结果，验证了前面关于石墨沥青胶浆结果的推论。因此，对于掺石墨沥青胶浆的预估模型，经过参数优化，模型的预测准确度可以大幅提高。这些参数的取值可能跟基体材料的性质，填料的种类、分布、取向以及加工方法有关。对

于特定材料导热模型参数进行最优化处理，有助于确定适合该材料的特有模型。

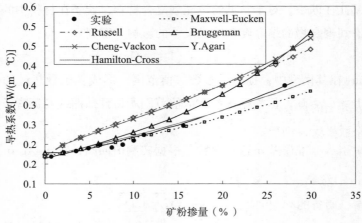

图 3 – 18　掺矿粉沥青胶浆导热系数预估与实测对比

3.4　传导沥青混凝土热物性

7 种沥青混凝土按 3.2.3 节介绍的方法制备成型后，保温待测，待测的试样如图 3 – 19 所示。

图 3 – 19　待测的沥青混凝土试样

3.4.1　沥青混凝土热常数的试验结果分析

3.4.1.1　集料种类对沥青混凝土热常数的影响

沥青混凝土是一种由集料、沥青、填料组成的复杂体系。其复杂体现在集料和填料的粒径、表面形貌不一，不同集料的热物性亦不同。但沥青混凝土中质量的 90% 以上为矿物集料，沥青起黏结作用填充和吸附在集料与集料之间，因此集料对沥青混凝土的导热性能起到决定作用。采用的石灰岩、玄武岩、辉绿岩、花岗岩、石英砂岩及建筑废弃物制备的沥青混凝土，其级配及沥青含量均相同，它们在 20℃ 时的热常数见表 3 − 10。从表 3 − 10 中数据可知，不同集料的沥青混凝土的热常数均不同。其中采用福建宁化石英砂岩制备的沥青混凝土的导热系数最大，而废弃建筑物制备的沥青混凝土导热系数最小。这也验证了集料对沥青混凝土导热性能起主要作用，而石英砂岩其晶化程度高、导热系数高，制备出的沥青混凝土导热系数也高；同样的花岗岩的导热系数高于石灰岩和玄武岩，制备的混凝土的导热系数也高。

表 3 − 10　不同沥青混凝土的热学参数

集料种类（产地）	导热系数［W/(m·℃)］	导温系数（mm²/s）	体积热容［MJ/(m³·℃)］
石灰岩（湖北阳新）	1.505	0.694 2	2.169
玄武岩（湖北京山）	1.531	0.719 0	2.400
辉绿岩（内蒙古通辽）	1.621	0.752 6	2.154
花岗岩（湖北麻城）	1.682	0.945 5	1.779
石英砂岩（福建宁化）	2.123	0.948 9	2.238
建筑废弃物（四川都江堰）	1.473	0.809 6	1.820

建筑废弃物中含有废弃水泥混凝土、砖瓦等材料，制备出的沥青混凝土切面如图 3 − 20 所示，图中红色区域即为烧制的黏土砖。由于黏土砖的导热系数较小，在测量试样不同区域后取平均值，采用建筑废弃物制备的沥青混凝土导热系数仍然最小。

图 3 − 20　建筑废弃物沥青混凝土试样切面

3.4.1.2 空隙率对沥青混凝土热常数的影响

沥青路面合理的空隙率可以防止水损害、壅包、车辙、泛油等病害，一般情况下沥青路面设计空隙率为 3% ~ 5%，由于现场施工压实度不够导致沥青路面的实际空隙率为 5% ~ 8%。通过改变旋转压实次数（20 ~ 205 次）实现试样空隙率在 2% ~ 8% 分布，测试沥青混凝土的热常数，测试结果如图 3 - 21 所示。组成相同的沥青混凝土随着空隙率的增加，其导热明显降低。因为空隙率越大，起导热作用的空气所占比例越来越大，且空气的导热系数 [0.023W/(m·℃)，25℃] 远小于辉绿岩集料的导热系数 [2.593W/(m·℃)，25℃]。

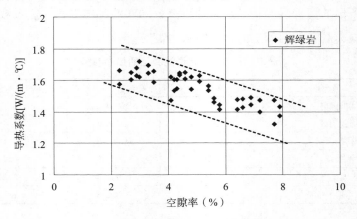

图 3 - 21 空隙率对沥青混凝土导热系数的影响

3.4.1.3 表面构造对沥青混凝土热常数的影响

沥青路面表面构造深度会影响行车噪声和抗滑性能，合理的构造深度可以保证行车制动距离和安全。沥青混凝土的构造对导热系数的测量过程和结果都有影响。图 3 - 22 给出了最大公称粒径为 13.2mm、空隙率为 8.3% 的辉绿岩沥青混凝土切割打磨后的表面形貌，可以看出沥青混凝土内部成蜂窝状。测试时，该试样内部温度差分与时间平方关系如图 3 - 23（b）所示，正常密实试样表面温度差分与时间平方图见图 3 - 23（a），温度差分在 10^{-4} 数量级上变化，温度差分的波动 [图 3 - 23（b）中红色框] 显示了沥青混凝土表面不均匀空隙的影响。两种试样的试验结果见表 3 - 11。由表 3 - 11 中数据可知多孔表面结构的沥青混凝土测试出的导热系数明显小于密实表面结构的导热系数。

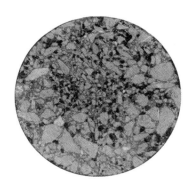

图 3-22　多孔表面形貌

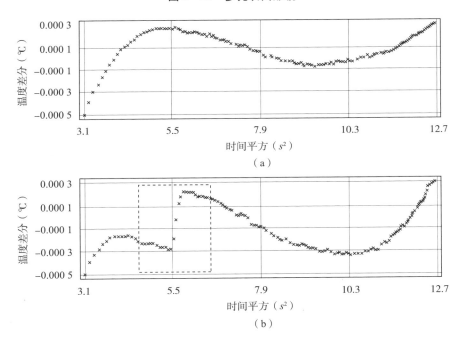

图 3-23　混凝土测试时温度差分与时间平方的关系

表 3-11　不同表面构造沥青混凝土的热学参数

混凝土表面种类/部位	导热系数 [W/(m·℃)]	导温系数 (mm²/s)	体积热容 [MJ/(m³·℃)]
多孔结构	1.569	0.749 1	2.097
密实结构	1.678	0.752 6	2.229
粗集料区域 (A)	1.707	0.785 9	2.172
细集料区域 (B)	1.629	0.745 7	2.185

　　构成沥青混凝土的骨料粒径、破碎面数、棱角性、纹理和分布等形态特征均不一样，如图3-10及图3-24所示。图3-24为最大公称沥青为26.5mm的沥青混凝土经切割打磨后的试样表面，可以明显看到粗细骨料分布不均以及含有部分风化软弱杂石导致的颜色不均，相对应的集料在混凝土中均匀分布，如图3-25所示。对粗集料分布区域和细集料分布区域分别测量后，其结果列在表3-11中。由于细集料区域沥青含量较大，粗集料传热以集料为主，两个区域测得的导热系数相差达0.08 W/(m·℃)。对于其他测试方法该偏差可以忽略不计，但为了获得高精度的沥青混凝土的热物性及影响因素，就需要考虑改进Hot Disk测试方法。除选用较大探头使测试区域尽可能代表大部分骨料与填料区域，并增加同一组成及成型方法的平行试验组，对同一试样增加测试区域。

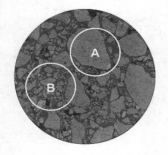 

图3-24　表面结构和测试的区域　　　图3-25　沥青混凝土中集料的均匀分布

3.4.1.4　油石比对沥青混凝土导热系数的影响

　　固定沥青混凝土中石灰岩粗细集料组成，按0.5%增加油石比，沥青混凝土的导热系数如图3-26所示。从图3-36中可知，石灰岩沥青混凝土随着油石比的增加，其导热系数逐渐减少，但同一种油石比的试样其导热系数测量值波动较大。沥青的导热系数小于石灰岩集料的导热系数，随着沥青体积含量的增加，沥青混凝土的导热系数逐渐减少；沥青含量的增加使沥青混凝土内部的空隙结构被沥青进一步填充，沥青的导热系数是空气导热系数的近7倍，同时沥青含量的增加使沥青混凝土更加密实，降低了接触热阻，因此可能导致测试数据的偏差变大。

3.4.1.5　含水率对沥青混凝土导热系数的影响

　　沥青混凝土在应用过程中会由于大气环境的影响，含有一定量的水分，特别是雨雪天气以后沥青混凝土的含水率会增加。沥青混凝土的含水率可以通过

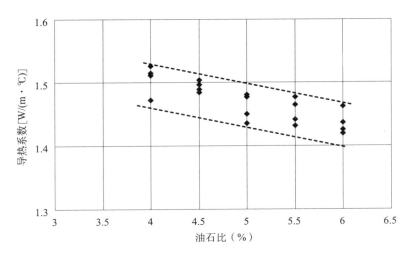

图 3－26　油石比对沥青混凝土导热系数的影响

干燥质量变化来获得，但在评价含水量对其导热系数的影响时，需要长时间保温并维持试样内部温度的均衡。沥青混凝土内部水分的蒸发使试样内部温度发生变化，会直接影响数据的准确度。因此仅测量了干燥、表面干燥、饱和面干三种混凝土含水状态的导热系数，采用湿海绵保温后直接测量，以作为对比含水对沥青混凝土导热系数的影响。试样采用玄武岩、Superpave 12.5mm 级配，空隙率为 4%，不同含水状态的沥青混凝土导热系数见表 3－12。从表 3－12 中数据可知，沥青混凝土含水会提高沥青混凝土的导热系数，因为水的导热系数在常温下达 0.6W/（m·℃），大于沥青和空气的导热系数，水分的含量增加会填充混凝土内部的空隙从而提高混凝土的导热系数。

表 3－12　不同表面含水状态沥青混凝土的导热系数

状　态	干　燥	表面干燥	饱和面干
导热系数［W/(m·℃)］	1.531	1.674	1.701

3.4.1.6　导热相填料对沥青混凝土热常数的影响

　　试样采用玄武岩、级配为 Superpave 12.5mm，设计空隙率为 4%，制备出的混凝土内部集料分布如图 3－27 所示。利用钢渣替代混凝土 2.36～4.75mm、4.75～9.5mm 玄武岩集料，并掺有沥青体积分数 18% 的沥青混凝土内部集料分布如图 3－28 所示。

图 3 - 27　玄武岩沥青混凝土

图 3 - 28　掺钢渣、石墨沥青混凝土

1. 石墨、碳纤维

掺石墨、碳纤维对沥青混凝土的导热系数和单位体积热容的影响如图 3 - 29 所示。由图 3 - 29 可知，沥青混凝土的导热系数随着石墨掺量的增加而增加，当石墨掺量从 0 增至 22% 时，导热系数由 1.531W/(m·℃) 增加至 2.355W/(m·℃)，增加了 53.8%；但石墨的掺量越大，特别是石墨掺量从 18% 增至 22% 时，导热系数增幅越小。在掺入 22% 石墨的基础上，增加 0.2% 的碳纤维，沥青混凝土导热系数的增加有限。碳纤维具有良好的导热性能，但沥青混凝土中纤维分散困难，且纤维的增加会加大沥青用量，因此沥青混凝土的导热系数变化不大。

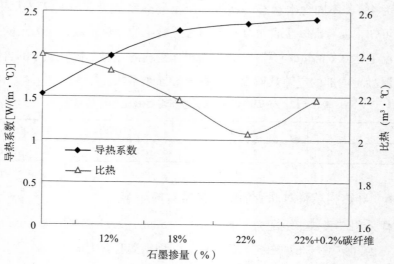

图 3 - 29　导热填料对沥青混凝土导热系数和体积比热的影响

2. 钢渣、石墨

钢渣由于含有大量的铁元素，可以作为导电或导热相填料添加到复合材料中，表 3 - 13 列出了辉绿岩沥青混凝土及部分集料被钢渣替代后的热常数。钢渣替代部分集料后，混凝土的导热系数并未按预期的增加。这是因为钢渣表面及内部有很多微小的孔隙，微孔降低了导热能力，另外会吸附更多的沥青导致沥青混凝土的导热性能变化不大。在掺有钢渣的沥青混凝土中复合 18% 的石墨，其导热系数的增幅有限，图 3 - 28 中黑色区域比其他混凝土的面积大，这就是掺有钢渣及石墨的沥青混凝土沥青用量大导致的颜色变深。

表 3 - 13　掺钢渣、石墨沥青混凝土的热学参数

集（填）料种类	导热系数 [W/(m·℃)]	导温系数（mm²/s）	体积热容 [MJ/(m³·℃)]
辉绿岩	1.621	0.752 6	2.154
钢渣	1.625	0.714 6	2.274
18%vol 石墨、钢渣	2.151	1.373 0	1.566

3.4.2　沥青混凝土导热系数的理论推算

1972 年，Williamson 对沥青混凝土的导热系数进行了系统研究，提出沥青混凝土导热系数的预估模型

$$\lambda_e = (\lambda_a)^m (\lambda_b)^n (\lambda_v)^p (\lambda_w)^q \qquad (3-60)$$

式中：λ_a、λ_b、λ_v、λ_w 分别为集料、沥青、空气和水的导热系数；m、n、p、q 分别为沥青混凝土中的集料、沥青、孔隙和水的体积百分率，以小数计。

采用 Williamson 模型对不同集料制备的沥青混凝土的导热系数进行预估，并与实测值进行对比（见图 3 - 30）。从图 3 - 30 中柱状图的高度可判断预估值均低于沥青混凝土的实测值，但辉绿岩及花岗岩、石灰岩的预估值和实测值比较接近。这可能与集料的种类有关，对于不同集料其粒径、表面形貌、导热性能、在混凝土中的取向、对沥青的吸附能力均不同，导致了预估模型对不同沥青混凝土的导热系数的预估精度不一。

通过改变 Williamson 模型中空隙的体积百分率，相应换算出沥青及集料的体积含量，预估出不同空隙率时沥青混凝土的导热系数，预估值与实测值的对比见图 3 - 31。从图 3 - 31 中可知，预估值低于实测值，通过计算后发现预估

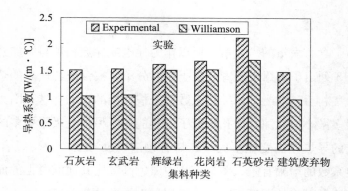

图 3 - 30 不同集料沥青混凝土导热系数预估与实测对比

值与实测值的平均偏差为 - 3.95%，在预估模型 90% 的准确度范围内。石墨当作导热相填料加入到沥青混凝土后，能明显增加混凝土的导热系数，但利用 Williamson 模型预估混凝土导热系数时，混凝土导热系数变化不大，其对比结果如图 3 - 32 所示。图 3 - 32 中预估导热系数未能真实反映石墨对沥青混凝土导热系数的增加程度，Williamson 模型存在一定的缺陷。

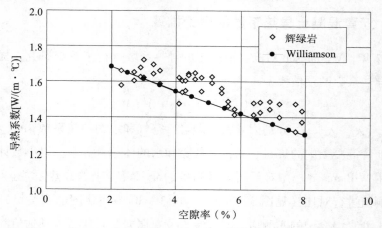

图 3 - 31 空隙率对沥青混凝土导热系数影响的预估与实测对比

在沥青混凝土中集料的体积分数占 90% 以上，导热系数主要依靠矿物集料的导热。沥青作为集料间的黏结剂，很大程度上决定了混凝土的力学性能，但沥青是热的不良导体，包裹并吸附在矿物集料表面阻隔了热量的快速传递。图 3 - 33 为对沥青混凝土进行 X 射线断层扫描（CT），应用软件提取沥青混凝土中沥青胶浆部分三维图像。

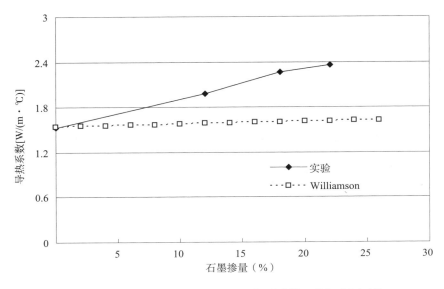

图 3 – 32 石墨对沥青混凝土导热系数影响的预估与实测对比

图 3 – 33 CT 获取的沥青混凝土中沥青胶浆分布三维视图

CT 扫描仪为美国 Universal Systems 公司生产的 HD 系列[232]，提取出的沥青胶浆中不排除含有空隙和较细的矿物集料。从图 3 – 32 中可知，由于沥青胶浆的吸附和填充，对导热系数的影响已不能限于利用沥青质量换算出的体积分数（1.5% ~ 5%）；此外沥青在集料与集料之间形成的界面阻隔作用是不容忽视的。在沥青混凝土中用导热系数高的钢渣替代部分粗集料，导热系数未能按预期有很大的增加。图 3 – 34 为钢渣替代部分矿物集料后，利用 CT 进行扫描后的图像。由于钢渣中元素与其他矿物不一样，钢渣对 X 射线的吸收也与其他矿物不一样，因此 CT 扫描后的图像可以清晰分辨出钢渣在沥青混凝土中的分布（图 3 – 34 中白色区域）。

（a）三维视图　　　　　　　　　　　（b）切面三维视图

图 3 – 34　掺有钢渣的沥青混凝土内部集料分布

从掺钢渣沥青混凝土试样的三维图像及切面图像中钢渣的分布情况来看，钢渣在沥青混凝土中形成"孤岛"状分布，钢渣及其他矿物集料之间被沥青胶浆阻隔开，再加上钢渣多孔结构对沥青的过量吸附，因此，钢渣沥青混凝土的导热系数并未有较大的提高。

图 3 – 35 为沥青混凝土中填充了炭黑、石墨、碳纤维后的微观影像。在图 3 – 35 中可以清晰地看到炭黑颗粒、片状石墨和线状碳纤维在沥青胶浆中的分布。根据 3.3 节的结果，导热相填料在沥青胶浆的有效分布可以高效地提高其导热性能。石墨掺入到沥青混凝土中后，掺入量最高为沥青体积分数22%，而沥青在沥青混凝土中的质量分数不到 6%，因此石墨在沥青混凝土中的体积分数不到 2%。体积分数不到 2% 的石墨添加到沥青混凝土中却有效地提高了混凝土的导热系数，提高幅度达 53.8%，现有模型对导热系数的预估是建立在石墨在基体材料中均匀分布的，而沥青混凝土中石墨仅在沥青胶浆中分布。因此，石墨在沥青胶浆中能形成导热链，有效提高沥青的导热系数，降低了混凝土集料之间的热阻，最终导致沥青混凝土导热性能的提高。

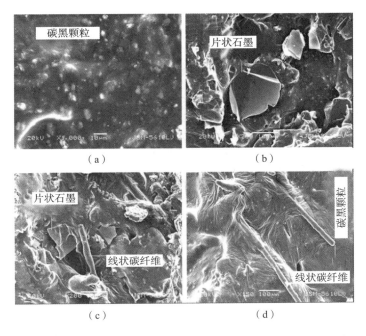

图 3 - 35　掺有炭黑、石墨、碳纤维的沥青混凝土的 SEM 照片

3.5　隔热层材料热物性

在沥青面层与下承层之间设具有防水功能的隔热层，既要满足沥青面层与下承层间的黏结、防水、抗滑及抗振动变形能力等，又要较好地阻隔热量向路面下传递。本节瞬态平板热源法测量稀浆封层材料、陶粒沥青混凝土和防水卷材的热物性，作为太阳能集热及融雪沥青路面隔热层的可行性主要考察指标。

图 3 - 36 给出了用于测量热常数的稀浆封层材料、陶粒沥青混凝土和 SBS 改性防水卷材试样。稀浆封层是在 4cm×4cm×10cm 钢模中成型，在 60℃烘箱中干燥 16h 以上，然后切割打磨成 4cm×4cm×2cm 的试样；防水卷材裁剪成直径大于 3cm 的圆形样品供 Hot Disk 进行测试。3 种备选的隔热材料的热常数试验测试结果见表 3 - 14。从表 3 - 14 中结果可知，由于稀浆封层的组成与普通沥青混凝土类似，只是集料的最大公称粒径减小了，沥青含量增加了，因此稀浆封层的导热系数仅比普通沥青混凝土减小了 0.03W/（m·℃），不适合

作为沥青混凝土路面的隔热层；陶粒沥青混凝土、防水卷材相对于普通沥青混凝土的导热系数减少了 50% 以上，可以考虑作为隔热层材料。

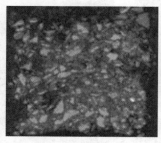
（a）稀浆分层材料

（b）陶粒沥青混凝土

（c）SBS改性防水卷材

图 3 – 36　3 种隔热层材料

表 3 – 14　3 种隔热材料的热学参数

材料种类	导热系数 [W/(m·℃)]	导温系数 (mm²/s)	体积热容 [MJ/(m³·℃)]
稀浆封层	1.592	0.748 2	2.128
陶粒	0.651 8	0.571 9	1.140
防水卷材	0.308 1	0.137 9	1.566

导热热阻为导热体两侧温差与热流密度之比，单位面积的热阻为导热板厚度与导热系数之比，当导热层越厚、热阻越大，隔热效果越好。防水卷材的厚度一般为 3mm、4mm 或 5mm，当防水卷材的厚度太大，其热稳定性降低，沥青面层与下承层之间容易出现滑移；而陶粒沥青混凝土导热系数是防水卷材的两倍，但一般情况下陶粒沥青混凝土施工厚度是大于 15mm 的，因此结合实际应用情况，陶粒隔热性能将优于防水卷材，今后的研究工作将集中在如何提高陶粒的力学性能以降低其沥青用量。

3.6　小　结

本章针对沥青路面进行集热和融雪化冰的传热过程，讨论了其影响因素；采用瞬态平板热源法精确测量沥青胶浆及沥青混凝土的热学参数，并结合导热模型对沥青胶浆和沥青混凝土的导热系数进行预估，主要结论如下：

（1）影响沥青混凝土路面太阳能集热及融雪性能的关键参数包括材料的

导热系数与导温系数、路面材料对太阳辐射的吸收率、路表对流换热系数、冰雪的热物性、换热介质物性、管内对流换热系数、路表有效辐射、天空有效温度等。

（2）对 Hot Disk 热常数分析仪的测试方法进行分析和改进，确定适合沥青胶浆和沥青混凝土的精确测量方法。

（3）掺石墨沥青胶浆随石墨的掺量增加，导热系数和导温系数逐渐增大，而单位体积热容先降低后增大，导温系数的增幅也逐渐变缓；掺矿粉沥青胶浆的导热系数、导温系数和单位体积热容都随掺量的增加呈线性增加；当石墨体积掺量为 18% 时，沥青胶浆的导热系数为 0.760 1W/（m·℃），相对沥青原样增加了近 352%。

（4）在 $-20\sim60℃$ 温度范围内，掺石墨沥青胶浆的导热系数和导温系数随温度的增加而降低，并且在石墨掺量越高的情况下下降的幅度越大；传导沥青胶浆导热性能的提高主要依赖于填料的导热系数的高低、填料在沥青基体中的分布以及与沥青基体的相互作用，石墨在沥青胶浆中的渗流阈值约为 $11\%\sim12\%$。

（5）对于掺石墨沥青胶浆，粒子填充型的 Maxwell - Euchen、Bruggeman、Cheng - Vackon、Russell 导热预估模型的预估值均低于实测值，特别是掺量越高偏离越远；Russell 模型预估值在石墨掺量小于 7% 时与实测值较为接近；根据实测值求解出适合石墨填充沥青的 Y. Agari 导热系数预估模型，其中最优模型参数 C_p = 1.12 和 C_f = 1.38，与实测值有较好的吻合；确定 Hamilton - Crosser 模型中球形度参数 ψ = 0.17 时，可以预估体积掺量为 $0\sim20\%$ 时石墨填充沥青胶浆的导热系数。

（6）制备了不同集料种类、不同导热相填料和隔热填料的沥青混凝土，其导热性能主要由沥青混凝土中的集料决定，其中砂岩和花岗岩沥青混凝土导热系数较大，建筑废弃物沥青混凝土导热系数较小。

（7）组成相同的沥青混凝土随着空隙率的增加，其导热明显降低；多孔表面结构的沥青混凝土的导热系数测试过程中会出现较大波动，其平均导热系数明显小于密实表面结构的导热系数；沥青体积含量的增加，导热系数逐渐减少；沥青混凝土中含水会提高导热系数。

（8）沥青混凝土的导热系数随着石墨掺量的增加而增加，当石墨掺量从 0

增至22%时，导热系数由 1.531W/（m·℃） 增加至 2.355W/（m·℃），增加了 53.8%；但石墨的掺量越大，特别是石墨掺量从 18% 增至 22% 时，导热系数增幅越小。在掺入 22% 石墨的基础上，增加 0.2% 的碳纤维，沥青混凝土导热系数的增加有限。

（9）由于钢渣表面及内部有很多微小的孔隙，微孔降低了导热能力，另外会吸附更多的沥青，当钢渣替代部分集料后，混凝土的导热系数并未按预期的增加。

（10）由于不同集料种类，不同集料其粒径、表面形貌、导热性能、在混凝土中的取向、对沥青的吸附能力均不同，导致了 Williamson 预估模型对不同沥青混凝土导热系数的预估值与实测值有一定偏差。

（11）在沥青混凝土中复合石墨提高其导热性能，是基于石墨在沥青胶浆中的均匀分布，形成导热链后有效提高导热系数，降低沥青混凝土集料之间的热阻，最终导致沥青混凝土导热性能的整体提高。沥青混凝土中石墨合适的掺量为 18% ~ 22%。

（12）稀浆封层的导热系数与普通沥青混凝土相差不大，陶粒沥青混凝土、防水卷材相对于普通沥青混凝土的导热系数减少了 50% 以上，但防水卷材由于施工厚度的影响，陶粒沥青混凝土作为隔热层材料是优于防水卷材的。

第4章 传导沥青混凝土
抗水温冲击性能

沥青路面太阳能集热和流体加热路面融雪化冰会改变沥青路面温度变化规律，沥青路面的温度应力作用频率会增大，特别是在低温天气中的流体加热路面融雪化冰会加大路面的冻融次数，在反复的加速升温降温、冻融作用下，会给沥青路面带来额外的水温耦合冲击。这些因素都将影响沥青混凝土的太阳能集热、融雪化冰的功能性及其路用性能。制备了传导沥青混凝土马歇尔试样，在设定的冻融条件下进行多次冻融循环试验，研究传导沥青混凝土性能的变化规律，评价传导沥青混凝土耐水温耦合冲击的性能；模拟路面结构制备了组合式车辙板，采用结构自诊断的方法评价温度的重复变化对混凝土性能及路面功能的影响。

4.1 原材料和试验方法

4.1.1 原材料及常规试样的制备

原材料主要为第2章中制备沥青路面材料所用的玄武岩、AH－90号石油沥青、矿粉和导热相填料石墨、碳纤维。传导沥青混凝土中复合导热相填料石墨，导热相填料石墨以替代部分矿粉的方式掺入，掺入方式见2.1.2节，沥青混合料的制备参考2.3.1节。石墨掺量占沥青体积的18%，该掺量在之前的研究中证明了可以较好地改善沥青混凝土的导热性能，并且路用性能满足道路使用的技术要求。

采用《公路工程沥青及沥青混合料试验规程》中规定的方法制备了不同空隙率的马歇尔试样用于评价水温冲击对沥青混凝土劈裂强度和体积性能的影响[104]；其中评价沥青混凝土空隙率对性能的影响时，通过改变马歇尔试样的双面击实次数来获得合适的空隙率。图4-1给出了该章节中所用沥青混合料的马歇尔击实特性。从图4-1中可以看出，在沥青混凝土中复合石墨，能有效改善击实特性，在较少的击实次数下即能获得较小的空隙率，这是因为片状石墨的相对滑动降低了集料间的阻力。

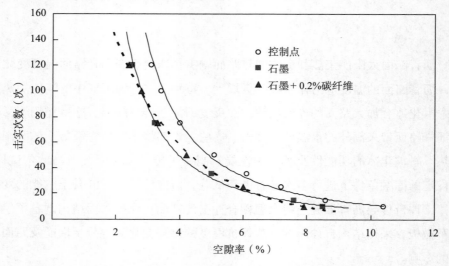

图4-1　沥青混合料空隙率与击实次数的关系

新建沥青混凝土路面的初始空隙率在4%~8%，随着交通的重复荷载，沥青面层结构会慢慢变得密实，空隙率降低。在研究沥青混凝土空隙率过程中发现，如果沥青混凝土的空隙率低于3%，会出现高流值；空隙率高于6%时，其抵抗水损害的能力就弱。因此，采用空隙率为4%~8%的沥青混凝土试样来评价传导沥青混凝土抗水温冲击的性能。根据图4-1的结果，选择对应的击实次数分别为15次、25次、40次、50次、75次和100次。

4.1.2　试验与评价方法

4.1.2.1　水温冲击对体积性能和力学性能的影响

将马歇尔试件成型好，并分别测试每个马歇尔试件的高度、空中重、水中重和表干重，按照规范处理得到每个马歇尔试件的空隙率。[104]将未掺石墨的对照组和掺石墨的传导沥青混凝土马歇尔试件按照 4% ~ 4.5%、5% ~ 5.5%、6% ~ 6.5% 和 7.5% ~ 8% 分成 4 组。结合《公路工程沥青及沥青混合料试验规程》中 T 0729 - 2000 沥青混合料冻融劈裂试验中规定的冻融方法[104]、"八五"国家科技攻关专题《道路沥青混合料的路用性能》的研究成果[155]、美国 AASHTO T283 Lottmen 研究沥青混合料的水损害性能的方法[233]以及《公路工程抗冻设计与施工技术指南》中的冻融循环过程与规范[234]，将沥青混凝土抗水温冲击的冻融循环过程设计如下。

（1）对同一组成、同一空隙率范围内的马歇尔试件进行分组，4 个试件为一组，饱水浸泡半个小时。

（2）每个试件在 98.3 ~ 98.7kPa（730 ~ 740mmHg）真空下饱水 15min，放入塑料袋中，加入清水 10ml，排除空气扎紧袋口。

（3）将试件放入冰箱，在 -18℃ ±1℃ 下恒温冷冻 16h ±1h。

（4）将试件放入 60℃ ±1℃ 恒温水浴箱内，去除塑料袋后保持 8h ±1h。

该过程为一次循环，对于不同组成、不同空隙率的马歇尔试件，将进行 1 次、3 次、5 次、7 次、10 次、20 次和 30 次循环，每次循环完成之后，按照《公路工程沥青及沥青混合料试验规程》的试验要求测试每个马歇尔试件的水中重量和表干重量。[104]待所需循环完成之后，将所有循环后的试样和空白试样一起浸泡 25℃ 水中恒温 2h，按规范要求进行常规劈裂试验和冻融劈裂试验。[104]通过计算马歇尔试件的冻融劈裂强度比（TSR）来得出马歇尔试件的抗水损害性能。测完力学性能后的试件，用事先称好重量的纸袋装好在 105℃ 烘箱中烘干至恒重，测量干重用以评价混凝土的体积性能变化，控制指标包括空隙率变化和质量损失率。

整个试验循环试验过程如图 4 - 2 所示。

4.1.2.2　温度冲击对路面功能的影响

夏季沥青路面太阳能集热是从路面抽取热量降温的过程，冬季利用流体加热路面融雪化冰是给路面升温的过程，频繁的升温与降温可能对沥青混凝土路面结构或性能带来影响。在沥青混凝土中复合了一定的导热相材料，在改善其导热性能的同时，沥青混凝土也具备了一定的导电功能，能够对外部应力及内

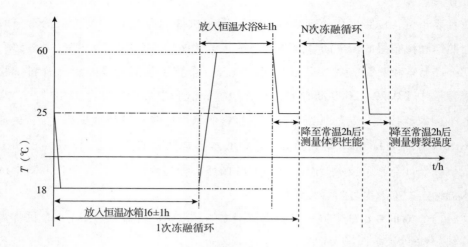

图 4 – 2   试验中冻融循环过程

部结构进行感知，实现对内部结构损失的自诊断[235]；导热与导电具有相似性，根据导热机理，在一定程度上石墨填充复合材料导电性能好的导热性能也好。[222]因此在传导沥青混凝土中埋设电极，对温度变化过程中的电阻变化进行测量，用以评价升温降温对传导沥青混凝土路用功能和导热功能的影响。同时在电极两端加以电压，利用电热效应，根据升温效果评价隔热层材料的隔热效果。

图 4 – 3 给出了用以测试并评价温度对传导沥青混凝土影响的小板试样结构示意图。小板试样有 4 层，中面层采用传导沥青混凝土，每层均埋有温度传感器，传感器的位置如图 4 – 3 中黑点所示。由于每种隔热材料的导热系数不一样，隔热层材料的厚度均为 15mm。防水卷材一共 5 层，采用热熔加厚的方式成型。电极采用 L 型铝电极，电极厚度为 4mm，有足够的强度耐车辙成型碾压，电极间距为 20cm。依据《公路工程沥青及沥青混合料试验规程》中的规定[104]，分多次用轮碾成型机碾压成型。图 4 – 4 给出了沥青混凝土试样的成型图片。在成型过程中，需注意每层沥青混凝土粗、细集料分布均匀；碾压一层后应尽快进行下一层模具的安装和碾压，以降低层与层之间由于成型温度差过大导致的接触间隙。待试样恢复到室温后，拆除模具，在表面加盖一层塑料膜防止灰尘等的污染。测试过程采用变电压恒定功率方式对试块进行加热，同时利用数据采集仪对电压、电流进行实时采集。

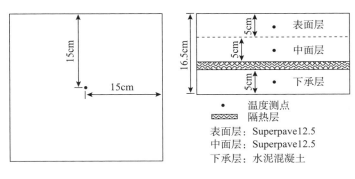

图 4 - 3　试验用小板结构示意

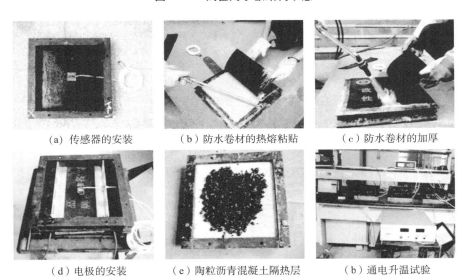

图 4 - 4　电加热试样的成型

4.2　冻融对沥青混凝土体积性能的影响

4.2.1　冻融过程中的空隙率变化

空隙率是沥青混凝土马歇尔体积性能的一个重要方面，合理空隙率试样其力学性能优良。[155]沥青混凝土在冻融过程中，水的渗入会滞留在沥青与集料间，导致沥青与集料的黏结力减弱而松散；在低温条件下，入侵水冻融的体积膨胀作用使混凝土体积变化，若空隙率增加会进一步导致水的入侵和水损害的发生。

按照式（4-1）和式（4-2）计算得到马歇尔试件的空隙率数据

$$\gamma_f = \frac{m_a}{m_f - m_w} \tag{4-1}$$

$$VV = \left(1 - \frac{\gamma_f}{\gamma_t}\right) \times 100 \tag{4-2}$$

式中：γ_f 为用表干法测定的试件毛体积相对密度，无量纲；m_a 为干燥试件的空中质量（g）；m_w 为试件的水中质量（g）；m_f 为试件的表干品质（g）；γ_t 为沥青混合料的最大理论密度（实测）；VV 为试件的空隙率（%）。

图4-5给出了典型的马歇尔试样空隙率随冻融次数变化关系。其中对照组为普通沥青混凝土，CAC-1为掺石墨的传导沥青混凝土，CAC-2为掺石墨和0.2%碳纤维的传导沥青混凝土。石墨掺量均为沥青体积分数的18%，碳纤维为集料质量的0.2%。从图4-5中可知，随着冻融次数的增加，沥青混凝土的空隙率增加，在冻融的前10次空隙率的增幅较小，大于10次后空隙率增幅增大。

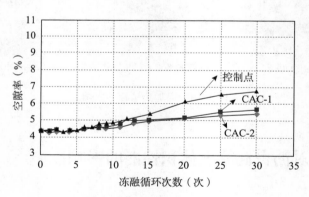

图4-5 典型试样的空隙率随冻融次数变化

通过对比相同初始空隙的试样，未掺导热相填料的试样受冻融的影响较大，但由于初始空隙率的不同，在不同的冻融次数阶段影响程度不一样。初始空隙率在6%左右时，3种试样的空隙率在整个冻融次数范围内都在增加，且未掺导热相材料的试样增幅较大；当对于空隙率为4.4%左右的试样，前 10 次冻融空隙率增幅基本一致，10 次后未掺石墨的试样增幅突然加大。因此，初始空隙率和冻融空隙率对沥青混凝土的空隙率变化都有影响。

为了更清晰地看到空隙率的变化，加大样本量后如图 4 – 6 所示，图 4 – 6 中所有试样均为掺石墨传导沥青混凝土。图 4 – 7 为不同初始空隙率试样随冻融次数空隙率的增量，不同初始空隙率试样冻融 30 次后空隙率的增幅如图 4 – 8 所示。整体趋势上，空隙率的变化仍是随着冻融次数的增加而变大，但在低空隙率区域增加幅度较小，且在低空隙区域空隙率有先降低后增加的趋势；传导沥青混凝土空隙率的增幅小于普通沥青混凝土，掺石墨的试样空隙率增幅小于只掺石墨的试样。在沥青混凝土中添加石墨，石墨在集料间起到润滑作用，使沥青混凝土内部连通空隙率降低，水不易进入混凝土内部，水的侵蚀作用降低，因此传导沥青混凝土试样的空隙率变化小于普通试样；大空隙试样由于水更容易进入试样内部，导致空隙率的增幅越大；碳纤维在沥青混凝土有增强作用，有效降低水相变对混凝土的膨胀作用，因此空隙率增幅较小。

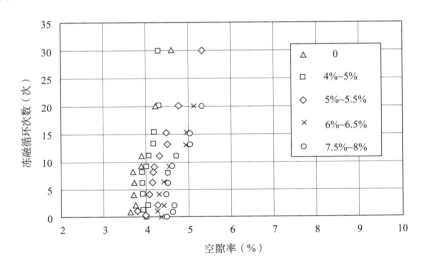

图 4 – 6 导热试样的空隙率随冻融次数变化

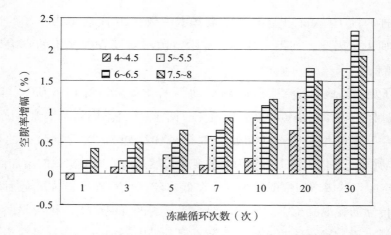

图4－7　不同初始空隙率试样随冻融次数的变化量

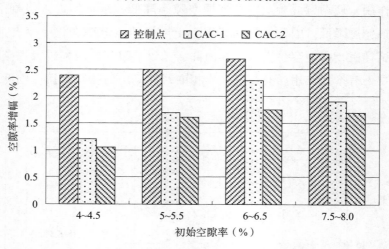

图4－8　不同初始空隙率试样冻融30次后空隙率的增幅

沥青混凝土在冻融过程中，空隙率的变化可能有两种原因，一是之前所述水的相变导致的体积变化，另外一种是矿物质的渗出和掉粒。当有矿物质渗出和掉粒时，冻融完后试样的干重降低，导致计算出的空隙率变大。因此，对于低空隙的试样，由于冻融作用产生的掉粒主要是表面的集料，所有空隙率有降低趋势；对于大空隙试样，内部集料更易于渗出，且水的相变作用影响更大，因此空隙率增幅大。通过以上的对比分析，传导沥青混凝土空隙率4%～4.5%时，在冻融30次范围内空隙率的增幅不到1.3%，说明该空隙率下的传导沥青混凝土能有效抵抗水温耦合冲击。

4.2.2　冻融过程中的质量变化

马歇尔试样在冻融过程中的质量损失率为

$$P_s = \frac{m_b - m_a}{m_a} \qquad (4-3)$$

式中：P_s 为马歇尔试件的质量损失率（%）；m_a 为马歇尔试件在冻融循环前的干重（g）；m_b 为马歇尔试件在冻融循环完成后的干重（g）。

图 4 - 9 给出了沥青混凝土马歇尔试样的初始空隙率为 6% ~ 6.5% 时随冻融次数的平均质量损失率。马歇尔质量损失率随冻融次数的增加，呈现先减少后增加的趋势，即试样质量先增加后减少。质量的降低可能是由于在冻融过程中矿物质的渗出、内部细微颗粒的剥落和表面掉粒；而随着冻融次数的增加，表面及内部大部分松散的颗粒剥落后，在水温重复作用下水可能渗入有沥青包裹的集料内部，烘干时集料内部的水分蒸发不出来导致沥青混凝土试样的质量增加。传导沥青混凝土在 10 次冻融过程中，质量损失率大于普通沥青混凝土，这可能是由于石墨在沥青与集料的阻隔作用，导致集料与沥青胶浆的黏附性降低，表面集料更易于剥落。一旦水进入传导沥青混凝土的集料内部，沥青与集料间粘附性降低，将加快沥青混凝土集料的剥落和力学性能的降低。冻融 4 次后，水分已经加速进入集料内部，因此，研究传导沥青混凝土抗水温耦合冲击时，冻融 4 次可以作为关键的考察次数。

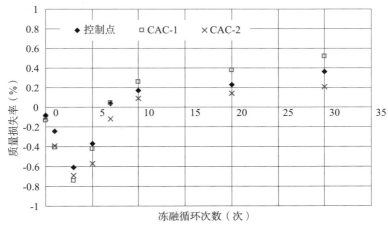

图 4 - 9　冻融对初始空隙率为 6% ~ 6.5% 的试样质量的影响

　　图 4 - 10 为不同初始空隙率的试样，经过 30 次冻融后质量的增幅。初始空隙率越大，质量的增加越大，表明水进入集料内部越多。传导沥青混凝土的质量增加比普通沥青混凝土的大，可能是普通沥青混凝土内部连通空隙率多随着冻融次数的增大到 30 次，剥落情况有所增加；此外掺石墨的传导沥青混凝土，水更易于进入集料内部。由于碳纤维在沥青混凝土中的增强作用，内部空隙率增幅小，水不易进入集料内部，因此在冻融 30 次后掺碳纤维传导沥青混凝土的质量增幅小。

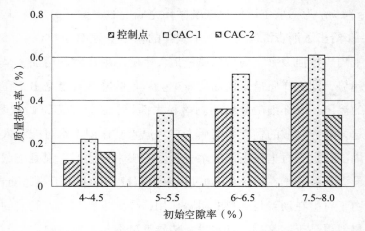

图 4 - 10　不同初始空隙率试样冻融 30 次后质量的损失率

4.3　冻融对劈裂强度的影响

　　冻融劈裂试验也用于评价沥青混合料受水损害时抵抗剥落的能力，用劈裂强度比来表示，劈裂强度比越大，抗水损害能力越好，通常认为劈裂强度比大于 80%，路面具有良好的抗水损害能力。试验的具体操作步骤根据 T 0729—2000 的规定进行。[104]

4.3.1　冻融对沥青混凝土劈裂强度的影响

　　冻融劈裂的试验结果见图 4 - 11 ~ 图 4 - 14，其中图 4 - 11 和图 4 - 12 是初始空隙率为 4% ~ 4.5% 的 3 种沥青混凝土在不同冻融次数下的劈裂强度和劈裂强度比。可以看出，马歇尔试件的劈裂强度随着冻融次数的增加而逐渐减小，掺石墨后试件的劈裂强度大于普通沥青混凝土的劈裂强度，掺纤维后劈裂强度更大于仅掺石墨的。普通沥青混凝土的劈裂强度随着冻融次数的增加，其强度降低速度比较缓慢；但传导沥青混凝土在低冻融次数时劈裂强度远大于普通组的劈裂强度，随着冻融次数的增加，劈裂强度降低幅度较大；冻融次数为20 次以后，冻融劈裂强度和劈裂强度比趋于稳定，冻融对其影响较小。

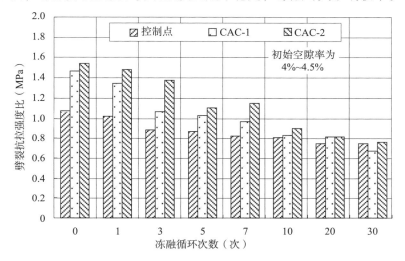

图 4 – 11　冻融对初始空隙率为 4% ~ 4.5% 的试样劈裂强度的影响

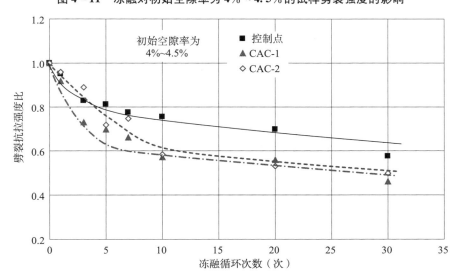

图 4 – 12　冻融对初始空隙率为 4% ~ 4.5% 的试样劈裂强度比的影响

图 4 - 13 和图 4 - 14 是初始空隙率为 6% ~ 6.5% 的 3 种沥青混凝土在不同冻融次数下的劈裂强度和劈裂强度比。通过对比图 4 - 11 和图 4 - 12 后发现，空隙率对劈裂强度和劈裂强度比影响较大。6% ~ 6.5% 的空隙率，3 种试样的劈裂强度均不到 1.0MPa。与 4% ~ 4.5% 试样的劈裂强度结果不一样的是，当空隙率为 6% ~ 6.5% 时，传导沥青混凝土的劈裂强度小于普通沥青混凝土。这可能是当空隙率较小时，传导沥青混凝土内部的密实结构能有效抵抗水温冲击。当空隙率变为 6% 左右时，传导沥青混凝土集料之间黏结力差的弊端表现出来，导致抵抗水温冲击的能力也减弱。

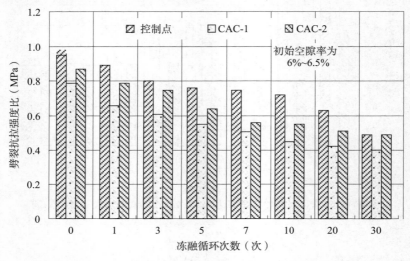

图 4 - 13　冻融对初始空隙率为 6% ~ 6.5% 的试样劈裂强度的影响

一般认为劈裂强度比大于 80%，路面具有良好的抗水损害能力。根据图 4 - 12 和图 4 - 14 的结果，普通沥青混凝土在冻融 5 次后其劈裂强度比降低为 80% 左右，但传导沥青混凝土在 3 次左右，掺碳纤维的传导沥青混凝土的次数高于仅掺石墨的传导沥青混凝土，略低于普通沥青混凝土。对于应用于集热及融雪用的沥青混凝土，冻融 3 次可以作为考察其劈裂强度的次数。

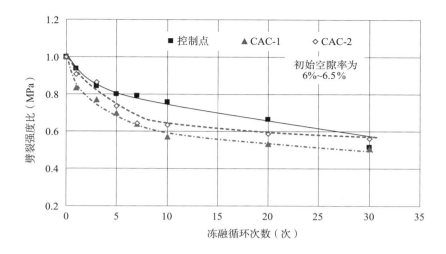

图 4 – 14　冻融对初始空隙率为 6% ~ 6.5% 的试样劈裂强度比的影响

4.3.2　初始空隙率对劈裂强度的影响

AASHTO T283 中关于冻融的方法，是根据设计空隙率 4%，考虑压实度以后，要求试样的空隙率为 7%。[233] 而我国不能要求所有的沥青混合料的设计空隙率为 4%，也就不能采用 7% 的空隙率的试件进行冻融试验，因此采用设计配合比的击实次数为 75，击实 50 次时的试样用于冻融试验。[104] 掺有石墨的沥青混凝土，由于石墨的吸油性和润滑性让击实次数作为判断抗冻融的成型指标已经不合适。

图 4 – 15 和图 4 – 16 给出了不同初始空隙率传导沥青混凝土的冻融抗拉性能。传导沥青混凝土仅掺有沥青体积分数 18% 的石墨，根据图 4 – 15 中柱状图的高度可以发现，空隙率为 4% ~ 4.5% 的试件和 5% ~ 5.5% 的试件的劈裂强度较为接近，而空隙率为 6% ~ 6.5% 的试件和 7.5% ~ 8% 的试件的劈裂强度较为接近。空隙率为 5% ~ 5.5% 的试件与空隙率为 6% ~ 6.5% 的试件对比，可以看到两者的劈裂强度相差较大，即试样的空隙率从 5% 变化为 6.5% 过程中，其劈裂强度发生了突变。参考 AASHTO T283 中关于冻融的方法[233]，可以要求用于评价水损害和抗水温冲击性能的传导沥青混凝土的空隙率为 6% ~ 6.5%。

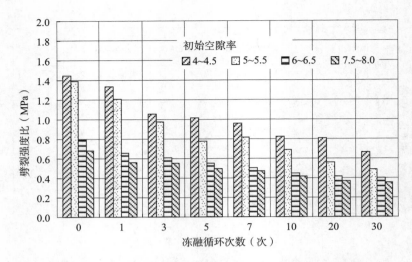

图 4 – 15   不同初始空隙率试样的劈裂强度随冻融次数的变化

　　不同初始空隙率传导沥青混凝土试件的冻融劈裂强度比如图 4 – 16 所示。由于大空隙的试件，未经冻融的劈裂强度小，因此计算出劈裂强度比值较空隙率小的大。图 4 – 16 中空隙率为 5% ~ 5.5% 的试件，其冻融劈裂强度比随冻融次数下降得最快。不同初始空隙率，在冻融 3 次后其劈裂强度比均在 80% 附近，因此，证明上节关于采用冻融 3 次可以作为考察其劈裂强度的次数是可行的。

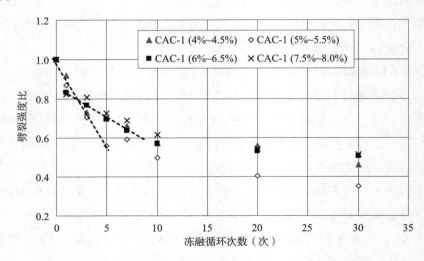

图 4 – 16   不同初始空隙率试样的劈裂强度比随冻融次数的变化

4.4　温度冲击对传导沥青混凝土路面功能的影响

利用电热效应加热传导沥青混凝土层，测量导热层电阻的变化，用以评价升温降温对传导沥青混凝土路用功能和导热功能的影响，同时根据升温效果评价隔热层的隔热效果。

4.4.1　温度对导热性能的影响

导电是材料中电子的定向迁移，电子间的相互作用或碰撞是金属材料导热的主要形式。将导热问题等效为导电问题，并不是因为材料中导电性能好导热性能就好，而是对于石墨填充型复合材料可以同时通过渗流理论来解释导热和导电的现象。当石墨的含量达到一定比例时，石墨颗粒之间能相互作用，在沥青基体中形成类似链状或网状的导热网络，从而大大提高集体材料的导热性能。传导沥青混凝土导热性能的改善主要通过填充石墨，石墨的掺量合理，其导电性能也好。因此，通过传导沥青混凝土试样的电阻可从侧面反映导热性能的变化。

图 4 - 17 为 4.1.2 节中成型的试验小板电阻随温度的变化。其中升温过程是在电极两端施加 350W 的额定功率，降温过程采用空气自然降温。从图 4 - 17 中电阻变化可知，传导沥青混凝土的电阻随温度升高而升高、随温度降低而降低，并且升温降温导致的电阻变化是不可逆的。这是因为在导电沥青混凝土中加以电压时，由于石墨在沥青胶浆中处于特殊的无序结构状态，在沥青混凝土内部会出现额外导电通道，比如电子在石墨附近的沥青薄膜间跃迁产生的导电通路。[236] 传导沥青混凝土在应用过程中不会施加电压，所以不会出现这种非线性电流 - 电压行为，但导热性能与导电性能是一致的，随着温度的增加导热系数降低。

图 4 - 18 为试验小板电阻随重复升温降温的变化过程。试样的温度一直在 25℃ ~ 33℃ ~ 25℃ 重复变化，由于石墨传导沥青混凝土内部电压 - 电流的非线性行为，导致混凝土的电阻是逐渐降低的；但电阻降低到一定程度后，电阻突然增大。出现这一现象的原因是重复的温度变化会在沥青混凝土内部产生一定

的温度应力应变，由于传导沥青混凝土层和下承层、面层之间导热系数的不一样以及热膨胀、收缩系数不一，导致在温度变化过程中积聚了应力。应力积聚到一定程度后释放发生内部结构的改变，导致导电通路的断开。因此传导沥青混凝土在集热和融雪过程中，重复的升温降温也会导致导热性能的突变。

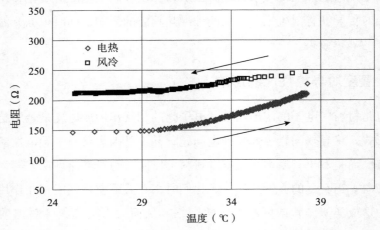

图 4－17　电阻随温度的变化

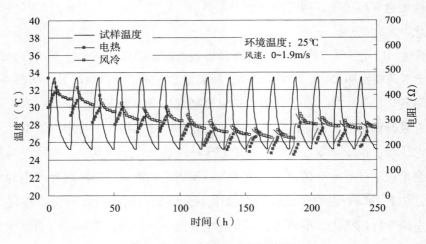

图 4－18　温度循环对电阻的影响

4.4.2　隔热层隔热效果对比

隔热层材料有 3 种，分别为稀浆封层、陶粒沥青混凝土和防水卷材。试验前将试块恒温 24h 以上，保证内部与表面要求的温度为 25℃±0.5℃。接通电源，每间隔一分钟记录一次试样内部温度。图 4 - 19 为在传导沥青混凝土两端接通电源后的典型升温图。额定功率为 350W，加热 5h。从图 4 - 19 中温度变化可知，导热层温度上升最快，由于隔热层的保温隔热作用，表面层沥青混凝土的温度大于下承层的温度。

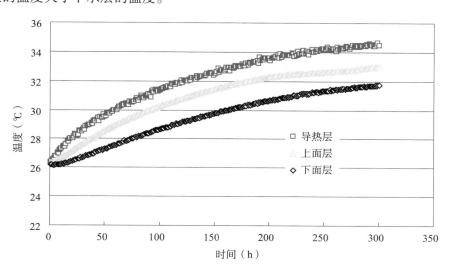

图 4 - 19　试样温度为 25℃时的典型升温

将试块通电加热 5h 后，计算每一层的升温幅度，不同功率不同隔热层材料试块每一层的升温幅度见图 4 - 20。不同功率下的升温幅度与图 4 - 19 的结果一致，由于隔热层的作用导致表面层的温度大于下承层的温度，这有益于提高太阳能集热和融雪化冰热量传递效率。此外从图 4 - 20 可知，随着功率的增加，试板的各层温度均增加；防水卷材的隔热效果最好，其表面层温度最高，而下承层的温度最低；但对于陶粒沥青混凝土隔热层试板，其中面层升温幅度最大，这可能是由于在传感器周围导热相填料的分布不均，构成了额外的导电通路、电阻较小，有过热现象，但对于整层功率是额定的，所以表面的升温幅度仍然高于稀浆封层，但低于防水卷材试块的。

隔热层材料的隔热效果除了受材料本身导热系数的影响外，还受可施工厚度的影响。本研究采用的隔热层材料厚度为 15mm，但该厚度对防水卷材的防水黏结作用影响是很大的，因为一般情况下防水卷材的厚度为 3～5mm，对热稳定性、抗变形和黏结力有一定要求。当厚度加厚到 15mm 后，沥青面层与下

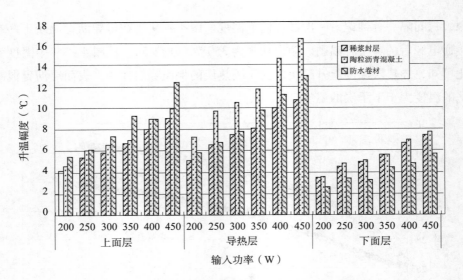

图 4 – 20　不同隔热层试块各层在不同功率下升温幅度

承层之间容易出现推移，此外由于防水卷材的低弹性模量，会加速沥青面层裂纹的扩展。对于陶粒沥青混凝土，其导热系数大概为普通沥青混凝土的 1/3，不受施工限制，摊铺厚度不限。稀浆封层的导热系数与普通沥青混凝土的导热系数差别不大，不适合作为沥青混凝土路面的隔热功能层。防水卷材在隔热要求不高，同时需要防水、黏结功能时可以考虑作为隔热层材料。陶粒沥青混凝土作为公路工程路面结构中的隔热层，可用于太阳能集热路面、融雪化冰路面和多年冻土地区冻土保护。

4.5　小　结

本章针对传导沥青混凝土抗水温耦合冲击性能研究，基于传导沥青混凝土的机敏特性对路面结构和隔热效果进行了诊断分析，主要结论如下。

（1）普通沥青混凝土和传导沥青混凝土随着冻融次数的增加，空隙率逐渐增加，初始空隙率越大增幅越大，碳纤维能改善空隙率的增加。

（2）传导沥青混凝土由于石墨的润滑作用，内部更为密实，但阻隔了沥青与集料的黏附，导致表面集料易于剥落，水易渗入有沥青包裹的集料内部，考察传导沥青混凝土体积性能的冻融关键次数为 4 次。

（3）在低空隙率时，普通沥青混凝土的劈裂强度随着冻融次数的增加，其强度降低速度比较缓慢；传导沥青混凝土随着冻融次数的增加，劈裂强度降低幅度较大；冻融次数为 20 次以后，冻融劈裂强度和劈裂强度比趋于稳定，冻融对其影响较小。

（4）当空隙率较小时，传导沥青混凝土内部的密实结构能有效抵抗水温冲击，传导沥青混凝土在低冻融次数时劈裂强度远大于普通组的劈裂强度，当空隙率变为 6% 左右时，传导沥青混凝土集料之间黏结力差的弊端表现出来，导致抵抗水温冲击的能力弱。

（5）在评价传导沥青混凝土抗水温冲击性能时，建议采用空隙率为 6% ~ 6.5% 的试件，冻融次数为 3 次，当冻融劈裂强度比大于 80% 时可较好地抗水温冲击。可以采用纤维、抗剥落剂等手段来增强传导沥青混凝土的抗水温冲击性能。

（6）传导沥青混凝土随温度的升高而电阻率增加、导热系数降低，重复的升温降低会导致传导沥青混凝土层应力集中，最终可能会导致结构的变化。

（7）防水卷材受厚度的影响，在隔热要求不高，同时需要防水、黏结功能时可以考虑作为隔热层材料；稀浆封层的导热系数与普通沥青混凝土的导热系数差别不大，不适合作为沥青混凝土路面的隔热功能层；陶粒沥青混凝土导热系数小，不受施工厚度限制，可以作为公路工程路面结构中的隔热层，如太阳能集热路面、融雪化冰路面和多年冻土地区的冻土保护。

第5章 沥青路面流体加热融雪化冰试验

参考相关标准并结合沥青混凝土制备和成型的实际情况对混凝土太阳能集热和融雪的室内试验装置进行设计，主要包括辐射光源、温度传感器、试验台架、混凝土换热器的结构、换热工质的恒温及驱动装置等相关内容。

对室外融雪化冰试验装置和方法进行设计，制备和成型可用于模拟路面融雪的大板试样；利用低温流体加热沥青路面在冰雪天气中进行融雪研究，主要通过实验测量融雪率、基本特征点的温度变化、融化时间以及表面温度场等数据，讨论实际道路管道融雪化冰的热工特性和融化规律，对融雪过程进行性能评价。

5.1 混凝土太阳能集热及融雪试验装置设计

检索国内外相关文献资料未发现可用于实验评价沥青路面太阳能集热及融雪的试验装置，并且评价方法也都是参考其他试验标准，因此，需要对试验装置进行创新设计。3.1 节对沥青路面太阳能集热及融雪化冰的两个基本单元系统的传热过程和相关的影响因素等基本物理问题进行了分析。本章在此基础上，参考相关标准和国内外研究现状对沥青路面太阳能集热及融雪化冰技术的室内试验装置和试验方案进行设计和规划。保证试验装置和方法尽最大限度模拟实际集热、融雪条件，满足室内可控条件下对沥青混凝土太阳能集热和融雪化冰性能评价的要求。同时该试验装置和方案可以转移到室外进行实时的太阳能集热和融雪化冰试验。

自行开发的沥青太阳能集热及融雪化冰实验装置包括试验数据采集处理系

统、温度流量测控系统、辐照度测量控制系统三大部分。理想条件下实验装置各部分间的连接控制关系如图 5 - 1 所示。在现有条件下可以对试验装置简化并满足测试要求，设计及简化的示意图如图 5 - 2 所示。

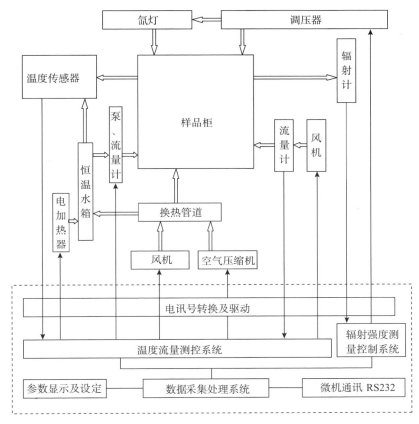

图 5 - 1　混凝土太阳能集热及融雪化冰实验装置的控制示意

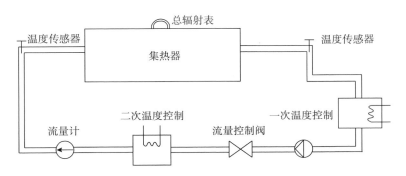

图 5 - 2　简化后的实验装置示意

5.1.1 试验装置的主要构成

试验装置主要包括辐射光源、温度传感器、集热器（混凝土换热装置）、试验台架、换热工质、恒温水箱、泵以及组装配件。

5.1.1.1 辐射光源

在 3.1.1 节中已经详细介绍了太阳光的热辐射以及太阳光光谱特性，氙灯发出的光谱和日光非常接近，并且氙灯功率可以达到几十万瓦，室内模拟太阳光试验一般采用长弧氙灯光源模拟阳光。但在本集热器试验中不用考虑太阳光的劣化效应，只考核太阳光的热效应，根据国家标准 GB/T 2424.14—1995《电工电子产品环境试验》第 2 部分 "试验方法 太阳辐射试验导则" 允许采用钨丝灯作为模拟太阳光的光源。[237] 但钨丝灯光的光谱分布与标准自然光有明显差异（见图 5 - 3），应对辐射强度加以修正，使样品吸收的辐射量与采用标准光源时相同。[172,238] 修正的方法为

$$E_{ex} = 1.120 \frac{\alpha_{es}}{\alpha_{ex}} (\text{kW/m}^2) \tag{5-1}$$

式中：E_{ex} 为试验光源的辐射强度；α_{ex} 为试验样品对试验源辐射的吸收系数；α_{es} 为试验样品对太阳和天空环球辐射的吸收系数。

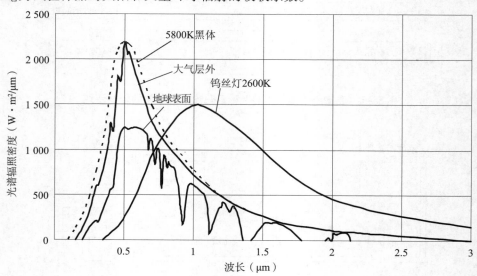

图 5 - 3　钨丝辐射和太阳辐射比较

5.1.1.2　温度传感器

温度传感器采用 PT100 铂电阻，是基于金属导体的电阻值随温度的增加而变化这一特性来进行温度测量的。其接线方式采用四线制，可以消除连接导线电阻引起的测量误差。传感器的测量范围为 −50 ~ 200℃，满足沥青混凝土成型及各种试验要求；测量精度工业一级，±0.15℃，配仪表经过校准后在全量程范围内精度为 ±0.06℃，满足国标要求的 ±0.1℃。[239] 为适应沥青混凝土试样的高温成型及迅速准确地测量混凝土内部温度，PT100 铂电阻外面采用高强不锈钢套管保护，内部用导热树脂封装和防水，引线也采用防屏蔽钢丝填充和包装。传感器整体在沥青混凝土成型温度 180℃时耐 300N/cm 线压力。温度传感器尺寸及形貌如图 5 − 4 所示。传感器的埋设方法及分布在试验研究部分根据测试的需要进行设计。

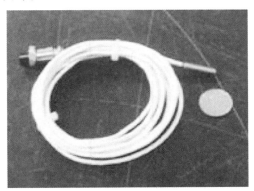

图 5 − 4　PT100 温度传感器

5.1.1.3　混凝土换热装置

沥青路面太阳能集热基于黑色的沥青路面对太阳光强大的吸收能力和巨大的可利用面积，属于利用液体作为传热工质的低温太阳集热器；路面结构完全处在自然环境中，但采光口不随太阳辐射而改变方向，属于平板型、非聚光型和非跟踪型集热器。[4] 平板型太阳集热器主要由吸热板、透明盖板、隔热层和外壳等部分组成，而沥青路面太阳能集热器只有吸热板和隔热层。[240] 黑色沥青混凝土路面可称为吸热板，在吸热板中间布置有换热管道。集热器工作时，太阳光辐射投射在沥青路面上，被沥青混凝土吸收并转换成热能，然后将热量传递给换热管道内的换热工质，使换热工质的温度升高，换热工质的流动将热能带出；沥青路面融雪化冰是集热的反过程。因此，沥青混凝土换热装置的构成有如下4个方面。

1. 换热器内管式换热结构

沥青混凝土中换热管道的布置有排管和集管。排管是指在换热器中纵向排列并构成流体通道的部件；集管是指在换热器上下两端横向连接若干根排管并构成流体通道的部件。[4]使用较多的结构类型是将管道弯曲成蛇形的蛇管式换热结构，如图5-5所示。蛇管式的优点是换热结构热效率高，不需另外焊接集管，减少了换热工质泄露的可能性；缺点是流动阻力大，流体通道需采用串联模型。

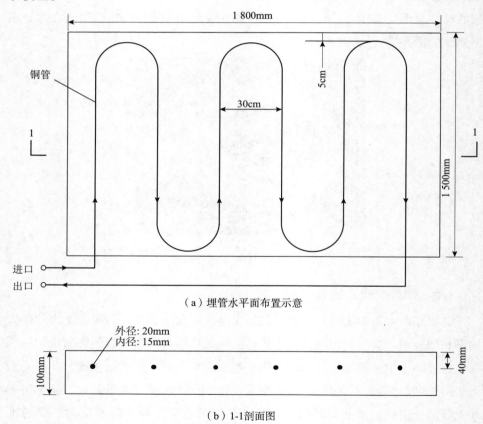

（a）埋管水平面布置示意

（b）1-1剖面图

图5-5　试件设计示意

2. 管道材料

在一般太阳能集热过程中，换热管道材料一般采用金属管材，主要有铜、铝合金、镀锌钢等。由于金属管道强度高、导热性能好，但金属抗腐蚀性差、成型麻烦和成本高，在道路融雪化冰及太阳能集热过程中并未推广。现阶段主要用于沥青路面集热技术研究的管道材料为塑料类，并经过特别处理使管道具有较高的导热性能及抗道路施工摊铺机的碾压。[36]

为了便于研究和评价沥青路面的换热性能，尽量避免换热管道换热效率低对集热和融雪的影响，沥青混凝土集热器内使用的换热管道采用导热性能好的无缝钢管，外径为 20mm、内径为 16mm，热弯成蛇形。

3. 换热器尺寸

确定换热器尺寸过程中要注意：尺寸过小，获得的数据易受环境影响，精度差、可重复性小；尺寸过大，成型不便、试验成本高。因此设计的换热器易于在实验室条件下成型，并且测量的数据能排除边界效应的影响。本书试验研究过程中，采用两种尺寸的换热器，表面分别为 30cm × 30cm 和 150cm × 180cm 的板状换热器。

4. 换热器的保温

路面在吸收太阳辐射产生热能后的及流体加热进行融雪化冰过程中的导热过程可近似为一维平壁的导热，在水平方向上不存在热量的传递。因此在试样周围采用聚乙烯泡沫保温布［导热系数为 0.038W/(m·℃)］包裹，建立隔热的环境，用以降低环境对试验结果的影响。

5.1.1.4 试验台架

试验台架为模拟太阳能集热使用，是试样及测试用仪表的承载物，应尽可能地代表典型的实际使用情况。台架不得遮挡沥青混凝土换热器的采光口，保证换热器表面具有相同光线直射、散射和反射；照射或停照阶段，换热器附近的温度、湿度及气流需稳定在一定范围内；样品台为水平固定的垫托架上，光源安装在样品台上方的专用灯架上；光源发射出的光线可以相互重叠，但要在样品上方形成均匀的辐射；可以通过将灯架上下调整达到调节辐照度的目的。试验台架采用开放式结构，最大限度地与试验室内环境相互交流，通过调整室内大环境条件降低集热器辐射环境条件的波动。

5.1.1.5 换热工质及其温度的调节

进行集热和融雪试验时，换热工质均采用自来水，水的热物性与温度、表面气压、矿物质含量等一系列因素有关。每次更换自来水时需搅拌 1h 后室温情况下静置 24h，尽可能使水内气体排出，运行过程中避免灰尘和杂质的进入。换热工质水可以循环利用，水温采取两级或多级恒温水箱调节。第一级恒温水箱对水温粗略调节后流入下一级恒温水箱进行精确调节，以达到换热器进口水温为设定温度 ±0.1℃的要求。[239,241]

换热工质的温度统一采用 PT100 温度传感器进行测量，传感器要小，降低其对水流压降的影响，同时需避免空气在传感器附近聚集。传感器的安装位置距进出口的距离不超过 200mm，如果传感器距集热器的距离超过 200mm，应采取措施确保温度传感器与集热器的安装距离不影响工质温度的测量。[239] 可以通过加强传感器前、后的管道及外露区域的保温来实现。

5.1.1.6 换热工质的驱动

换热工质的驱动一般是在换热器试验回路中采用泵，其安装方法应不影响换热器进出口温度控制或温度测量。本书集热和融雪试验均采用爱力浦 JWM-A 型机械驱动隔膜计量泵，额定最大流量为 120L/h，最大压力 1.0MPa，计量精度 ±1.0%，可在运转过程中调整流量。换热工质质量流率可以按计量值直接读取或通过测量的体积流量换算。试验期间流量应稳定在 ±1.0% 以内。

5.1.1.7 管道连接及组装

试验装置中连接换热回路的管道应耐腐蚀，并能在 95℃条件下连续工作。并尽可能使从恒温水箱出口到换热器进口之间的管道最短，以减少环境对换热工质进口温度的影响。[239] 管道之间的连接均无缝，回路设置透明管道用来观察工质中的气泡和杂质。[239] 在管道的出口处及其他较高的区域容易聚集空气的地方安装空气分离器或排气装置。回路中的管道和接头等外露环境中的装置均采用聚乙烯泡沫保温布 [导热系数 0.038W/(m·℃)] 包裹。导线、连接管道和泵等装置的安装高度低于换热器，高于换热器的装置距离换热器不得太近，避免一切外接装置对换热器的长波辐射。

5.1.2　试验装置的测量与控制

5.1.2.1　辐照度的测量与控制

太阳光辐射的测量采用符合 ISO 9060《太阳能 – 半球面总日射表和太阳直射表的规范与分类》(*Solar Energy – Specification and classification of instrument for measuring hemispherical solar and direct solar radiation*) 规定的一级总辐射表。[242] 太阳总辐射表是被设计用来测量接收平面上的辐照度的辐射计,该辐照度来自于上半球入射的 0.3 ~ 3μm 光谱波长范围内的辐射通量。在室内集热试验中一般不考虑室外热辐照度的散射对集热测试的影响。本书采用 TBQ – 2 总辐射表对换热器表面辐照进行测量,测量时总辐射表在换热器采光口平面位置以相同的角度对来自太阳和天空的全部辐射。

在本室内集热实验中,采用 4 个配有"槽"型反光器的 300W 飞利浦碘钨灯作为辐射光源。试验全程对辐照度进行监控,防止试验过程中电压、室内光线条件等导致的辐照度变化,及时调整灯架的高度来恢复辐照度到设定值,并使试样表面的辐照强度均匀。

5.1.2.2　温度的测量与控制

温度数据采集使用 PTX – A24 型精密温度巡检仪和 Keithley2700 数据采集/多路综合测试系统。PTX – A24 型精密温度巡检仪可进行 24 通道温度测量,与温度传感器一起校准后,整体精度为 ± 0.06℃。Keithley2700 数据采集仪配有 20 通道的 7 700 开关/控制模块,可对温度、电流和电压数据进行采集和处理。

5.1.2.3　流量的测量与控制

换热工质流量可以根据循环泵生产厂家推荐的流量值进行试验,同时根据试验过程中集热器进出口水温差的幅度进行调整。GB/T 4271—2007《太阳能集热器热性能试验方法》推荐根据集热器总面积设定质量流率为 0.02kg/(m² · s)。[239] 在每个试验周期内,流量应稳定在设定值的 ±1% 以内。不同试验周期的整体流量变化应不超过设定值的 10%。

对于某些集热器,如果使用的流速可能处于层流和湍流过渡区,可以采用 EN 12975 – 1 – 2006《太阳能热水系统及部件 太阳能集热器》(*Thermal solar systems and components – Solar collectors*) 规定的方法来处理:在过渡区,首先将流量设为高值（湍流区），然后再逐渐减小至设定值，避免流速处于从层流到湍流过渡区。[243]环境风速采用 DEM6 型轻便三杯风向计测量，量程 1~30m/s，启动风速小于 0.8m/s，测量精度 0.1m/s。

5.2 试验大板的制备与试验方法

5.2.1 试验大板的制备

在研究沥青路面融雪性能过程中，不需要考虑沥青混凝土的路用性能，对沥青路面的整体结构要求不高，可以将沥青试板面层材料组成简化为两层，采用两种级配。在试板的上面层采用 Superpave 12.5 级配组成的沥青混合料，底部采用 Superpave 19.0 级配组成的沥青混合料，上面层厚度为 4cm，下面层厚度为 6cm。沥青混凝土试验板的尺寸为：长 180cm、宽 150cm、高 10cm。用以测试并评价流体集热沥青路面融雪性能的板试样结构示意图如图 5－6 所示。其中有部分试板在上面层采用传导沥青混凝土，级配为 2.1.2 节所述的 Superpave 12.5 级配，石墨作为填料，占沥青体积分数的 18%。

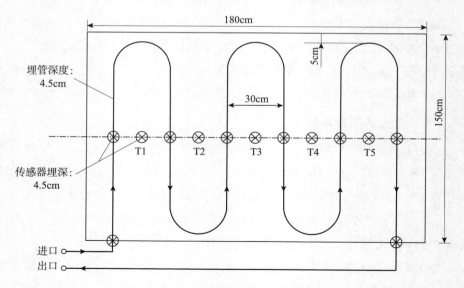

图 5－6 试验大板的结构示意

沥青混凝土试验大板内部温度场测点的分布见图 5 - 6，安装的深度与管道所在位置一致。沥青混凝土试验大板的成型过程如图 5 - 7 所示。实验板采用 LTC08 手扶振动压路机压实，成型过程中，需注意的细节与 4.1.2 节中制备电热升温试样板一致。蛇形钢管的埋设要避免钢材与沥青混凝土材料的模量差别大导致的沥青混凝土松散与变形；碾压过程中需固定好管道位置，避免出现错位和下沉。

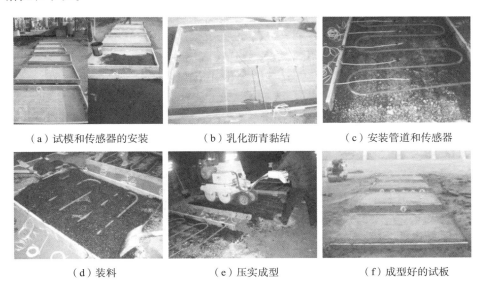

（a）试模和传感器的安装　　（b）乳化沥青黏结　　（c）安装管道和传感器

（d）装料　　　　　　　　（e）压实成型　　　　　（f）成型好的试板

图 5 - 7　冬季融雪试验的试样制备过程

5.2.2　试验的方法与试验的条件

试验中主要的装置构成如图 5 - 2 所示，主要测量数据有环境温度、试验板中进出口的水温、换热板内部的特征点温度、水箱温度的校准和水流量等。为了贴近实际应用环境，将制备成型的实验板置于空旷的环境中，待低温天气下完冰雪后或冰雪实时进行融雪试验。主要以 2009 年 11 月 16 日、2010 年 1 月 5 日湖北省武汉市的两场雪作为试验时间和对象，以 2009 年 11 月至 2011 年 2 月其他时间的冰雪低温天气作为对照和验证的试验机会。2009 年 11 月 16 日 16 时至 17 日 16 时的环境温度和测试时间段如图 5 - 8 所示，2010 年 1 月 5 日 12 时至 6 日 12 时的环境温度和测试时间段如图 5 - 9 所示，结合来自于湖北省气象自动监测网气象资料可知风速全天小于4m/s。[244]

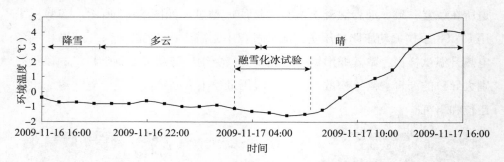

图5-8 2009年11月16日至17日环境温度条件

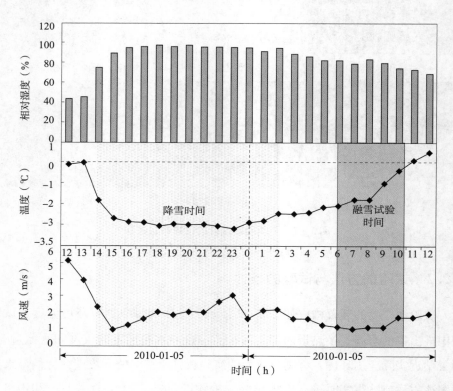

图5-9 2010年1月5日至6日环境温度条件

据荷兰的有关数据记载,沥青路面太阳集热可能的最低出口水温为25℃。[69-70]地源热泵从地下获得的热量大都为54℃,我国超过75%的地热井的水温都超过40℃。[245,21]因此,用于加热沥青路面的流体温度为25℃和50℃

两种，试验过程中注意外接管道的保温。换热工质的流量根据试验时面板的温度和融雪速度进行调整。

采用融雪面积比来评价融雪的效率，融雪面积比即试板表面加热后无雪的区域面积与整个加热面板的面积的比值，用 A_r 来表示。融雪面积比的获得是采用数码相机对沥青面板表面在不同融雪时间的图像进行采集，转换为灰度图像、灰度图像的线性变换增强；然后利用图像中需要提取的目标对象（如雪的灰度与背景的差异），选择一个阈值，确定是雪和已完成融雪区域，进行阈值法分割；对阈值分割得到二值图像进行形态学滤波确定融雪区域的边界和边界特征，并根据计算像素的个数来求融雪区域的面积，与试板面积相比后即为融雪率。[246] 融雪过程中，试板内部温度每隔一分钟记录一次，表面温度采用美国 FLIR 红外热成像仪进行测量。

5.3　流体加热沥青路面融雪效果

5.3.1　典型的流体加热沥青路面融雪过程

2010 年 1 月 5 日下午 7 时开始加热沥青混凝土试板，试验大板上积雪厚度 9cm，加热过程中伴有时断时续的小雪，最终参考其他未进行试验的面板可知积雪厚度达 12.2cm。持续通入的流体温度为 25℃±0.5℃，图 5 - 10 为试验现场情况，融雪过程中试板的表面积雪状态变化如图 5 - 11 所示。由图 5 - 11 可知，加热 160min 以后沥青混凝土试板表面才出现融雪的区域，并且融雪的区域与管道的性质一致；加热一直持续了 491min 才完成表面的融雪过程；由于

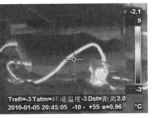

（a）管道的连接和保温　　　　　　（b）测试环境的红外图像

图 5 - 10　试验现场情况

成型过程中的缺陷导致试板表面的绝对高程不一，因此融雪过程中由于融化后的雪的作用，右边的雪融化速度高于试板左边区域。融雪过程中，表面的温度分布如图 5–12 中的红外图像。由图 5–12 中颜色的差别可以明显地区分融雪的区域，试板表面最高温度的区域为管道上方，在融雪即将完成的时候，沥青混凝土大部分内部及表面温度高于 5℃，即使不通水也可继续融雪。此时融雪由于换热工质温度仅 25℃，融雪时间较长，在实际应用过程中可以根据天气预报提前加热路面，保证路面不积雪和增强融雪化冰的速率。

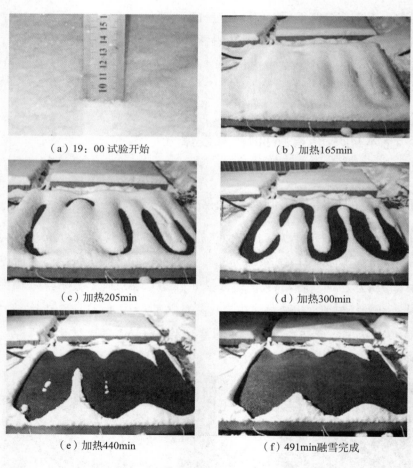

（a）19：00 试验开始　　　　　　（b）加热165min

（c）加热205min　　　　　　　（d）加热300min

（e）加热440min　　　　　　（f）491min融雪完成

图 5 – 11　典型的沥青混凝土试板融雪过程

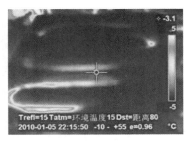

（a）加热166min　　　　　　　　（b）加热196min

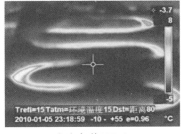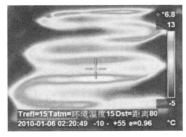

（c）加热199min　　　　　　　　（d）加热441min

图 5 - 12　融雪过程表面温度分布红外图像

5.3.2　传导沥青混凝土路面的融雪性能

采用相同的积雪厚度、换热工质温度和近似的环境条件评价传导沥青混凝土对融雪性能的影响。2009 年 11 月 17 日沥青混凝土试板上积雪厚度为3.8cm，持续通入的流体温度为25℃ ±0.5℃，2010 年 1 月 6 日沥青混凝土试板上积雪厚度为12.2cm，持续通入50℃ ±0.5℃的换热流体水。融雪过程中普通沥青混凝土试板（ASC，25℃ ±0.5℃）和传导沥青混凝土（CASC，25℃ ±0.5℃）的表面积雪状态变化如图 5 - 13 所示。由于蛇形换热管道的形状，导致了温度在沥青混凝土中的不均匀分布，表面积雪融化过程中最先融化的区域呈现图 5 - 13 中的蛇形。对比了图 5 - 12 的两种融雪状态发现，融化3.8cm 的积雪时表面较干燥。这是由于雪的融化较慢，部分融化的雪水流出板面后，其余水分在长时间内蒸发完全，因此要注意雪水的蒸发对温度场和融雪效果的影响。

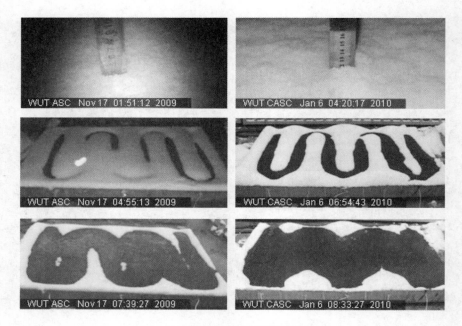

图 5 – 13　融雪过程中的表面积雪状态

两种换热工质温度和两种换热试板种类进行融雪后，融雪的试验参数及融雪的时间列在表 5 – 1 中。由表 5 – 1 可知，传导沥青混凝土不论是在流体温度 25℃、积雪深度 3.8cm 的条件下还是流体温度 50℃、积雪深度 12.2cm 的条件下，都有效提高了融雪的效率。从表 5 – 1 中融雪时间来看，传导沥青混凝土使融雪时间大为缩短。试验中采用的普通沥青混凝土的集料为玄武岩，其导热系数为 1.531W/（m·℃），而传导沥青混凝土的导热系数为 2.309W/（m·℃），导热系数增加了 50.8%。由于导热性能的改善，在融化 3.8cm 的积雪时，利用 25℃ 的换热工质融雪时间从 382min 缩短到 243min，缩短了 36.4%；在融化 12.2cm 积雪时，利用 50℃ 的换热工质融雪时间从 309min 缩短到 217min，缩短了 29.8%。雪的厚度为 12.2cm 时，是 3.8cm 的 3 倍多，当换热工质的温度从 25℃ 增加到 50℃ 后，融雪所需的时间反而低很多，说明换热工质温度的提高可以有效地提高融雪效率，但从有效利用工业低温余热、地热和降低热量损失角度出发，并没有必要一味地增大换热工质的温度。

表 5 - 1　融雪试验参数和试验结果

降雪时间	2009 - 11 - 16		2010 - 01 - 05	
沥青混凝土类型	AC	CAC	AC	CAC
流体温度（℃）	25		50	
积雪深度（mm）	38		122	
环境温度（℃）	- 1.6 ~ - 0.9		- 3.2 ~ - 1.4	
初始融雪时刻	2009 - 11 - 17 02：00 a.m.		2010 - 01 - 06 04：22 a.m.	
融雪时间（min）	382	243	309	217

　　表面无雪率的变化如图 5 - 14 所示，由于图像的拍摄条件和数据处理的误差，图 5 - 14 中的表面无雪率数据有一定误差。由图 5 - 14 可知，每一次融雪表面无雪率并不是立即变大，而是维持在 0 一段时间；特别是当采用普通沥青混凝土试验板时，维持的时间较长。随着加热的时间增长，表面的无雪率逐渐变大。对于表面无雪率的变化可以分为初始期、线性区和加速期，对于某些特殊的融雪热工条件会存在后加速期。

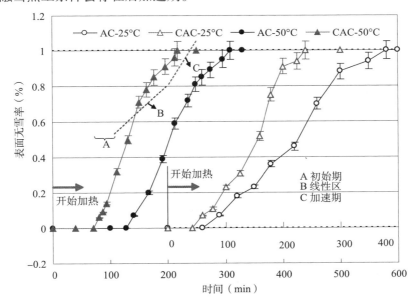

图 5 - 14　沥青混凝土试板表面无雪率的变化

　　根据 3.1.2 节中关于雪的融化过程和 3.1.3 节中关于冰雪的热物性可知，雪是一种典型的多孔介质，可以分为干雪、湿雪和雪水 3 种状态。流体加热路面进行融雪化冰，融雪总是从换热管道正上方的表面开始，逐渐向管与管之间的中心区域发展，直到融雪完成。换热管中的热量传递至路表面，首先要满足沥青混凝土的热能学能的增加，其次才是将热量传递给积雪。此时换热管道上方的干雪融化为雪水，由于毛细作用雪水被干雪吸收，雪层的多孔结构被破坏，并且形成湿雪区。当换热管道上方一定厚度的积雪多孔结构都被破坏以后，融雪度过初始期，进入线性区。

由于混凝土表面与雪水的对流作用，湿雪不断融化成雪水，雪层厚度下降，同时由于毛细作用，干雪区底部又会形成新的湿雪。当雪水扩散后，使得整个面板的传热传质增强，并且有部分雪水流出路面，雪的融化进入加速期。从图 5-14 可以看出，加速期基本上是从表面无雪率为 0.55 时开始的。但是融雪有时并不是直接沿着加速期到融雪完成。流体加热路面时，换热管道之间的温度最低，也是积雪最后融化的区域，雪的融化进入后加速时期后，表面存在的主要是湿雪浆。在进入后加速时期之前，由于干雪的多孔结构可以对底部的雪浆有保温作用，热量的损失较低，融雪速度也快。当积雪主要是湿雪浆时，表面会存在明显的对流、辐射以及蒸发换热损失，当环境温度较低、空气流动速度较大时，融雪速率变慢。在图 5-14 中，普通沥青混凝土换热面板的后加速期的情况更为明显。

5.3.3 融雪对沥青路面温度场的影响

沥青混合料的模量和强度都会随温度的变化而改变，从而造成路面的实际承载能力随温度而发生变化。沥青路面流体加热融雪技术必然导致路面温度的变化，有必要研究融雪过程和传导沥青混凝土对沥青路面温度场的影响。图 5-15 为跟前文一样的融雪过程中的表面温度分布。值得注意的是，流体的温度是 25℃，经过 193min 的加热，蛇形融雪区域的表面温度为 3~5℃；右图是融雪完成后，试板表面温度分布趋于均匀，并维持在 5℃左右；这说明融雪并不需要一味地强度提高流体的温度，只要保证路面表面温度为 3~5℃即可维持路面不积雪、不冻结。

换热工质的温度为 50℃，对两种沥青混凝土试板加热大约 200min 后，表面的温度分布如图 5-16 所示。与图 5-15 对比后可知，高的换热工质表面的温度也高，采用 50℃的换热工质后，表面部分区域温度可达 13~17℃。对比

图 5-16 中沥青混凝土表面温度后发现，传导沥青混凝土能有效提高表面的温度，由于融雪速率快产生的雪水多，传导沥青混凝土试板表面右部中段出现流水痕迹。这说明传导沥青混凝土能有效加快沥青路面中的热量传递，提高融雪速率。

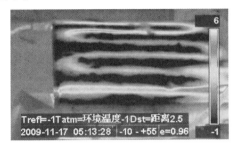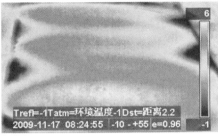

图 5-15　沥青混凝土试板融雪过程表面温度的分布

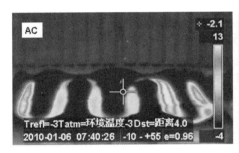

图 5-16　传导沥青混凝土对表面温度分布的影响

沥青混凝土试板内部的温度变化过程如图 5-17 所示，图中温度为图 5-6 中试板 T1 处在融雪过程中的温度变化。对于表面的融雪过程，要受随机的多孔结构、随时变化的气候影响和多种传热模式的综合作用，导致融雪结果的离散较大。在融化表面积雪过程中，融化后的雪水流走是影响试板内部温度的唯一额外因素。因此 T1 处的温度可以反映融雪过程的真实状态。从图 5-17 可知，无论积雪厚度还是流体温度的不同，甚至沥青混凝土的导热性能不同，T1 处在融雪过程中的温度变化趋势是相近的。并且证实了之前关于融雪分 4 个阶段的推断，其中有趣的是线性区（针对温度可以称为稳定期），此时热量主要用于路面冰雪的融化相变。此外，图 5-17 中的升温幅度也说了高温度换热工质能大幅提高路面内部温度，传导沥青混凝土能有效提高路面内部温度。

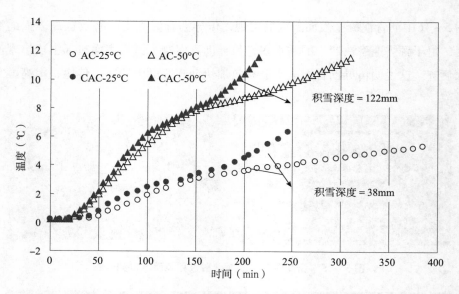

图 5 – 17　融雪过程中沥青混凝土大板内 T1 处温度的变化

　　路面中的温度梯度是指随深度变化而呈现的阶梯式递增或递减的现象。在具有连续温度场的物体内，沿等温线的法线方向上一点温度差与最近的两等温线之间距离的比值的极限。[152]由于测量方法的限制，不能获得沥青混凝土内部所有位置的温度，这里利用两测点间的温度差来替代说明温度梯度。图 5 – 18 列出了 2009 年 11 月 17 日利用 25℃完成融化 3.8cm 积雪后的沥青试板内部测点温度。由于换热工质的温度为 25℃，采用的金属换热管道导热系数大，管道周围的温度都高于 22℃。因此管与管的中部与管周围存在非常大的温度差，4 种情况下的温度列在表 5 – 2 中。25℃时普通沥青混凝土中温度差最小为 17.89℃/15cm，传导沥青混凝土虽然降低了温度差，但仍然为 16.22℃/15cm。因此，融雪过程中产生的这种高的温度差或温度梯度必须引起足够的重视。

表 5 – 2　融雪结束后的最大和最小温度差

降雪时间	2009 – 11 – 16		2010 – 01 – 05	
沥青混凝土类型	AC	CAC	AC	CAC
流体温度（℃）	25		50	
最大温度梯度（℃/15cm）	19.30	18.2	36.82	38.63
最小温度梯度（℃/15cm）	17.89	16.22	32.81	32.89

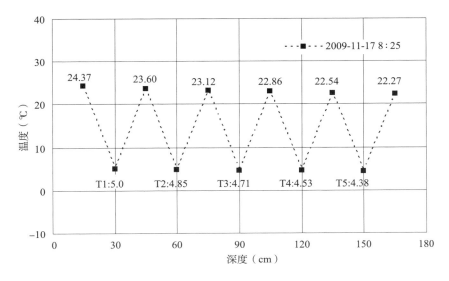

图 5 - 18　融雪完成后各测点的温度

5.3.4　流体加热沥青路面的融雪效率

流体加热沥青混凝土路面是流体的热量损失与沥青路面吸热之间的热量平衡。换热工质传递给沥青路面的热量由管内对流换热系数决定，沥青路面流体加热路面实际输出的功率由下式计算

$$Q = \hat{m}c_p(T_{in} - T_{out}) \tag{5-1}$$

式中：Q 为实际输出的功率（W）；$\hat{m}$ 为水的质量流率（kg/s）；c_p 为水的比热容 $[4.179 \text{kJ/(kg·℃)}]$；T_{out} 为出口水温（℃）；T_{in} 为进口水温（℃）。

图 5 - 19 给出了 50℃ 换热工质融雪时，出入口水温差的变化。此时的流量为 1 550mL/min，传导沥青混凝土试板内部出入口水温差明显大于普通沥青混凝土的。通过积分运算后得知，传导沥青混凝土试板单位面积输出功率为 475.5W/m²，普通沥青混凝土的单位面积输出功率为 409.1W/m²。

融雪过程中沥青混凝土试板中的热量平衡方程为

$$Q = C_a m_a \Delta T_a + C_s m_s \Delta T_s + \lambda_s m_s + Q_l \tag{5-2}$$

式中：C_a、C_s 分别为沥青混凝土和雪的比热容；m_a 和 m_s 分别为沥青混凝土和雪的质量；ΔT_a 和 ΔT_s 分别为沥青混凝土和雪升高的温度；λ_s 为雪的熔解热；Q 为换热工质输入的热量；Q_l 为损失热量。

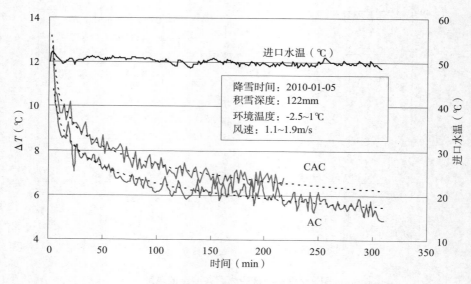

图 5－19　2010 年 1 月 5 日融雪时出入口水温差

　　试板表面雪的密度经过测量后为 88.754kg/m³，雪的比热容按 2.1kJ/(kg·℃)计算，假设雪水温度升高了 2℃，雪的熔化焓 335kJ/kg，计算后可知两次融雪所需平均有用功率为 200.6W/m² 和 285.6W/m²。普通沥青混凝土路面融雪效率为 49.0%，传导沥青混凝土路面融雪效率为 60.1%。

5.4　沥青路面换热器的维修与养护

5.4.1　破损点的探测

　　红外热成像检测技术是近年发展起来的一种无损检测技术，作为一种非接触、非破坏及直观的检测技术，广泛应用于航天、机械、电力、医疗等领域，直到最近才开始应用于建筑、道路建设等方面。对于建筑构造物采用红外热像无损检测主要有两类：一是外置热源；二是在结构中内置热源。两种方法都是根据热辐射与热传导规律（材料的热性能不同，使表面温度和辐射发射率不同），从而表现在红外辐射量的不同，以此来识别损伤。图 5－20 给出了某次融雪过程中，在换热管道中通入换热工质水后，表面出现的明显高温点（面板左上角）。此处管道可能出现了破损或者由于有阻隔物在此水压降低严重，需进行拆除维修。

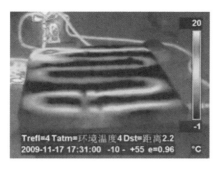

图 5 - 20　沥青混凝土试板表面不正常温度点

5.4.2　维修方法

沥青路面换热管道在运行过程中会发生腐蚀穿孔、开裂和外界破坏等损伤，对于管道的维修有很多种办法，经常采用水泥封装、焊接、夹具、带压封堵和复合材料修补等。对于本书中采用的管道材料和沥青混凝土，可采用"开天窗"的方式进行维修。沥青路面可以采用热融法软化沥青混凝土，挖出沥青混凝土后，确定管道的破损点并喷丸、打磨处理使其表面光滑，采用树脂封孔修补，修补的情况如图 5 - 21 所示。对于外露的管道进行防腐处理，避免挖出混凝土过程中导致的原有防腐层的破损。修补完成后，再次通水检查是否有渗漏，最后采用热拌沥青混合料回填并压实。

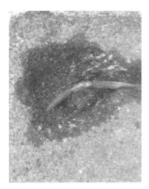

图 5 - 21　沥青混凝土换热器管道的维修

5.5 小 结

本章针对混凝土太阳能集热和融雪的室内外试验装置进行了设计，对低温流体加热沥青路面融雪进行了室外试验研究，主要结论如下。

（1）太阳能集热及融雪用试验装置要综合考虑辐照光源及其测量控制、温度传感器的种类及其安装数据采集、沥青混凝土换热器尺寸结构和制备方法、试验台架和管道的连接保温。

（2）换热工质温度为 25℃ 时，融雪时间长，但是仍然可以应用于道路的融雪化冰，可以根据天气预报提前加热路面，保证路面不积雪和增强融雪化冰的速率。

（3）提高换热工质的温度可以有效地降低融雪的时间，但从有效利用工业低温余热、地热和降低热量损失角度出发，在实际应用过程中没有必要一味地增大换热工质的温度，只要维持路面温度在 3~5℃ 就可以维持路面不积雪、不冻结。

（4）在低温流体加热路面融雪过程中，路表会出现明显的条纹状融雪带，可以借助行车的推动作用加速积雪的融化；传导沥青混凝土可以明显加速融雪的速度，使融雪的时间降低 30%。

（5）融雪时路表无雪率和管道与管道之间区域的升温过程可以分为 4 个阶段：初始期、线性期（稳定期）、加速期和后加速期，这是由不同融雪的传热传质过程决定的。

（6）融雪时路面温度最高的区域是换热管道的正上方，当路面出现严重的温度分布不均，特别是当换热工质的温度为 25℃ 时，路面内部的温度差大于 16℃/15cm，由于融雪引起的温度梯度需引起重视。

（7）利用 50℃ 换热工质融化 12.2cm 厚度的积雪时，普通沥青混凝土路面板的输出功率为 409.1W/m²、融雪效率约为 49.0%；传导沥青混凝土的输出功率为 475.5W/m²、融雪效率约为 60.1%，传导沥青混凝土能有效提高沥青路面的换热效率和融雪效率。

（8）红外热成像技术可以应用于沥青混凝土路面内部的换热管道的无损检测，对于破损点采用复合材料封堵增强处理。

第6章 沥青路面太阳能集热试验

根据路面结构所处的实际气候条件，借助实验装置模拟气候条件在室内对路面温度场进行测量，研究传导沥青混凝土对路面温度场的影响。在制备成型的沥青混凝土小板换热器中通入换热介质水，研究集热过程对路面温度的影响，评价不同流量降低路面温度的效果；研究不同集热参数下的集热性能，研究并确定沥青路面太阳能集热的控制参数。

6.1 导热相填料对沥青混凝土路面温度场的影响

路面结构完全处于大气环境中，经受着持续变化的环境影响，因此，路面结构温度场随环境的变化而变化。沥青路面太阳能集热技术从路面中抽取了能量必然导致路面温度的变化。此外，为提高沥青路面太阳能集热技术的集热效率，在沥青混凝土中添加导热相填料也会改变路面温度的传递速度，也会改变路面的温度场。对沥青路面太阳能集热技术进行可行性设计和优选路面材料组成，必须首先确定集热过程和材料对沥青路面结构温度场的影响。一般情况下，确定路面结构的温度场最直接的手段是对路面温度进行实地观测，但实测工作耗费大量的人力、物力和时间。因此，本节研究在实验室内制备成型全厚式车辙板，模拟气候和辐射条件，研究导热相填料对沥青路面温度场分布、升温速率和温度梯度的影响。

6.1.1　试样的制备及试验方法

6.1.1.1　试样的制备

在研究导热相填料对沥青路面温度场的影响过程中，不需要考虑沥青混凝土的路用性能，沥青试板面层材料组成可简化为两种级配。在试板的表面层和中面层采用 Superpave 12.5 级配组成的传导沥青混合料，底部采用 Superpave 19.0 级配组成的沥青混合料。沥青混凝土试验小板的尺寸为：长 30cm、宽 30cm、高 15cm。用以测试并评价导热相填料对沥青路面温度场影响的小板试样结构如图 6 - 1 所示。依据规范，分 3 次用轮碾成型机碾压成型板状试样。[104] 传导沥青混凝土采用 2.1.2 节所述的 Superpave 12.5 级配，石墨作为填料，占沥青体积分数的 18%。

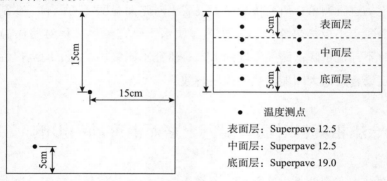

● 温度测点
表面层：Superpave 12.5
中面层：Superpave 12.5
底面层：Superpave 19.0

图 6 - 1　试验用小板结构示意

沥青混凝土试验小板内部温度场测点的分布见图 6 - 1 中黑点，一共安装了 12 个温度传感器。表 6 - 1 列出了各个温度测点位置距试样表面的深度，其中试样边缘处的 7 ~ 12 号温度传感器作为对照组来评价试件水平方向上的温度是否分布均匀，确定保温措施的有效性和温度场数据是否可用。图 6 - 2 给出了评价温度场的沥青混凝土试样成型过程。在成型过程中，需注意的细节与 4.1.2 节中制备电热升温试样板一致。这里仅需注意试样表面有花白集料、集料破碎或在试验过程中被污染的现象，对所有的试样统一在表面刷一层乳化沥青并加塑料膜保存待测。

表 6 – 1　沥青混凝土试样内部温度传感器安装位置

深度（cm）	平面位置	
	中　心	边　缘
0.5	1 号	7 号
2.5	2 号	8 号
5.0	3 号	9 号
7.5	4 号	10 号
10.0	5 号	11 号
12.5	6 号	12 号

（a）装料

（b）加高模具、安装传感器

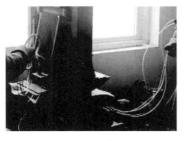

（c）碾压成型

（d）未脱模的试验

图 6 – 2　温度场测试的试样成型

6.1.1.2　试验方法

试验时，沥青混凝土换热器表面的总辐照度为 1 200W/m^2 ±50W/m^2。采用两台空调对实验室内环境进行控温，空调的运行时间相互错开，避免同时出现化霜的运行状态；配有检测环境温度的传感器，环境温度的控制为 25℃ ± 1.0℃。试验期间主要测试无风状态下的集热性能时，集热器周围环境空气速度不应高于 4m/s，并且室内尽量避免门窗的开关及人员的走动。实验室内环境湿度控制在 50% ~ 80%，配有加湿器和空调除湿。

试验前对试样进行外观检查，清除表面灰尘及其他影响光线辐照的杂物；移除试验装置附近影响光线辐射、反射和散射的构筑物，如不可移除则保持整个试验过程中附近构筑物的一致。若试样表面或周边部件上有水汽，使用风机（常温）吹干保温材料和试样表面。安装试样，并检查辐照是否均匀并调整辐照度。每次试验前将试块恒温 24h 以上，保证试样板内部与表面要求的温度为 25℃ ± 0.5℃。测试的过程如图 6 - 3 所示。

图 6 - 3　室内温度场试验

6.1.2　传导沥青混凝土对路面温度分布的影响

打开碘钨灯照射 8 小时，然后在室温 25℃ 条件下自然冷却 16h，每间隔一分钟记录一次试样内部温度数据。掺有石墨和普通沥青混凝土内部温度变化过程如图 6 - 4 所示。由图 6 - 4 可见，在相同的辐照和环境条件下，掺有石墨的传导沥青混凝土的温度变化趋势与未掺石墨的相同，无论是普通沥青混凝土还是传导沥青混凝土试板，内部各点温度均随时间的增加而增大。两种混凝土试板都是在深度为 2.5cm 时出现了最高温度，在辐照 8h 后两个试板内部最高温度都接近 53.1℃。深度 2.5cm 和 10cm 的温度差在传导沥青混凝土试板中比普通沥青混凝土的小，其中传导沥青混凝土的温差为 8.04℃，普通沥青混凝土的温差为 8.46℃。由此可见，复合石墨制备的传导沥青混凝土中热量从试样表面传递到内部的速度增大，内部的温度升高幅度也大；同样的，在关闭辐照后自然冷却的 16h 过程中，传导沥青混凝土试板热扩散系数大，表面和内部的温度差都比普通沥青混凝土的小。

沥青混凝土太阳能集热及融雪化冰技术的换热管道埋设深度是这一技术应用的关键性参数。而沥青路面深度方向上的温度分布可以用来确定埋管深度。普通沥青混凝土和传导沥青混凝土试板在相同时间、相同辐照强度条件下内部温度随时间的垂直分布如图 6 - 5 所示。由图 6 - 5 可见，传导沥青混凝土对沥青路面温度在深度方向上的分布影响明显。在普通沥青混凝土试板

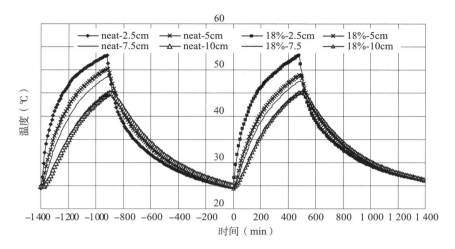

图6-4　沥青混凝土内部温度随时间的变化

中，辐照4h以后从2.5cm深度到12.5cm深度的温度整体上呈线性分布；这是因为试板内部采用相同的材料，各面层混凝土的导热性能接近，符合傅里叶导热定律。对于普通沥青混凝土试板中，因为沥青混凝土中热量的传递需要一定的时间，混凝土温度的升高需要吸收热量，因此辐照2h后12.5cm深度处的温度不处于2.5～10cm深度的线性段，试样底部的升温速率较慢。

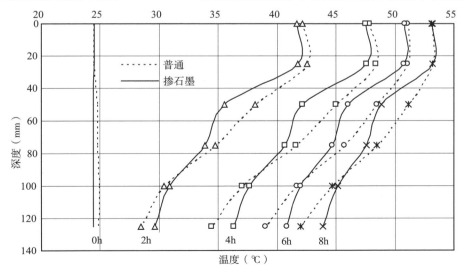

图6-5　不同辐照时间沥青混凝土内部温度垂直分布

与普通沥青混凝土相对，添加了石墨的传导沥青混凝土试板内部温度从 2.5cm ~ 12.5cm 垂直分布呈非线性分布。从试板表面到 10cm 深度的温度，导热试板在整个辐照过程中一直低于原样，深度为 10cm ~ 12.5cm 时的现象相反。温度相差最大的区域出现在深度 5cm 附近，如辐照 6h 后普通试板 5cm 处温度为 48.47℃而导热试板温度为 46.04℃，温度相差 2.43℃。10cm 作为两种沥青混凝土的分界线，此时两种试板的温度垂直分布在该线附近出现了交叉，10cm 之下导热试板的温度高于普通试板。这说明传导沥青混凝土中热量的传递速度大，使更多的热量向底部传递，而混凝土表面吸收的热量可以近似为相等的，所以可以用来解释以上一系列现象。

从图 6 - 5 中还可以得知试样内部温度的垂直分布在 2.5cm 附近出现了拐点，试板表面的最高温度不是出现在试板表面而是出现在试板内部深度为 2.5cm 的附近，从 2.5cm 深到底部温度呈现逐渐下降的趋势。物体表面与周围环境存在对流、大气逆辐射等因素导致的集热热阻。[170] 在环境温度与物体表面温差不大的情况下，这种热阻主要由表面对流产生，对流包括自然对流和强迫。物体表面的空气流动速度对沥青试块表面的对流换热系数起到决定性作用。不同的空气流动速度和自然对流将决定路面温度垂直分布的拐点。在表面空气速度低于 4m/s 时，从获得最高换热效率的角度出发，最佳埋管换热深度为 2.5cm ~ 5cm。

6.1.3　传导沥青混凝土对路面温度变化速率的影响

根据沥青试板内部升温数据，计算出每小时的升温速率，如图 6 - 6 所示。图 6 - 6 中导热和普通两种试板在 2.5cm、5cm 和 10cm 三个深度的温度变化速率。由图 6 - 6 中的曲线可知，由于路表为热量的获得和散失部位，温度变化最为明显，因此温度的最大变化速率（绝对值）出现在深度最小的区域；传导沥青混凝土对深度为 2.5cm 和 5cm 处的温度变化速率影响不大，当出现最大温度变化速率时间段出现了负向偏离；相反在 10cm 处，添加了石墨后沥青混凝土的温度变化速率出现了正向偏离，即添加了石墨的传导沥青混凝土出现了更大的升温速率和更小的降温速率。这再次说明传导沥青混凝土能加快热量从道路表面传递到道路内部，10cm 作为传导沥青混凝土层和普通沥青混凝土层的分界线对提高沥青路面集热效率具有积极意义。

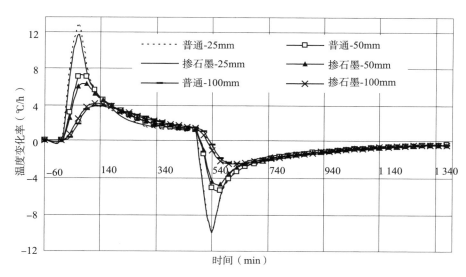

图 6-6　传导沥青混凝土对沥青路面温度变化速率的影响

传导沥青混凝土在不同深度处最大温度变化速率如图 6-7 所示。由图 6-7 可见，传导沥青混凝土试板的最大温度变化速率随深度的增加先下降，

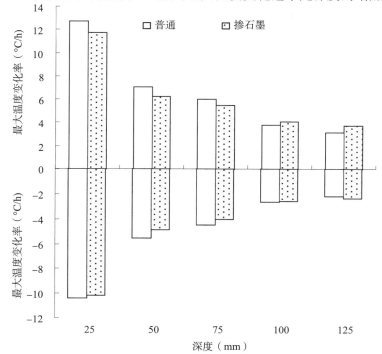

图 6-7　传导沥青混凝土对不同深度处最大温度变化速率的影响

在10cm处最大温度变化速率上升。这与之前关于传导沥青混凝土加快了试板内部热量传递的结论是一致的。

6.1.4 传导沥青混凝土对路面温度梯度的影响

路面中的温度梯度是指随深度变化而呈现的阶梯式递增或递减的现象。在具有连续温度场的物体内，沿等温线的法线方向上一点温度差与最近的两等温线之间距离的比值的极限。[170]由于测量方法的限制，不能获得沥青混凝土内部各点的温度梯度分布。这里利用两测点间的温度差与测点间的距离的比值近似温度梯度，即

$$\text{Grad } T_i = \frac{T_i - T_{(i+1)}}{2.5} \qquad (6-1)$$

式中：i 为第 i 号温度传感器测的温度（$i=2$，3，…，6）。

由于试板表面的对流换热，试板内部深度2.5cm处出现了温度拐点，为避免表面边界条件对内部温度梯度的影响，式（6-1）中的 i 取值3和4，计算后的结果如图6-8所示。由图6-8可见，i 值取3和4时最大和最小温度梯度出现在原样沥青混凝土试板中，说明相对传导沥青混凝土，普通沥青混凝土内部的温度波动大。也就是说，传导沥青混凝土能够减小沥青路面极限温度的波动，即可以减少由于高温度梯度引起的热应力破坏。

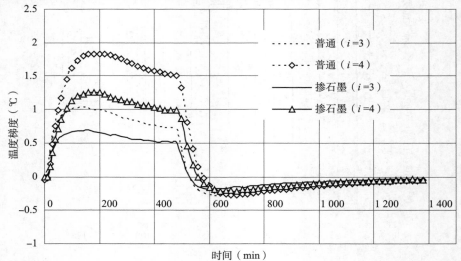

图 6-8 沥青混凝土试板内部的温度梯度

6.2　集热对沥青混凝土路面温度场的影响

沥青路面对太阳辐射的超强吸收，加剧了城市热岛效应。沥青路面太阳能集热技术从路面中抽取了能量，这必然导致路面温度的变化。在实验室内制备成型内埋有换热管道的车辙板，模拟气候和辐射条件，研究集热过程和传导沥青混凝土对沥青路面温度场的影响。

6.2.1　试样的制备及集热试验方法

6.2.1.1　试样的制备

结合 4.1.2 节和 6.1.1 节中成型的沥青混凝土小板的试验结果发现，全厚式车辙小板是行之有效的测试对象。按照在 5.1 节中的设计要求，采用的沥青混凝土换热器小板如图 6 – 9 所示。换热器的尺寸与之前用于评价沥青温度场的小试板大小一致。只不过在试板的中部埋有外径为 20mm、内径为 16mm 的无缝钢管热弯成的蛇形管道。

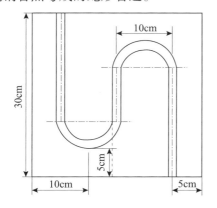
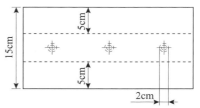

表面层：Superpave 12.5
中面层：Superpave 12.5
底面层：Superpave 19.0

图 6 – 9　小板换热器的结构示意

在各个沥青混凝土的各面层中安装了温度传感器，用以评价集热过程对路面温度场的影响。不同深度的温度传感器分布如图 6 – 10 所示。

基于前文研究发现，传导沥青混凝土不适宜作为沥青路面的防水、抗磨耗罩面层，在设计和制备集热用传导沥青混凝土试验小板时，将其表面层设为普

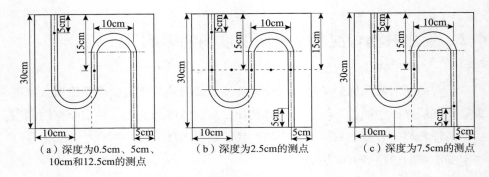

（a）深度为0.5cm、5cm、　　　（b）深度为2.5cm的测点　　　（c）深度为7.5cm的测点
10cm和12.5cm的测点

图6-10　不同深度的温度测试点

通沥青混凝土，将中面层设为掺沥青体积分数18%石墨的传导沥青混凝土，将下面层设为普通沥青混凝土。上、中和下三个面层均以普通沥青混凝土的试验小板作为对照试验组。试样的制备方法与上节中评价温度场的试板大致相同，差别在于蛇形钢管的安装和传感器的埋设。蛇形钢管的埋设要避免钢材与沥青混凝土材料的模量差别大导致的沥青混凝土松散与变形；碾压过程中需固定好管道位置，避免出现错位和下沉。制备过程有别于上节中的部分如图6-11所示。

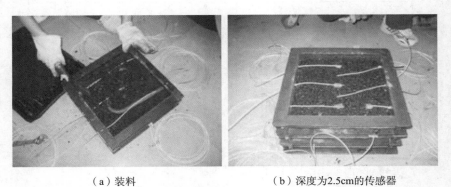

（a）装料　　　　　　　　　　（b）深度为2.5cm的传感器

图6-11　集热试样用试板的部分成型过程

6.2.1.2　试验方法

试验环境条件和调节方法与上节温度场的测试实验相同。不同的是换热工质的温度为20℃±0.1℃，流量根据试验的需要设定；当通过管内流态计算发现流态处于过渡区需按5.1.2节介绍的方法进行调整。开启计量泵后，测量体

积流量与所示计量值对比，以实测为准；每次进行集热性能测试之前，试板需恒温 24h 以上，保证内部与表面要求的温度在同一值附近。测试方案分两种情况：一种是打开碘钨灯照射 6h，然后在 25℃ ±1.0℃ 环境中通入一定流量的换热工质水，评价集热性能和集热技术对试样温度分布的影响；另一种是在打开辐射光源的同时，通入 20℃ ±0.1℃ 的换热工质水，对集热性能和集热对温度场的影响进行评价。

6.2.2　循环水对试板内部温度的影响

在碘钨灯持续照射 6h 以后，对小板换热器通入温度为 20℃ ±0.1℃、流量为 1 428mL/min 的换热介质水。持续通入水后对试板表面温度的影响如图 6 - 12 所示。图 6 - 12 中为深度 2.5cm 处的温度变化情况，通入水后表面温度迅速下降。对比未通水的试样后发现，通水 1.5h 试样表面温度从 49.29℃ 迅速降低到 38.91℃，降低幅度达 10.38℃。

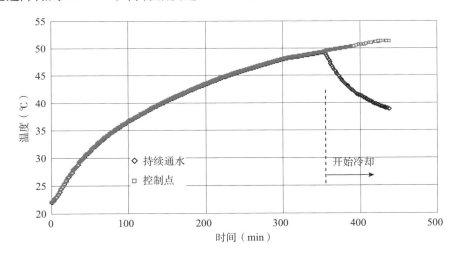

图 6 - 12　通水后对表面温度的影响（辐照后通水）

用碘钨灯照射并同时打开循环泵通水时，试样深度为 2.5cm 处的温度变化情况如图 6 - 13 所示。由图 6 - 13 可见，未通水的试板表面温度迅速升高，并在 7h 时突破了 50℃；而辐照并通入水试板温度上升比较缓慢，4h 后温度趋于平衡，温度在 36.62℃ 附近波动。对比两种通水集热的方式，试板表面温度在 12.5h 时相差了 19.35℃。

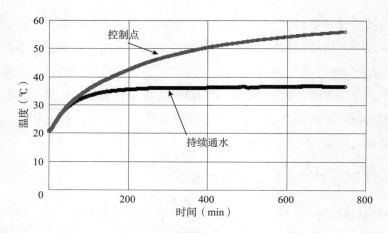

图 6 – 13　通水后对表面温度的影响（通水并辐照）

对比图 6 – 12 和图 6 – 13 后发现，图 6 – 12 中通水时间较短，试板内部温度未达到平衡，延长测试时间其温度会继续下降。但不论是先辐照后通水还是辐照和通水同时进行，试板内部温度都有着较大的降幅。这说明和验证了利用沥青路面进行太阳能集热，可以对路面进行降温，可以减缓夏季高温天气时的永久变形和缓解城市热岛效应。

6.2.3　流量对试板内部温度的影响

1 757mL/min、1 428mL/min 和 883.6mL/min 三种集热流量对沥青混凝土试板内部温度垂直分布的影响如图 6 – 14 所示。辐照 7h 后，沥青混凝土试板深度 2.5cm 到 7.5cm 处的温度呈线性分布，不同流量对温度在该段分布趋势的斜率并无影响，即不同流量的集热过程趋于一致。但在埋有换热管道的 7.5cm 深处，温度呈现了 90°转折，7.5cm 处下部的温度比深度 2.5cm 处的温度低了近 15℃，并且深度 7.5cm 到 12.5cm 处的温度梯度也小。这说明通入换热介质水带走了沥青面板从辐射光中吸收的热量，阻止了热量进一步向比 7.5cm 更深的底部传递；因此在埋管处以下的区域采用导热系数高的材料对提高集热效率意义不大。流量从 884mL/min 到 1 757mL/min，提高了 873mL/min，内部温度降低了 0.2℃左右；但流量从 0mL/min 到 884mL/min，内部温度降低了近 15℃，因此，在高流量段提高流量对沥青混凝土试板内部温度的整体影响不大。

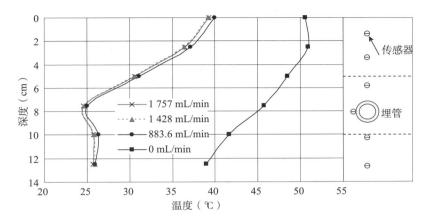

图 6-14　不同流量对沥青混凝土内部温度垂直分布的影响

不同的流量在换热管内的对流换热系数不一样，沥青混凝土试板内部温度达到能量平衡的时间也不同。延长集热照射时间，当试板内部所有温度测点处的温度在 1h 内的变化在 ±0.05℃ 内时，以确定该试板温度达到平衡。到达平衡后，内部温度可以作为集热过程中的最高温度。流量从 53.6mL/min 变化为 1 886mL/min 时，试板表面 2.5cm 深处的最高温度如图 6-15 所示。从图 6-15 中可以看出，集热过程中的流量直接影响着表面的温度，流量从 53.6mL/min 变化为 1 886mL/min，表面温度降低了 1.87℃ 左右；在非常低的流量 53.6mL/min 时，表面 2.5cm 深处的温度可以达到 38.58℃，当流量为 1 886mL/min 时，

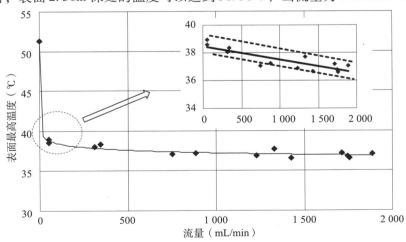

图 6-15　流量对沥青混凝土表面最高温度的影响

表面2.5cm深处的温度降低到36.7℃。虽然表面温度受环境的影响较大，表面最大温度在图6-15中出现了离散，但总体趋势还是可以拟合出较好的线性关系式

$$T_{max} = -1 \times 10^{-3} V + 38.48 \qquad (6-2)$$

式中：T_{max} 为2.5cm处最高温度（℃）；V 为循环水的体积流量（mL/min）。

6.2.4 初始温度对试板内部温度的影响

在沥青路面太阳能集热技术的实际应用过程中，集热之前路面的温度并不是像实验室这样内部温度维持在一恒定值，而是会在晚上随环境温度的变化而变化。在集热过程中，试板内不同初始温度对沥青混凝土内部温度的影响如图6-16所示。

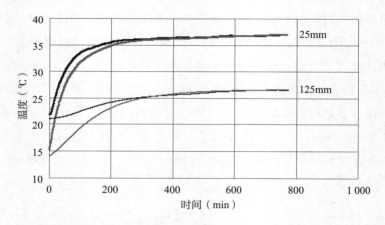

图6-16 不同初始温度在深度为2.5cm和12.5cm处的温度变化

图6-16给出了深度为2.5cm和12.5cm处不同初始温度的升温过程。试板内部平均初始温度分别为14.5℃和21.5℃。由图6-16可见，试板的表面和底部在辐照一定时间后都可以达到同一平衡温度。在温度平衡之前，沥青混凝土温度的上升存在热力学能的吸收，反而传递给换热介质的热量少、集热效率低，因此需要确定合适的循环水通入时间。

6.3　室内小板集热性能试验

6.3.1　典型的沥青混凝土集热试验过程

沥青路面太阳能集热实际获得的有效功率由下式计算

$$Q = \hat{m} c_p (T_{out} - T_{in}) \tag{6-3}$$

式中：Q 为实际获得的有用功率（W）；$\hat{m}$ 为水的质量流率（kg/s）；c_p 为水的比热容 $[4.179\mathrm{kJ/(kg \cdot ℃)}]$；$T_{out}$ 为出口水温（℃）；T_{in} 为进口水温（℃）。

根据上式可知，当质量流率相同时，可以将出入口水温差作为判断集热性能的指标。

试验采用普通沥青混凝土和传导沥青混凝土两种换热器试板来评价沥青混凝土集热性能。试板在碘钨灯持续照射 6h 以后，通入温度为 20℃ ± 0.1℃ 、流量为 1 330mL/min 的换热工质水。以换热器的出入口水温差作为判断集热效果的指标，两种换热器出入口水温差随时间的变化如图 6 - 17 所示。

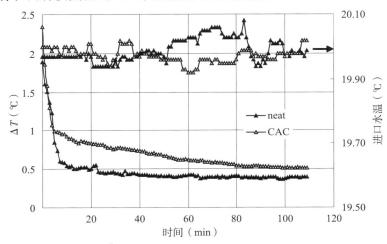

图 6 - 17　两种集热器的出入口水温差（辐照后通水）

由图 6 - 17 所示，进口水温控制在 19. 91 ~ 20. 10℃范围内波动，满足集热试验的精度要求。中面层为传导沥青混凝土的换热器试板的出入口水温差明显高于普通沥青混凝土换热器。通水 100min 后，出口温度差变化不大，趋向于平衡。普通沥青混凝土换热器的出入口水温差为 0.39℃，而传导沥青混凝土换热器的出入口水温差为 0.50℃。

上面试验是对换热器试板辐照一段时间后通水，出入口水温差处于下降的过程中，而图 6－18 和图 6－19 给出了另外一种试验方式下水温差的变化，即辐照和通水同时开启的水温差。

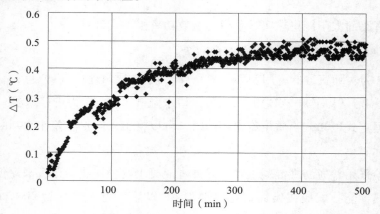

图 6－18　传导沥青混凝土换热器的出口温度差（通水并辐照）

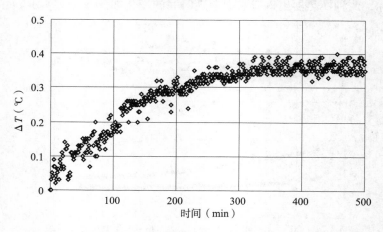

图 6－19　普通沥青混凝土换热器的出口温度差（通水并辐照）

由图 6－18 和图 6－19 可见，随着辐照时间延长，出入口水温差逐渐增大。辐照和通水 6h 以后，两种换热器的出入口水温差趋于平衡，传导沥青混凝土换热器的水温差大约为 0.49℃，普通沥青混凝土换热器的为 0.38℃。与前一种试验方式的结果对比后可以发现，不同的通水时间在平衡后的出入口水温差仅变化了 0.01℃，温度差的误差变化可以忽略不计。

在沥青太阳能集热技术应用过程中，必须确定合理的通入换热介质的时机。辐照时间短，沥青混凝土内部温度未达到合理平衡温度，开机通入换热介质，此时沥青混凝土热力学能需要继续增加，会导致出入口水温差低，瞬时集热量低；辐照时间过长，内部温度高与集热平衡温度，未及时带走沥青混凝土内部的热量，会导致路面温度短时间在较大范围内波动。6.2.2 节分析了两种通水时间对集热器内部温度的影响，结果表明不论通水的时间如何，试板表面温度趋于一致。图 6-17 和图 6-18、图 6-19 对比得出了通水时间对最终瞬时集热量无影响。结合 6.2.3 节中关于换热器不同初始温度，表面和底部的升温过程最终仍然会趋于一致，即平衡温度点，因此建议沥青路面埋管深度下方达到特定换热工质和流量所需平衡温度后即开机通入换热工质。此时换热管道上方的热量不需要进一步传递到路面底部，维持了沥青混凝土与管道内部换热工质的温度梯度，避免了提前开机所需的能耗。

6.3.2 流量对集热性能的影响

维持辐照强度不变，在换热器中通入不同流量的换热工质下的出入口水温差如图 6-20 所示。由图 6-20 可以看出随着流量的增大，出入口水温差逐渐减小；中面层为传导沥青混凝土的换热器在不同的流量下，出入口水温差均高于普通沥青混凝土换热器。如当流量为 1 108mL/min 时，传导沥青混凝土换热器的出入口水温差高于普通混凝土换热器的 0.12℃。

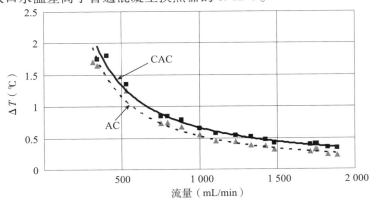

图 6-20 不同流量对出入口水温差的影响

6.3.3 流量对集热量的影响

对不同的流量时出入口温度差和流量按式（6-3）计算得到集热的有效功率，除以集热采光面积后得到不同流量时单位面积最大集热量，如图6-21所示。

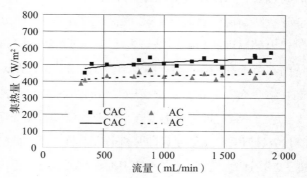

图6-21 不同流量对集热量的影响

由图6-21可见，随着流量的增大，单位面积最大集热量逐渐增加；中面层为传导沥青混凝土换热器的集热量高于普通沥青混凝土换热器。普通沥青混凝土换热器的集热量，从流量为313.2mL/min时的384.9W/m² 增大到1 886mL/min时的454.7W/m²；而传导沥青混凝土换热器的集热量，从344mL/min时的449.5W/m² 增大到1 886mL/min 时的572.1W/m²。流量为1 108mL/min时，传导沥青混凝土集热器小板的集热量提高了9.6%。

太阳能沥青路面集热器效率的定义为：在稳态（或者准稳态）条件下，集热器传热介质在规定时段内输出的能量与规定的集热器面积和同一时段内入射在集热器上的太阳辐照量的乘积之比。[219]

$$\eta = \frac{Q}{GA} \tag{6-4}$$

式中：η 为集热器效率；G 为太阳辐照度（W/m²）；A 为采光面积（m²）。

由于集热器效率跟选择的集热器面积有直接的关系，利用采光面积进行测试。当太阳光对集热器的入射角小于或等于10°，则不需使用入射角修正系数对集热器接收的太阳能进行修正。[237]经过式（6-4）的计算，普通沥青混凝土换热器流量为313.2～1 886mL/min 时的集热效率为32.1%～37.9%；传导沥青混凝土换热器流量为 344 ~ 1 886mL/min 时的集热效率为 37.5% ~ 47.7%；传导沥青混凝土使太阳能集热沥青混凝土集热器的效率提高了 16.8% ~ 25.9%。

6.4　室外集热性能试验

利用室外的温度场和集热试验对室内相关结论进行验证。

6.4.1　大气环境中试板内部的温度分布

将 6.1.1 节中成型制备的沥青混凝土试验小板置于夏季大气环境中，评估高温天气中太阳辐照对沥青路面温度场的影响。由于试板较小，易受边界条件影响，路面在吸收太阳辐射产生热能后的导热过程可近似为一维平壁的导热实验，在试板周围加设保温泡沫。试验从 2010 年 7 月 26 日开始，试板在自然环境中保温 3 天后，于 7 月 29 日 9：00 时开始测量。

图 6 – 22 为普通沥青混凝土和传导沥青混凝土试板在 7 月 29 日内部温度变化情况。在相同的自然环境下，掺石墨的传导沥青混凝土的内部温度变化趋势与普通沥青混凝土试板内部温度变化一致，在上午 9：00 到日落深度越浅的地方温度越高，日落到次日凌晨深度越深的地方温度越高。但传导沥青混凝土试板内部的温度变化速率快，2.5cm 和 7.5cm 深处的温度均低于普通沥青混凝

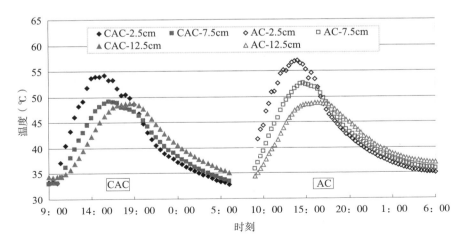

图 6 – 22　传导沥青混凝土对试板内部温度变化的影响

土相同深度处的温度。在 2.5cm 处的最高温度分别为 54.2℃ 和 57.06℃，相差了 2.86℃。由此可见，在室外自然环境中的结果再次验证传导沥青混凝土加快了热量从路表面向内部的传递，有利于太阳能集热。

延长温度采集时间，图 6-23 为传导沥青混凝土在较长时间范围内的温度变化。由于夏季大气温度较高，此外还有城市热岛效应的影响，沥青混凝土的路面内部温度在夜间最低温度都高于 32℃，在白天最高温度可以达到 55℃。这说明黑色沥青混凝土路面优越的吸热能力，与传统太阳能面板相比，沥青路面作为集热装置有着巨大的面积、在日落之后仍可以继续收集白天残留在路面的热量；此外，沥青道面吸收太阳能辐射升温加剧的城市热岛效应需引起重视。

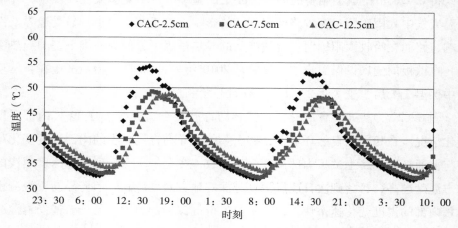

图 6-23　传导沥青混凝土内部温度随时间的变化

一天中不同时间传导沥青混凝土试板内部温度的垂直分布如图 6-24 所示，由图 6-24 可见试样内部温度的垂直分布仍然在 2.5cm 附近出现了拐点；由于表面强烈换热作用，试板表面的最高温度不是出现在试板表面而是出现在试板内部深度为 2.5cm 的附近，从 2.5cm 深到底部温度呈现出逐渐下降的趋势；室外对流换热比室内更加强烈，可以看到此时的拐点比室内更加明显。因此，从获得最高换热效率的角度出发，最佳埋管换热深度为 2.5~5cm。

此外，在图 6-24 中，温度变化直接与太阳的辐照相关，在早上 9:00 时吸收的热量还未来得及传入沥青混凝土内部，混凝土深度 5cm 到 12.5cm 的温度呈线性分布，符合傅里叶导热定律；随着太阳辐照时间的增加，太阳的辐照强度和环境温度、风速不是固定的，混凝土内部温度出现了不规律分布；由于太阳辐照强度的降低，在 15：00 时，试板表面温度已开始降低到 13：00 时达到的温度线以下了，而直到 17：00 时沥青混凝土试板底部 12.5cm 处的温度才和 15：00 时的温度一致，这是因为表面温度受环境的影响较大。

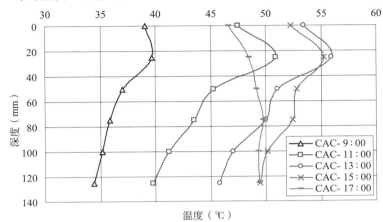

图 6 – 24　不同时间的传导沥青混凝土内部温度垂直分布

6.4.2　室外大板的集热性能

试验前对试样进行外观检查，清除表面灰尘及其他影响光线辐照的杂物，若试板表面有不便清除的污染现象，统一对所有的试板在表面刷一层乳化沥青，待破乳后加塑料膜覆盖待测，如图 6 – 25 所示。合理布置试样，并检查各试板表面太阳光辐照是否相同并均匀。安装管道、数据采集仪与传感器，试机后在自然环境中存放 24h 以上。实验时，换热工质水的温度为 20℃ ± 0.2℃，流量为 1 600mL/min ± 50mL/min。

图 6 – 25　大试板的表面处理（涂刷乳化沥青）

　　试验中主要的装置构成如图 5 - 2 所示，跟融雪试验一致，主要测量数据包括环境温度、试验板中进出口的水温、换热板内部的特征点温度、水箱温度的校准值和水流量等。试验时间为 2010 年 7 月 29 日，环境气候温度和太阳辐射强度如图 6 - 26 所示。图 6 - 26 中太阳辐射受控制云的影响较大，由于云的遮挡会时常降低。

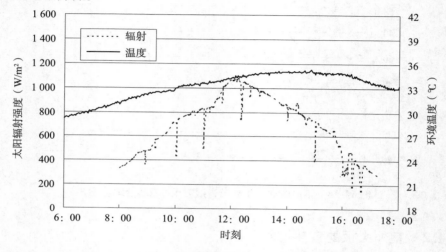

图 6 - 26　2010 年 07 月 29 日环境温度和辐射条件

　　集热量通过换热工质进出口水温差由式（6 - 2）计算可得，沥青混凝土大板集热试验过程中一天的单位面积集热量随时间的变化如图 6 - 27 所示。由图 6 - 27 可知，集热量与太阳辐射强度的变化保持一致，在中午 13：30 左右达到最大，随后马上下降；传导沥青混凝土试板的集热量明显大于普通沥青混凝土试板的。采用式（6 - 5）的计算后，从 8：30 到 17：30 时普通沥青混凝土试板的平均集热效率为 25.7%，传导沥青混凝土试板的平均集热效率为 29.7%，传导沥青混凝土使太阳能集热沥青混凝土集热器的平均效率提高了 15.5%。实际集热效率与集热器工作温度、工作环境温度、太阳辐照度、换热工质温度、质量流率和换热器结构有关，集热效率不是常数，一天中时刻都在变化；相对沥青混凝土小板来说，沥青混凝土大板管道间距是小板的 2 倍，辐射强度低于室内模拟的强度，埋管深度小于小板，计算出的集热效率小板为瞬时效率，而大板的效率为全天平均效率。因此，小板和大板的集热性能不同，但传导沥青混凝土可以提高集热效率是不变的。

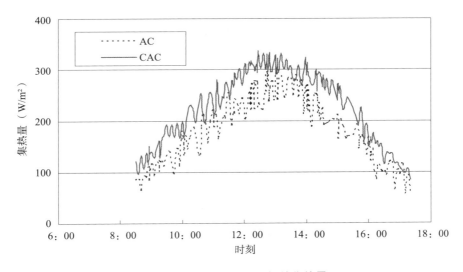

图 6 - 27　沥青混凝土大板的集热量

6.5　小　结

本章对于沥青混凝土路面温度场和集热技术分别进行了室内温度场分布和室内外集热试验，主要结论如下。

（1）传导沥青混凝土对路面温度场分布具有很大的影响，传导沥青混凝土加快了热量从路表向内部的传递，导致传导沥青混凝土层的温度降低，而深于导热层的路面内部温度随之升高。

（2）在持续辐照条件下，路面的最高温度不是出现在路表面，而是路表以下一定深度处；最高温度出现的区域由道路材料的热物性、表面的大气辐射和对流换热决定；在本书的测试条件下，最高温度出现在路面下 2.5cm 处。

（3）传导沥青混凝土能加快路面的温度变化速率、降低路面的温度梯度，有利于提高沥青路面太阳能集热技术的集热效率、减小沥青路面极限温度的波动和避免由于高温度梯度引起的热应力破坏。

（5）从获得最高换热效率的角度出发，使用本书中设计的石墨改性传导沥青混凝土路面最佳埋管换热深度为 2.5～5cm。

（6）在室内试验中验证了沥青混凝土路面太阳能集热技术可以较大幅度

地降低路面温度，沥青混凝土换热器表面温度降低了 19.35℃，因此沥青路面集热技术可以减轻夏季高温天气中车辙、推移、泛油等病害的产生和缓解城市热岛效应。

（7）在高流量段提高流量对沥青混凝土试板内部温度的分布影响不大；随着流量的提高，路面表面温度呈线性关系降低；出入口水温差逐渐降低，而单位面积集热量逐渐增加。流量的提高有益于增大单位面积的集热量，但是以牺牲升温幅度为前提的，为获得合适的水温转而进行制冷供暖，因此需要对流量限定。

（8）不同的通水时间和换热器不同初始温度，集热过程中表面和底部的升温和进出口水温差最终仍然会趋于一致，即平衡温度点；辐照时间短、换热器内部温度未达到合理范围内时，开机通水后沥青混凝土的表面和底部需要继续吸收热量，会导致出入口水温差低、瞬时集热效率低；辐照时间长、内部温度高，不能最大量地吸取热量，并且通水后导致路面温度短时间在较大范围内波动；因此建议路面埋管深度处的底部温度达到特定换热工质和流量所需平衡温度后开始通水，此时换热管道上方的热量不需要进一步传递到路面底部，维持了沥青混凝土与管道内部换热工质的温度梯度，避免提前开机所需的电能损耗。

（9）在路面进行集热可以阻止热量向深于埋管深度的底部传递，提高管道上部道路材料的导热系数可以加快路表吸收的太阳能向换热管道附近传递；在管道附近使用掺有石墨的传导沥青混凝土，换热器出入口水温差高于普通沥青混凝土换热器的水温差；传导沥青混凝土在不同流量情况下均可以提高出入口水温差和单位面积集热量；普通沥青混凝土换热器流量为 313.2 ~ 1 886mL/min时的集热效率为 32.1% ~ 37.9%，传导沥青混凝土换热器流量为 344 ~ 1 886mL/min 时的集热效率 37.5% ~ 47.7%，传导沥青混凝土使集热效率提高了 16.8% ~ 25.9%。换热管道间距提高到 30cm 后，在自然环境中传导沥青混凝土的全天平均集热效率仍相对于普通沥青混凝土可以提高 15.5%，达 29.7%。

第二篇

数值模拟

第7章 传导沥青路面
融雪化冰性能优化设计

我国冬季大部分地区气温在0℃以下，路面的积雪和结冰常常导致交通阻塞甚至发生交通事故。有些路段，如坡道、弯道、交叉路口、机场跑道等，路面积雪和结冰危害更大。冬季在传导沥青路面的换热管道路中通入助热流体（如常温或高温的水），通过传导沥青混凝土的高传导性将流体热量有效传至道路表面，提高路表温度，进而达到融雪化冰的目的。本章基于传热学基本原理、采用有限元单元法对传导沥青路面融雪化冰时间、融雪化冰效果及其影响因素等进行分析，并对传导沥青路面融雪化冰性能进行优化设计，最终为传导沥青路面融雪化冰设计提供参考。图7-1为传导沥青路面融雪化冰示意图。

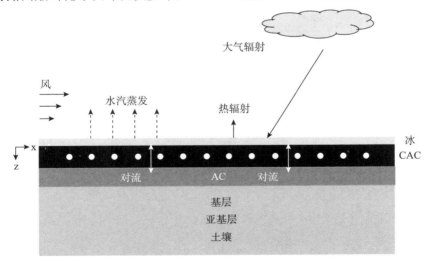

图7-1 传导沥青路面融雪示意

7.1　沥青路面热传导计算方法

温度未达到完全平衡的物体内，均会发生热流，如果热量仅仅通过热传导来传播，则在均质各向同性的物体里，某一给定瞬时 t 的这种热流，可用温度场来表示。[125]如果物体内的各质点用直角坐标系 Q_{xyz} 确定，则在某一确定时刻，物体中各点的温度值为

$$T = T(x,y,z,t) \tag{7-1}$$

根据沥青路面结构的实际情况，假设路面结构中温度分布与道路长度无关，则道路温度场可按平面应变问题进行研究。此时，任一时刻 t 的温度场为

$$T = T(x,y,t) \tag{7-2}$$

取与道路长度方向垂直的一个截面作代表，设该截面的水平方向为 x 轴，垂直方向为 y 轴正向，做成如图 7-2 所示的直角坐标系。

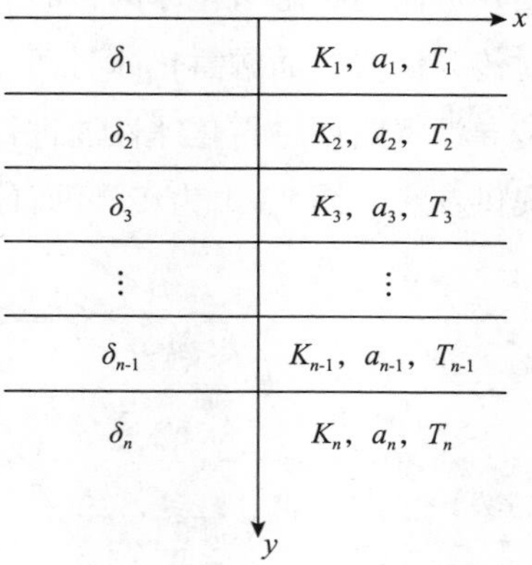

图 7-2　路面结构示意[125]

7.1.1　热传导方程

假设路面结构第 i 层的导热系数和导温系数分别为 K_i 和 α_i（$i = 1,2,\cdots,n$）、厚度为 δ_i（$i = 1,2,\cdots,n$，其中 $\delta_n = \infty$）、温度函数为 $T_i = T_i(x,y,t)$，并令

$$h_0 = \delta_1, \quad h_k = \sum_{i=1}^{k+1} \delta_i \tag{7-3}$$

则 $T_i = T_i(x,y,t)$ 满足热传导方程

$$\left.\begin{aligned}
\frac{\partial T_1}{\partial t} &= \alpha_1 \left(\frac{\partial^2 T_1}{\partial x^2} + \frac{\partial^2 T_1}{\partial y^2} \right) & 0 \leqslant y \leqslant h_0 \\
\frac{\partial T_2}{\partial t} &= \alpha_2 \left(\frac{\partial^2 T_2}{\partial x^2} + \frac{\partial^2 T_2}{\partial y^2} \right) & h_0 \leqslant y \leqslant h_1 \\
&\vdots \\
\frac{\partial T_n}{\partial t} &= \alpha_n \left(\frac{\partial^2 T_n}{\partial x^2} + \frac{\partial^2 T_n}{\partial y^2} \right) & h_{n-2} \leqslant y \leqslant + \infty
\end{aligned}\right\} \qquad (7-4)$$

式中：t 为时间变量。

7.1.2　层间接触边界条件

设路面各层接触良好，则在层间接触上、下两层的温度 T_i，T_{i+1} 以及热流 q_i，q_{i+1} 是连续的，即在层间边界上温度函数 T_i 满足

$$\left.\begin{aligned}
T_i &= T_{i+1} \\
K_i \frac{\partial T_i}{\partial y} &= K_{i+1} \frac{\partial T_{i+1}}{\partial y}
\end{aligned}\right\} \qquad (7-5)$$

当路面结构中面层与基层或基层与基层之间脱空时，在层间界面上可能产生热阻，这时热流依然连续，而温度则因热阻存在而有一差值，这一差值与热阻和热流量大小有关。此时，层间界面条件为

$$\left.\begin{aligned}
K_i \frac{\partial T_i}{\partial y} &= K_{i+1} \frac{\partial T_{i+1}}{\partial y} \\
K_i \frac{\partial T_i}{\partial y} &= \frac{1}{R_c} (T_{i+1} - T_i)
\end{aligned}\right\} \qquad (7-6)$$

式中：R_c 为热阻。

虽然路面结构层与层之间难免存在热阻，但除了刚性路面中局部脱空情况外，对高等级公路半刚性基层沥青路面来说，热阻很小，考虑到高等级公路的实际情况，本书主要研究满足上述边界条件的道路温度场。

此外，还必须满足有界性条件，即

$$|T(x,y,t)| \leqslant M, \quad y \to \infty \qquad (7-7)$$

式中：M 为常数。

7.1.3 路表边界条件

在沥青路表面 $y = 0$ 处，温度函数 T_1 还应满足路表边界条件。已知边界温度为 $T_1 = \varphi(t)$，则满足第一类边界条件；边界热流为已知函数 $q(t)$，则温度函数 T_1 应满足第二类边界条件；仅知道边界上的介质温度 $f_1(t)$，则温度函数 T_1 应满足第三类边界条件。

显然，当边界上既有第二类又有第三类边界条件（如路表面受到太阳辐射和气温的共同作用时），可合在一起同时解决，这时其形式仍是第三类边界条件。

7.1.4 路表边界的环境因素

大气温度主要受大气层吸收太阳辐射的影响，在地表附近，增加了由于对流而从辐射表面带至空气的热量，这样被加热的空气物质在气流运动情况下，将其中含有的热量带走，而另外的空气物质又补充其位置。因此，传导、对流、辐射是组成路表热量平衡的 3 种基本传热方式。[121,125]

设 R 为路表面各项辐射热量的总和，气候学中称它为路表辐射差额；设 P 为空气与路表面之间的对流交换热量；而 q 为路表面按导热方式输送给路面体的热量；规定辐射和对流使路表面得到热量为正，导热使路表面以下路面体得到热量为正。对任一瞬间路表面得到的外界能量为 $P + R$［单位：$W/(m^2 \cdot h)$］，并同时将这部分能量以导热方式输送给路面体，从而有平衡方程

$$q = P + R \qquad\qquad (7-8)$$

路表传给路面体的热量可按傅里叶定律求出

$$q = -K \frac{\partial T}{\partial y}\bigg|_{y=0} \qquad\qquad (7-9)$$

对流交换热量 P 可由牛顿冷却公式确定

$$P = h(T_a - T_0) \qquad\qquad (7-10)$$

式中：T_a 为大气温度；T_0 为路表面温度。

路表辐射差额 R 可分为两部分辐射热，一部分是短波辐射，它包括三个辐射分量：太阳直接辐射；散射辐射，直接参与辐射与散射辐射的总和称为太阳总辐射；路表面对总辐射的反射辐射。这三个短波辐射的总和为 $a_s Q$，其中，a_s 是路表面对太阳总辐射的吸收率。另一部分是长波辐射，包括两个辐射分

量：路表面向天空发出的长波辐射，又称为地表环境辐射；大气、云层等对地面的长波辐射，又称为大气逆辐射；这两个辐射分量的差称为有效辐射，记为 F，于是路表辐射差额 R 可表示为

$$R = a_s Q - F \qquad (7-11)$$

由式（7-8）至式（7-11）可得路表面边界条件为

$$-K \frac{\partial T}{\partial y}\bigg|_{y=0} = a_s Q - F + h(T_a - T_0) \qquad (7-12)$$

综上所述，可得二维 n 层路面结构温度场的基本方程为式（7-4）及式（7-13）

$$\left. \begin{aligned}
&K_1 \frac{\partial T_1}{\partial y}\bigg|_{y=h_0} = K_2 \frac{\partial T_2}{\partial y}\bigg|_{y=h_0} \\
&T_1 \big|_{y=h_0} = T_2 \big|_{y=h_0} \\
&K_2 \frac{\partial T_2}{\partial y}\bigg|_{y=h_1} = K_3 \frac{\partial T_3}{\partial y}\bigg|_{y=h_1} \\
&T_2 \big|_{y=h_1} = T_3 \big|_{y=h_1} \\
&\qquad\qquad \vdots \\
&K_{n-1} \frac{\partial T_{n-1}}{\partial y}\bigg|_{y=h_{n-2}} = K_n \frac{\partial T_n}{\partial y}\bigg|_{y=h_{n-2}} \\
&T_{n-1} \big|_{y=h_{n-2}} = T_n \big|_{y=h_{n-2}}
\end{aligned} \right\} \qquad (7-13)$$

7.2 传导沥青路面融雪化冰模型的建立

沥青混凝土为低传导性材料，提高沥青路面的导热性能，在沥青铺装层中埋入换热管道形成传导沥青路面用于冬季融化路面冰雪只是理想方案，其实际的融雪效果还受诸多因素的影响，如沥青混凝土本身的热传导系数、换热管道的埋管深度、埋管间距等。

传导沥青路面融雪化冰效果主要体现在沥青路面路表温度的大小，因此，需对覆盖冰雪的传导沥青路面温度场进行研究。由于路面温度场解析方程多，程序繁琐，目前常用的方法是数值模拟分析法。数值解法的目标就是尽可能地尊重客观事实，在误差允许范围内获得问题的近似解。有限元法是数值解法中

较为新颖的一种方法，主要是利用电子计算机进行数值模拟分析。本章拟应用有限元软件 ANSYS 进行传导沥青路面融雪化冰性能优化设计，为冬季道路绿色、环保、安全、快速及智能化设计提供参考。

7.2.1　计算单元的选取

道路一般为狭长的结构，是一带状物，为方便分析计算，可近似地认为道路纵向分布是均匀的，不考虑温度沿道路纵向分布的变化。[130,247]本节拟利用传热学、相变学基本原理，对传导沥青路面的融雪化冰性能进行分析计算。

本节选用 ANSYS 计算软件中的 PLANE55 单元来模拟融雪化冰用传导沥青路面。该单元可以作为平面单元或轴对称单元，用于二维热传导分析。该单元有 4 个节点，每个节点只有一个自由度，即温度。适用于二维稳态或瞬态热分析，如图 7 - 3 所示。[175]

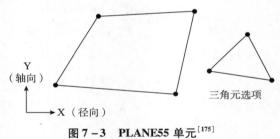

图 7 - 3　PLANE55 单元[175]

7.2.2　基本假定

根据传导沥青路面融雪化冰的实际情况，研究由 n 层不同材料组成的层状道路体系的融雪化冰问题，可做如下基本假定。

（1）传导沥青路面开始运行到雪完全融化的过程中，系统内的温度是不断变化的，所以该过程是一个与时间有关的非稳态，即瞬态导热过程。管道长度与管间距相比很大，温度沿管长度方向变化很小，故忽略沿管长度方向的传热。以传热单元轴线方向的中间面为该传热单元段的代表面，利用二维导热过程来求解该传热单元的温度分布和融雪化冰时间。

（2）沥青混凝土铺装层、基层等道路各层为完全均匀的各向同性连续体。

（3）层状道路各层间、路面冰层与沥青混凝土上面层为层状结合体，接触紧密，忽略层间热阻、层间温度和热流连续。

（4）用 10mm 厚冰层来代替积雪。我国国内降雪等级标准是按降水量强度来确定，分为小雪、中雪、大雪和暴雪 4 个等级。其中，小雪：0.1～2.4mm/24h；中雪：2.5～4.9mm/24h；大雪：5.0～9.9mm/24h；暴雪大于或等于 10mm/24h。[248]为了考虑最恶劣气候条件下传导沥青路面融雪化冰情况，本书按暴雪计，取冰层厚度为 10 mm。

（5）冰层为均质和各向同性的连接体，冰层从固态转化为液态的相变过程通过温度来体现，当冰层温度大于 0℃时，冰层从固态转变为液态，即为冰层融化。不考虑冰层在融化过程中的蒸发。

（6）考虑到最不利气候环境，设融雪化冰数值模拟中，无太阳辐射，有对流。

7.2.3 材料物理参数

依据传热学基本知识，道路结构的热传导性能与道路材料的导热系数、比热及密度有极大的关系。道路材料导热性能越好，路面温度传导速度越快，融雪化冰效果亦越好。

结合沥青混合料组成成分的主要物理特性，本章中融冰用传导沥青路面相应热学参数的选择如表 7 – 1 所示。[125,178]高密度聚乙烯管作为换热管道。冰层为相变材料，其焓值随温度的变化而变化，如表 7 – 2 所示。[174]

表 7 – 1 融雪化冰用传导沥青路面热学参数

组成成分		厚度（mm）	传导率［W/(m·℃)］		比热 ［J/(kg·℃)］	密度 （kg/m³）
			AC	CAC		
上面层		40	1.3	2.0, 3.0, 4.0, 5.0	920	2 600
中面层		60	1.3	2.0, 3.0, 4.0, 5.0	920	2 600
下面层		80	1.3	2.0, 3.0, 4.0, 5.0	920	2 600
基层		200	1.5		1 050	2 500
亚基层		400	1.5		1 050	2 500
土壤		Infinite	1.5		1 050	2 500
管	内径	10	0.5		2 303	1 400
	外径	15				
	水	—	0.6		4 183	1 000

注：导热系数是 1.3W/(m·℃) 的为普通沥青混合料（AC）；导热系数大于 1.3W/(m·℃) 的为传导沥青混合料（CAC）。

表 7 – 2　冰热学性能参数

厚度（mm）	温度（℃）	热传导率［W/(m·℃)］	密度（kg/m³）	熵（×10⁷J/m³）
	– 10	2. 30	1 000	0
10	– 1	2. 23	1 000	3. 78
	0	2. 22	1 000	7. 98
	10	0. 6	1 000	12. 2

7.2.4　定解条件

7.2.4.1　初始条件

沥青路面在某个时刻的温度场与其初始条件有非常密切的关系，确定道路结构的初始温度是非常重要的。由于传导沥青路面用于融雪化冰时是间歇运行的，且所处地区气候比较寒冷，所以在换热管道中通入高温液体前，路面结构层处于低温状态。此外，冰层的初始温度很大程度会影响计算结果，同时亦会在降雪过程中伴随大气温度的升高而升高。综合以上因素，本书取冰层温度为 – 3℃，道路表面温度亦取为 – 3℃。沥青路面内部初始温度分布情况依据美国公路战略研究计划所提出的公式计算。路表最低温度等于气温[115]，路面低温设计温度为

$$T_{s(\min)} = T_{a(\min)} \qquad (7-14)$$

式中：$T_{s(\min)}$ 为路表最低温度（℃）；$T_{a(\min)}$ 为最低大气温度（℃）。

道路结构层内部各层的初始温度为

$$T_{d(\min)} = T_{s(\min)} + 5.1 \times 10^{-2}d - 6.3 \times 10^{-5}d^2 \qquad (7-15)$$

式中：$T_{d(\min)}$ 为路面特定深度处的最低温度（℃）；d 为路表以下深度（m）。

7.2.4.2　边界条件

由沥青路面温度场基本方程可知，沥青路表面以上冰层与外界发生热交换主要通过吸收外界辐射强度和对流换热等来完成。为考虑最不利环境条件下传导沥青路面融雪化冰情况，不考虑热流密度的施加，因此只有第一类和第三类边界条件。

1. 冰层表面

按照第一类边界条件，冰层表面温度取为 – 3℃；依据第三类边界条件，

在冰层表面施加对流换热边界条件，按照大风和潮湿表面[73]，对流换热系数取值为：$h = 23\mathrm{W}/(\mathrm{m}^2 \cdot ℃)$。

2. 基层底部

实际道路结构在路面深度达到一定程度时，达到热平衡，温度达到稳定。为了计算方便，取道路结构深度尽量大，基层底部假设为绝热边界条件。

7.2.4.3　融冰热源

换热管道内部温度的变化直接关系到传导沥青路面的融冰效果。本书选择在换热管道内通入常温（25℃）水流作为传导沥青路面融冰的主要热源。

7.3　传导沥青路面换热管道的优化布置

换热管道内部水流主要用于传导沥青路面的融冰。换热管道的埋管深度、管道间距及沥青混凝土材料的热学参数直接影响路面的融雪化冰效果。

本节首先通过对单根换热管道的融冰范围及融冰效果进行研究，根据有限时间内路面的融雪范围及效果确定合理的埋管深度及埋管间距，如图7-4所示；进而对合理埋管布置的传导沥青路面的融雪化冰性能预估。

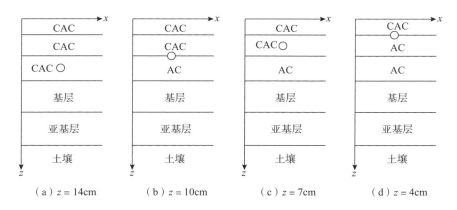

图7-4　计算化冰时不同的埋管深度

其中，沥青铺装层表面设为 $z = 0$，向下为正。有限元划分网格如图7-5所示，x 方向宽度取1m，网格划分最小尺寸为：5mm×5mm。

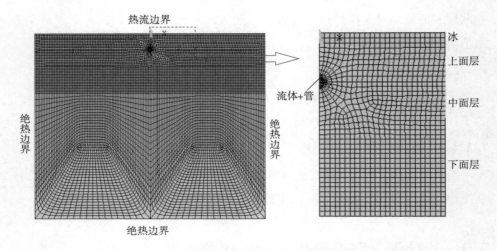

图 7 – 5　融雪化冰用路面埋单根管时网格划分

7.3.1　埋管深度及材料热学参数对融冰时间的影响

传导沥青路面材料热学参数及埋管深度对路面融冰效果的好坏起关键的作用。图 7 – 6 反映了冰层初始融化时间随传导沥青路面导热系数及埋管深度的变化关系。在相同埋管深度条件下，沥青混凝土材料导热系数越大，融冰时间越短；在相同沥青混凝土导热系数条件下，埋管越深，融冰所需时间越长。

当换热管道埋于沥青铺装层下面层时（$z = 14\,cm$），即使沥青混凝土的导热系数提高至 $5.0\,W/(m \cdot ℃)$，路面冰层仍需 1h 以上才开始融化。

当换热管道埋于沥青铺装层下面层与中面层之间时（$z = 10\,cm$），普通沥青路面融冰时间需要 1.5h 以上；传导沥青混凝土的导热系数大于等于 $5.0\,W/(m \cdot ℃)$ 时，路面冰层可在 1h 内开始融化，2h 内冰层可完全融化。

当换热管道埋于沥青铺装层中面层（$z = 7\,cm$）或是中面层与上面层之间时（$z = 4\,cm$），无论是传导沥青路面还是普通沥青路面，1h 内均可使路面冰层开始融化。尤其是当埋管置于中面层与上面层之间时，普通沥青路面在 15min 之内即可开始使路面冰层融化。

当传导沥青混凝土的导热系数大于等于 $3.0\,W/(m \cdot ℃)$ 时，无论埋管位于哪层（$z \leqslant 10\,cm$），1h 内均可使路面冰层开始融化。

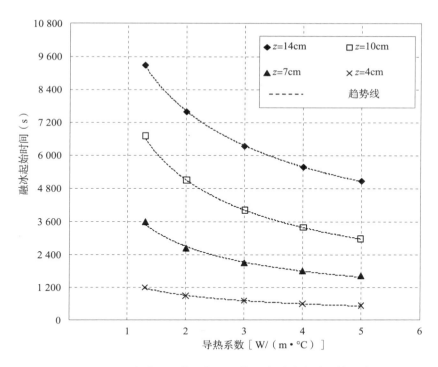

图 7 - 6　沥青路面导热系数及埋管深度对融冰时间的影响

由图 7 - 6 可得出，融冰用传导沥青路面初始融冰时间与沥青混凝土材料导热系数呈幂指数关系，利用最小二乘法，可拟合出式（7 - 16），拟合相关系数几乎均可达到 99%，对应的相关参数如表 7 - 3 所示。

$$t = Ak^{-b} \tag{7-16}$$

式中：t 为初始融冰时间（s）；A，b 为实常数。

表 7 - 3　式（7 - 16）中的相关参数

z	A	b	相关系数
z = 14 cm	10 370.0	0.445	0.985 0
z = 10 cm	7 696.8	0.589	0.995 8
z = 7 cm	4 089.9	0.590	0.994 0
z = 4 cm	1 382.7	0.594	0.997 8

由表 7 - 3 可知：埋管越深，实常数 A 越大，提高沥青混凝土的导热系数对于融冰效果越明显；当埋管距离路表面太近时，改变路面导热系数对融冰效

果将不再明显，无论是传导沥青混凝土材料还是普通沥青混凝土材料，均可满足道路融雪化冰的要求。

7.3.2 埋管深度及材料热学参数对融冰范围的影响

无论换热管道埋深如何，其传递的热量是有限的，即融冰范围亦是有限的。表7-4说明了不同埋管深度及不同路面导热系数下单根换热管道产生的热量所能融冰的范围。

表7-4 单根换热管道的融冰范围

融冰时间（s）	埋管深度（cm）	导热系数 [W/(m·℃)]				
		1.3 (AC)	2.0 (CAC)	3.0 (CAC)	4.0 (CAC)	5.0 (CAC)
7 200	$z = 14$	0	0	0	0	0
	$z = 10$	0	0.05	0.12	0.15	0.18
	$z = 7$	0.1	0.15	0.18	0.21	0.24
	$z = 4$	0.15	0.18	0.20	0.22	0.24
3 600	$z = 14$	0	0	0	0	0
	$z = 10$	0	0	0	0	0
	$z = 7$	0	<0.01	0.01	0.05	0.07
	$z = 4$	0.07	0.09	0.11	0.12	0.13

以 2h 计：当换热管道置于沥青铺装层下面层时（$z = 14cm$），无冰层融化；当换热管道置于沥青铺装层下面层与中面层之间时（$z = 10cm$），普通沥青路面无冰层融化，而传导沥青路面融冰范围大于 0.05m；当换热管道置于中面层（$z = 7cm$）或中面层与上面层之间（$z = 4cm$），传导沥青混凝土的导热系数大于等于 3.0 W/(m·℃) 时，融冰范围可达 0.15m 以上。

以 1h 计：当换热管道置于沥青铺装层下面层（$z = 14cm$）或下面层与中面层之间时（$z = 10cm$），无冰层融化；当换热管道置于中面层与上面层之间（$z = 4cm$），传导沥青混凝土的融冰范围可达 0.1m 以上，普通沥青路面的融冰范围亦可接近 0.1m。

7.3.3 材料热学参数对含冰层沥青路面温度分布的影响

为说明融冰过程中道路表面温度变化规律，选取换热管道埋于沥青铺装层上面层与中面层之间（$z = 4\,\text{cm}$）时普通沥青路面材料［导热系数为 1.3W/（m·℃）］与传导沥青路面材料［导热系数为 3.0W/（m·℃）］各时刻温度分布，如图 7 – 7、图 7 – 8 所示。

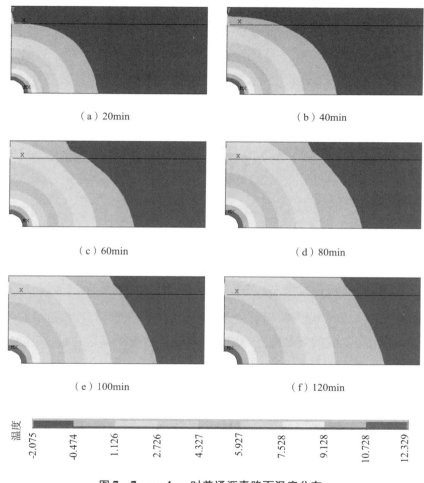

（a）20min   （b）40min

（c）60min   （d）80min

（e）100min   （f）120min

温度

-2.075　-0.474　1.126　2.726　4.327　5.927　7.528　9.128　10.728　12.329

图 7 – 7 $z = 4\text{cm}$ 时普通沥青路面温度分布

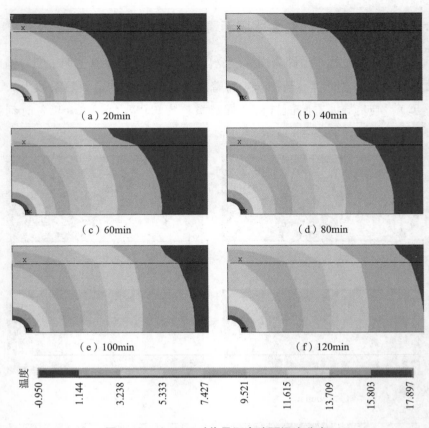

（a）20min　　　　　　　　　　　　（b）40min

（c）60min　　　　　　　　　　　　（d）80min

（e）100min　　　　　　　　　　　（f）120min

温度

-0.950　1.144　3.238　5.333　7.427　9.521　11.615　13.709　15.803　17.897

图 7 - 8　z = 4cm 时传导沥青路面温度分布

　　结果表明：无论是传导沥青路面还是普通沥青路面，路面温度分布均是沿管径逐步变化的，离管近的地方冰层首先融化，离管距离远的地方后融化。离管近的地方，路面温度较高，相应的离管近的冰层首先融化。随着时间的延长，离管远的路面温度也达到了 0℃ 以上，可满足融冰温度，对应路面上的冰也渐渐融化。尤其初始融冰的时候，融化速度较快，随后融化速度逐渐变慢。在融化初期，融化的速度快，原因在于初始阶段传热面积较大，传热热阻较小，在短时间内液相的比例迅速上升，随着融化后的水逐渐增多，导致热阻不断增大，融化速度降低。

　　从施工角度出发：换热管道置于铺装层与铺装层之间，即换热管道的深度应在中面层与下面层之间（z = 10 cm），或是中面层与上面层之间（z = 4 cm）对于施工来说是较为便利的。结合实际情况及融冰数值模型计算结果，传导沥青混凝土中换热管道合理的布置方式有以下两种。

当 $z=10\mathrm{cm}$ 时，沥青混凝土导热系数为 $3.0\mathrm{W/(m\cdot ℃)}$，埋管间距可设计为 $0.1\mathrm{m}$，若导热系数增大，亦可考虑增大埋管间距，但最大间距不能超过 $0.18\mathrm{m}$。

当 $z=4\mathrm{cm}$ 时，沥青混凝土导热系数为 $3.0\mathrm{W/(m\cdot ℃)}$，埋管间距可设计为 $0.15\mathrm{m}$，沥青混凝土导热系数的增大对路面融冰有一定的影响，但融冰效果不明显，同时埋管间距控制在 $0.25\mathrm{m}$ 范围内即可。

7.4　传导沥青路面融雪化冰性能预估

为建立传导沥青路面融雪化冰性能预估模型，依据 7.3 节计算结果，选取典型的两种埋管深度 $z=10\mathrm{cm}$ 及 $z=4\mathrm{cm}$ 进行计算。表 7-5 为沥青混凝土材料导热系数为 $3.0\mathrm{W/(m\cdot ℃)}$ 时在不同的埋管方式下，完全融化路表面 $1\mathrm{cm}$ 厚的冰层需要的时间。结果表明，融冰所需时间随着换热管道间距的增大而增大。当换热管道埋于中面层与下面层之间（ $z=10\mathrm{cm}$ ），管间距不超过 $0.2\mathrm{m}$ 时，融化全部冰层需要 1h 以上，2h 内冰层完全融化；当换热管道埋于中面层与上面层之间时（ $z=4\mathrm{cm}$ ），管间距控制在 $0.15\mathrm{m}$ 范围内即可满足在 1h 之内完全融化路面冰层。因此，埋管间距对融冰时间和融冰效果影响很大，建议在设计实际传导沥青路面结构时要注意换热管道的间距不要过大。

表 7-5　不同埋管间距条件下完全融冰所需时间

单位：s

埋管深度（cm）	埋管间距（m）		
	0.1	0.15	0.2
$z=10$	4 380	5 460	6 780
$z=4$	2 280	3 540	5 160

图 7-9、图 7-10 给出了相同埋管深度、不同埋管间距条件下路面冰层刚好全部融化，即冰层温度均大于 0℃ 时传导沥青路面温度分布情况，路面温度场分布对应时间如表 2-6 所示。结果表明：相同埋管深度下，埋管间距越小，铺装层内温度越高，融雪化冰速度越快。

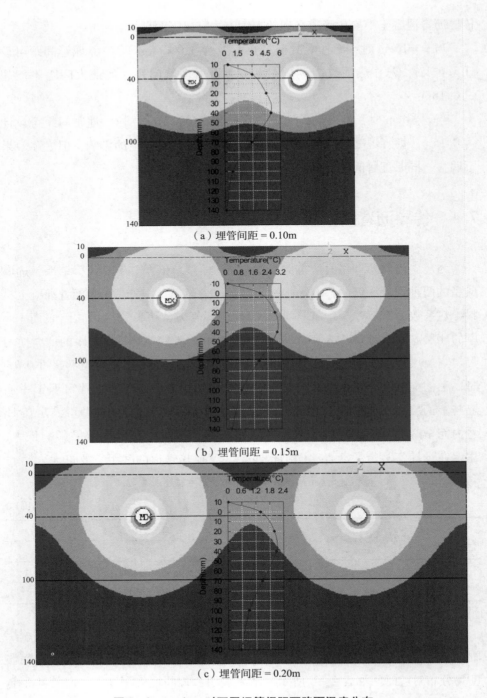

（a）埋管间距 = 0.10m

（b）埋管间距 = 0.15m

（c）埋管间距 = 0.20m

图 7 - 9　z = 4cm 时不同埋管间距下路面温度分布

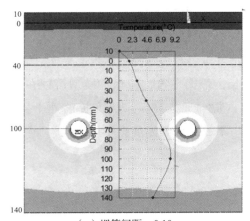

（a）埋管间距 = 0.10m

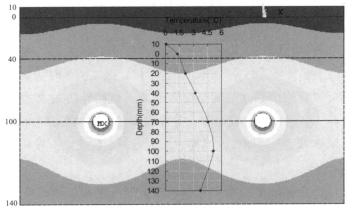

（b）埋管间距 = 0.15m

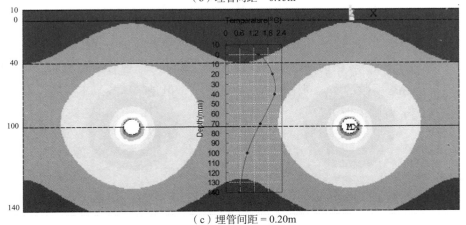

（c）埋管间距 = 0.20m

图 7 - 10　$z = 10cm$ 时不同埋管间距下路面温度分布

对于融雪化冰用传导沥青路面而言，路面中一些参数的研究有利于道路结构的设计与优化，换热管道的埋设深度及布置间距应结合当地的天气状况、降雪厚度与强度、经济性等各种因素综合考虑。对于大雪的情况，完全将路面积雪融化需要时间较长，根据融雪化冰预估模型可以在下雪前（一般根据天气预报）在换热管道内提前通入高温水流（提前几十分钟），将路面温度升到 2~3℃，一旦开始下雪，路面的温度会将雪融化，加快融雪速度。

7.5 小 结

本章主要基于传热学基本原理、采用有限单元法对传导沥青路面冬季融雪化冰性能进行研究，主要结论如下。

（1）埋管深度相同时，沥青混凝土热传导系数越大，融冰时间越短；在相同沥青混凝土热传导系数条件下，埋管越深，融冰所需时间越长。

（2）传导沥青路面融冰时间与沥青混凝土材料导热系数的关系可用幂指数方程 $t = Ak^{-b}$ 来表征，埋管越深，实常数 A 越大，提高沥青混凝土的导热系数对融冰效果越明显，当埋管距离路表面太近时，改变路面导热系数对融冰效果影响较小。

（3）传导沥青路面中的换热管道可根据沥青路面结构厚度按下列两种方式布置［沥青混凝土导热系数 ≥3.0W/（m·℃）］。

① 对于较厚的沥青面层：埋管深度为 10cm，埋管间距为 0.1m。若沥青混凝土导热系数增大，亦可考虑增大埋管间距，但最大间距不能超过 0.18m。

② 对于普通/较薄的沥青面层：埋管深度为 4cm，埋管间距为 0.15m。沥青混凝土导热系数的增大对融冰有一定的影响，但是融冰效果不明显，埋管间距在 0.25m 范围内即可。

第8章 传导沥青路面夏季温度场数值模拟

夏季行车荷载作用下沥青路面，尤其是中面层极易产生高温车辙变形。原因在于：沥青路面长期完全处于自然环境中，经受着持续变化的大气作用（如太阳辐射、天空辐射及空气对流换热等）产生了较高的沥青混凝土内部温度，而沥青表面温度由于受大气对流作用的影响较沥青内部温度低；且普通沥青混凝土材料由于其较低的热传导性能，无法将热量迅速传至路面结构底部，最终高温产生的热量聚集于中面层，引发了沥青路面的高流淌性。

传导沥青路面由于其高传导性，除在冬季可用于融雪化冰外，在夏季亦可收集道路太阳能热量，实现夏季蓄能、冬季利用；同时可将中面层的热量迅速向下传递，降低中面层由于高温引起的流淌性的产生。在传导沥青路面的换热管道中通入助冷流体（常温25℃水）时，路面温度可被有效降低，进而减少路面热蚀破坏，提高路面使用寿命和承载能力。传导沥青路面夏季能量平衡如图 8 – 1 所示。[120]

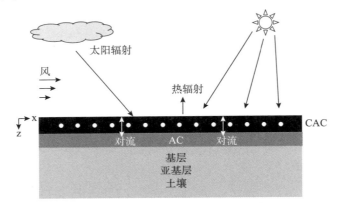

图 8 – 1 传导沥青路面夏季能量平衡示意

本章基于传热学基本原理、采用有限单元法对传导沥青路面在夏季日温度变化条件下沥青路面温度场的分布及助冷流体对道路温度场的影响等进行研究。

8.1 传导沥青路面温度场模型的建立

沥青路面温度场的变化直接关系到道路结构的使用性能。而沥青混凝土材料热学参数等内部因素对路面温度场分布有显著的影响。本节通过有限单元法，在固定外部气象因素的条件下，着重研究传导沥青路面温度场分布，进而说明其降温效果。

8.1.1 计算单元的选取

ANSYS 计算软件中的 PLANE55 单元用于模拟沥青路面及基层，其具体特点如 7.2.1 节所述。ANSYS 中规定在同一边界上施加对流面荷载和热流密度时，只以最后施加的面荷载进行计算。若道路表面同时存在热流密度和对流面荷载时，需运用表面效应单元 SURF151 覆盖在道路的表面，进行热流和对流荷载的双重施加。SURF151 可以用于各种变化载荷和表面效应，如图 8-2 所示。该单元用于二维热分析，可以覆盖在任意二维热单元面上，且变载荷和表面效应可以同时存在。[175]

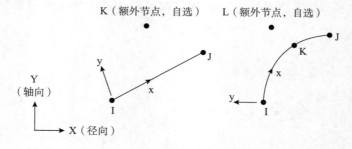

图 8-2　SURF151 单元[175]

8.1.2 基本假定

根据传导沥青路面的实际情况，研究由 n 层不同材料组成的层状道路体系的温度场问题，做如下基本假定[125,130,247]。

（1）不考虑温度沿路面纵向分布的变化，将三维路面结构简化为二维温度场来处理。

（2）沥青混凝土铺装层、基层等道路各层为完全均匀的各向同性的连接体。

（3）层状道路系统各层间为层状结合体，接触紧密，忽略层间热阻、层间温度和热流连续。

8.1.3　气候条件

融雪化冰用传导沥青路面主要用于寒冷地区，如我国"三北"地区，因此，为了说明夏季日气候条件下不同沥青混凝土导热系数对传导沥青路面温度场的影响，本书选取我国北方地区夏季典型的气候条件作为外界环境荷载[125]，如表 8-1 所示。

表 8-1　气候条件

T_{max}（℃）	T_{min}（℃）	Q_r（MJ/m²）	v（m/s）	yl（%）	c（h）
29.6	18.5	29.06	0.8	1.8	13.2

注：T_{max} 为日最高气温；T_{min} 为日最低气温；Q_r 为太阳辐射日总量；v 为日平均风速；yl 为日总云量；c 为日照时间。

8.1.3.1　太阳总辐射的日变化过程

太阳辐射是使路面温度升高的重要因素，而太阳辐射仅出现在白天，这就意味着有较大太阳辐射的所谓辐射日（通常指云层遮蔽的日平均值在天空总覆盖面的1/4以下）中，路表日温差也大。目前，我国各省及大多数大城市均设有太阳辐射的观测站，通过这些观测站可以获得太阳辐射的有关数据。但是，从气象站获得的太阳辐射观测数据是离散的（如太阳辐射的日总量、日最大太阳辐射及出现时间或较为详细的一小时间隔记录资料），需要进行数学处理后才能应用于连续边界问题的分析。完全晴天时，太阳辐射的日过程曲线与正弦半波相似[117]，本书选用我国同济大学严作人等提出的太阳辐射的日过程计算公式[249]

$$Q(t) = \begin{cases} 0, & \left[0, \dfrac{\pi}{\omega}\left(1 - \dfrac{m}{2}\right)\right] \\ Q_0\cos\left[m\omega(t - 12)\right], & \left[\dfrac{\pi}{\omega}\left(1 - \dfrac{m}{2}\right), \dfrac{\pi}{\omega}\left(1 - \dfrac{m}{2}\right)\right] \\ 0, & \left[\dfrac{\pi}{\omega}\left(1 + \dfrac{m}{2}\right), \dfrac{2\pi}{\omega}\right] \end{cases} \quad (8-1)$$

$$Q_0 = 0.131mQ_r \qquad (8-2)$$

$$m = \frac{12}{c} \qquad (8-3)$$

式中：Q_0 为中午最大太阳辐射量（MJ/m^2）；t 为时间（h），规定早晨 6 时 $t =$ 0；ω 为频率。

依据式（8-1）及表 8-1 可得，太阳辐射的日通量随时间变化及累计太阳辐射通量如图 8-3、图 8-4 所示。

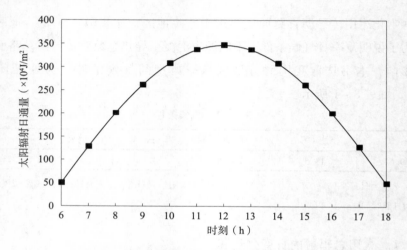

图 8-3 太阳辐射日通量随时间的变化

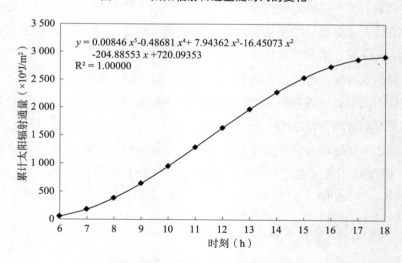

图 8-4 累计太阳辐射通量随时间的变化

为求太阳辐射强度，需将各区间时刻的辐射通量累计起来，然后进行求导从而得到每一时刻的太阳辐射强度。[247]用最小二乘法对累计太阳辐射通量进行 5 次多项式拟合，可得

$$R_f = 0.008t^5 - 0.487t^4 + 7.944t^3 - 16.451t^2 - 204.886t + 720.094 \qquad (8-4)$$

式中：R_f 为累计太阳辐射通量（J/m^2）；t 为时间（h）。

由图 8-4 可以看出，数值拟合良好。将式（3-4）对时间求导，得到太阳辐射强度与时间的函数关系

$$R_f' = 0.042t^4 - 1.947t^3 + 23.831t^2 - 32.901t - 204.886 \qquad (8-5)$$

式中：R_f' 为太阳辐射强度（W/m^2）。

将各时间点作为自变量代入式（3-5），即可求出太阳辐射强度，如图 8-5所示。

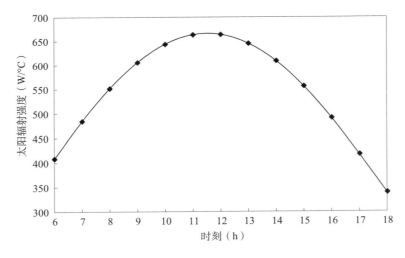

图 8-5　太阳辐射强度随时间变化

8.1.3.2　外界气温的日变化过程

外界气温的日变化过程受到自然界诸多因素的影响，无论是从气象站提供的一小时气温间隔记录数据还是从路面温度场实测时所记录的气温数据来分析，气温日变化的规律都是很复杂的。本书参考吴赣昌提出的方法，以完全晴天进行分析。晴天气温日变化过程有一定规律可循，如日最高气温一般在 12 点至 14 点之间达到，日最低气温一般在凌晨 4 点至 6 点达到。因此，从最低

气温上升到最高气温不足 10h，而从最高气温降至最低气温却需 14h 以上。大约在日出后 2~4h 气温上升最快，而在太阳落山前 1h 左右气温下降最快。[125]

为了拟合气温变化规律，结合 Barber、同济大学严作人及佛山大学吴赣昌等的研究成果[117,125,249]，本书采用式 (8-6) 描述太阳辐射的日过程及日温度变化。

$$T(t) = T_a + \overline{T_a}\left\{ 0.96\sin[\omega(t - t_0)] + 0.146\sin[2\omega(t - t_0)]\right\} \quad (8-6)$$

$$T_a = \frac{T_{max} + T_{min}}{2} \quad\quad\quad (8-7)$$

$$\overline{T_a} = \frac{T_{max} - T_{min}}{2} \quad\quad\quad (8-8)$$

式中：T_a 为日平均气温（℃）；$\overline{T_a}$ 为气温振幅（℃）；T_{max} 为日最高气温（℃）；T_{min} 为日最低气温（℃）。

依据式 (8-6) 及表 8-1 可得，本书选择气候条件下外界气温的日变化过程，如图 8-6 所示。

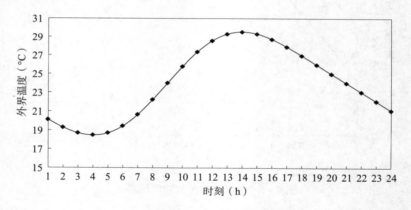

图 8-6　外界气温的日变化过程

8.1.4　传导沥青路面温度场模型

夏季沥青路面的导热系数对沥青铺装层温度场的分布有一定影响；同时，若在换热管道内通入低温流体（25℃ 水），可有效降低路面温度。本节与 2.3.4 节所建模型相似，不同的是无冰层单元。为有效说明传导沥青路面温度场分布，首先对换热管道内无助冷流体进行分析；进而对在换热管道内通入助冷剂（水）的传导沥青路面分析其降温效果。设沥青铺装层表面为 $z=0$，向下为正。有限元划分网格如图 8-7 所示，埋管间距取 0.15m，网格划分最小尺寸为：5mm×5mm。

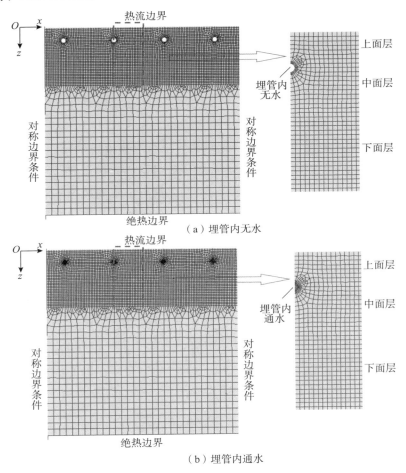

图 8-7　传导沥青路面夏季降温蓄热模型网格划分

8.1.5　定解条件

8.1.5.1　初始条件

沥青路面某时刻的温度场与初始条件有非常密切的关系，属于瞬态分析，因为在分析的时间段内外界温度、太阳辐射强度时刻都在变化。因此，必须给出初始温度条件，即初始条件：起始时刻路面温度场，可实测取得或根据一定的气候条件赋初始值。本章假设路面温度场在早晨6时达到平衡状态，且接近大气温度，因此，选择凌晨6时的大气温度为初始温度。

8.1.5.2 边界条件

由沥青路面温度场基本方程可知，沥青路面与外界发生热交换主要通过吸收外界辐射强度和对流换热等。结合夏季路面实际情况，主要考虑夏季太阳辐射强度、对流换热及大气温度的影响。

1. 沥青路面对流换热条件

按照第三类边界条件式在道路表面施加对流换热边界条件，如式（8-9）所示。自然界的风速/气温以及路表温度会对路表热交换系数乃至路表温度产生很大的影响。根据已有研究成果，表8-2给出了不同风速下对流换热系数的建议值，介于两个风速之间的值由内插原则确定。[125] 由此可得，本书选择对流换热系数为 $h = 12.44 \text{ W/(m}^2 \cdot \text{℃)}$。该边界条件在有限元模型中施加在 SURF141 单元上。

表8-2 不同风速时沥青路面对流换热系数

风速［v（m/s）］	0.0	1.0	2.0	3.0	4.0	5.0
h［W/（m·℃）］	9.4	13.2	16.8	20.6	24.3	28.0
风速［v（m/s）］	6.0	7.0	8.0	9.0	10.0	—
h［W/（m·℃）］	31.7	35.4	39.1	42.8	46.5	—

$$-K \frac{\partial T}{\partial n}\bigg|_{\Gamma} = 12.44(T - T_f)\big|_{\Gamma} \qquad (8-9)$$

式中：T_f 为大气温度（℃）。

2. 沥青路面太阳辐射强度条件

依据第二类边界条件，道路表面太阳辐射强度以热流密度的方式施加边界条件。沥青路表对太阳辐射吸收率的取值对确定路面温度有重要的影响，值的较小变化，也可能导致路表面温度产生较大幅度的波动。已有研究表明：沥青路面的吸收率 α_s 取值范围一般在 0.80～0.95。例如：严作人认为光滑的沥青路面 α_s 可取 0.80，一般情况取 0.85[249]；俄罗斯学者建议光滑沥青路面 α_s 取

0.82，一般状况取 0.89；Barber 的取值较高，为 0.95[117]。韩子东通过设在现场路面上方的辐射仪器，测定了太阳总辐射 Q_a 和反射辐射 Q_r 在 0.3~3μm 波长范围内的小时累计、昼夜累计值，最终认为沥青路面吸收率 α_s 一般状态取值 0.86~0.9，光滑状态下取 0.82~0.83。[124,249,250]结合以上研究成果，本书选择沥青路面吸收率 α_s 为 0.9，如式（8-10）所示。该边界条件在有限元模型中施加在 PLANE55 单元上。

$$-K\frac{\partial T}{\partial n}\Big|_{\Gamma} = 0.9q \tag{8-10}$$

式中：q 为图 3-5 所示的太阳辐射强度（W/m²）。

3. 基层底部

实际道路结构在路面深度达到一定程度时，达到热平衡。为了计算方便，取道路结构深度尽量大，基层底部假设为绝热边界条件。

8.1.5.3　路面降温条件

夏季可以在传导沥青路面换热管道中通入助冷流体来降低路面温度。结合实际情况，本书选择在换热管道内通入常温水（25℃）作为埋管传导沥青路面夏季降温的主要制冷源。

8.1.6　材料参数

夏季传导沥青路面温度场的计算模型所选取的材料参数与 7.3.2 节材料参数相似，如表 7-1 所示。

8.2　传导沥青路面夏季温度场数值模拟

8.2.1　材料热学参数对路面温度分布的影响

沥青路面温度的变化直接影响到其在车辆荷载作用下的永久变形，进而影响道路的正常使用性能。图 8-8 给出了沥青路面导热系数对道路沥青铺装层内最高温度的影响，图 8-9 反映了沥青路面导热系数对路面不同深度处温度分布的影响。结果表明：随着沥青路面材料导热系数的增大，路表温度逐渐降低，但最大降温幅度仅为2℃。在相同的导热系数条件下，由于外界风速产生对流换热，最高温度不是出现在道路表面，而是出现在路表以下2cm处。这也是沥青路面在行车荷载下易在中面层发生车辙破坏的原因。在路表2cm以下深度范围内，铺装层内最高温度随着深度的增加而减小。沥青铺装层内部温度的变化幅度比路表大得多。

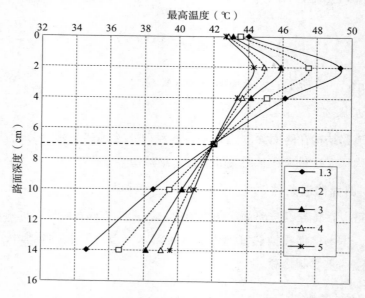

图8-8　沥青路面导热系数对道路最高温度的影响

值得一提的是，由图8-8、图8-9可以看出，在路面以下7cm处出现一临界点：当路面深度大于7cm时，沥青混凝土材料导热系数越大，路面内部的最高温度越高；反之，路面深度小于7cm时，沥青混凝土材料导热系数越大，路面内部的最高温度反而越小。原因在于：路面内部沥青混凝土材料由于导热系数的增加，其热量传递性增强，可将道路表面在太阳辐射、大气温度等多种气候环境下产生的高热量由上至下有效传递，导致路面内部从上至下温差减小。因此，传导沥青混凝土材料的应用既起到了降低路面温度的效果，又在道路内部起到了蓄热作用，一举两得。

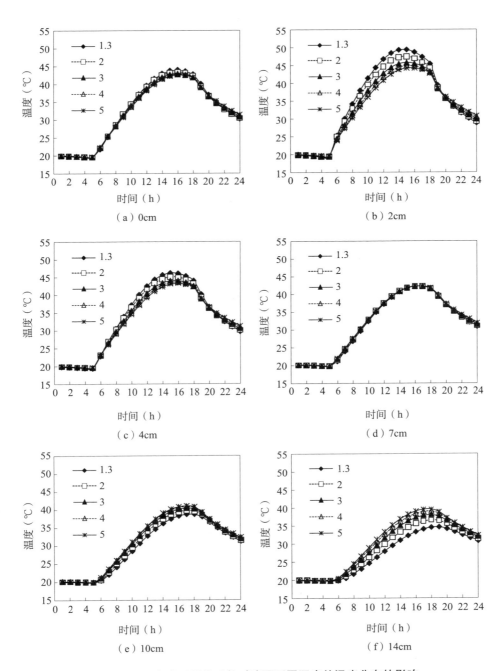

（a）0cm

（b）2cm

（c）4cm

（d）7cm

（e）10cm

（f）14cm

图 8-9　沥青路面导热系数对路面不同深度处温度分布的影响

8.2.2 材料热学参数对路面热梯度的影响

热梯度是指单位面积和单位时间内通过物体的热量。当路表温度高于道路内部温度时，沥青铺装层内部表现出正热梯度；当路表温度低于道路内部温度时，沥青铺装层内部表现出负热梯度。

不同沥青路面材料导热系数对道路热梯度的影响如图 8－10 所示。结果表明，与传导沥青混凝土铺装层相比，普通沥青混凝土铺装层表现出最大和最小温度梯度，即：普通沥青混凝土内部遭受了更大的温度波动。随着沥青路面导热系数的增加，道路内部温度波动减小。同时，沥青路面导热系数的增加可延缓最大热梯度出现的时间。

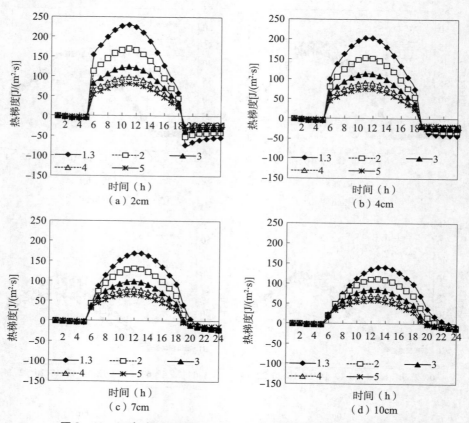

图 8－10　沥青路面导热系数对路面不同深度处热梯度分布的影响

沥青路面导热系数对不同深度处最大正热梯度及最小负热梯度的影响如图 8 - 11、图 8 - 12 所示。结果表明：最大正热梯度随着沥青路面导热系数的增加而减小；最小负热梯度随着沥青路面导热系数的增加而增加。这表明传导沥青混凝土可减小沥青路面极限温度的波动，从而减少由于热梯度引起的铺装层病害，延长道路的使用寿命。

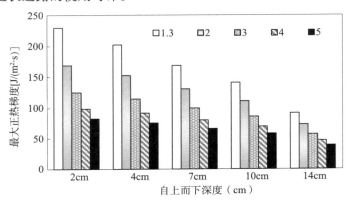

图 8 - 11　沥青路面导热系数对不同深度处最大正热梯度的影响

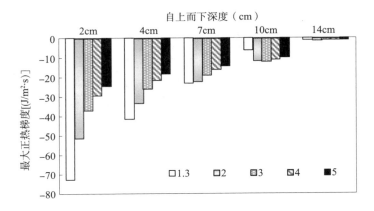

图 8 - 12　沥青路面导热系数对不同深度处最小负热梯度的影响

8.2.3　换热管道对路面温度分布的影响

由 3.2.1 节、3.2.2 节分析可知，传导沥青混凝土可有效降低路面温度。依据传热学理论，在传导沥青路面换热管道中通入助冷剂（如水）时，传导沥青路面温度场将发生一定的变化。第 7 章计算结果表明：当埋管间距为

0.15m、埋管深度在上面层与中面层之间（$z = 4\,\mathrm{cm}$）、沥青混凝土导热系数达到$3.0\mathrm{W/(m \cdot {}^{\circ}\!C)}$时，传导沥青路面结构即可满足在1h内融冰要求。本节采用以上埋管布置方式，分析夏季如表3-1气候条件下，在埋管内通入助冷剂（25℃水）时，道路温度场分布情况。

图8-13、图8-14分别表明了15：00时换热管道内通水及无水的路面温度场竖向分布情况。结果表明：换热管道内通水与无水相比，道路表面最高温度从49.0℃减少为38.7℃，降低了20.96%；在路表以下4cm，管与管之间，温度变化更为明显，该点处温度降低了接近28%。路表及中下面层温度的降低可有效减少路面高温变形、车辙的产生，增加了路面的平整度。针对融雪化冰用传导沥青路面而言：埋管内通入助冷剂（如水）可有效降低道路表面及内部温度。

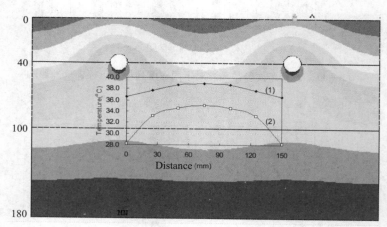

图8-13 15：00时通水时传导沥青路面温度竖向分布

注：（1）路表面埋管正上方温度分布；（2）4cm深度埋管间温度分布。

当换热管道内通入水流时，沥青铺装层内部温度由于温度梯度的产生亦发生了不均匀的分布变化。图8-15表明换热管道内通入水时埋管与埋管之间铺装层温度的变化曲线。结果表明：埋管间温度分布是沿埋管附近水流逐渐变化的。离管近的地方温度较低，离管远的地方温度较高，最高温差达6.9℃；离管远的地方，受传热热阻的影响，温度梯度较小，如：路表温度虽是不均匀分布，但路表最高温度差值较小，约为2.4℃。虽然沥青混凝土为温敏性材料，但通水后的传导沥青混凝土路表温度仅为38.7℃时，内部温度更小，而沥青

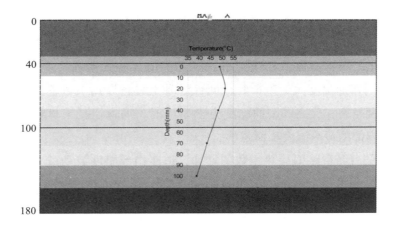

图 8 – 14　15：00 时无水时传导沥青路面温度竖向分布

混合料在 50℃以下仍主要表现为黏弹性变形不很显著，因此，夏季沥青混凝土内部温度不均匀导致路面结构不稳定的可能性较小。

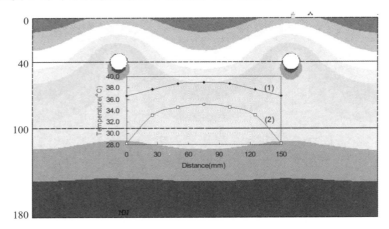

图 8 – 15　15：00 时通水时传导沥青路面埋管间温度变化

注：（1）路表面埋管正上方温度分布；（2）4cm 深度埋管间温度分布。

8.3　小　结

本章针对夏季传导沥青路面温度场进行研究，并考虑了在换热管道内通入助冷流体后沥青路面温度分布情况，主要结论如下。

（1）随着沥青路面材料导热系数的增大，路表温度逐渐降低，但最大降温幅度仅为2℃；在路表2cm以下深度范围内，铺装层内最高温度随着深度的增加而减小；沥青铺装层内部温度的变化幅度比路表大得多。

（2）当路面深度大于7cm时，沥青混凝土材料导热系数越大，路面内部的最高温度越高；反之，路面深度小于7cm时，沥青混凝土材料导热系数越大，路面内部的最高温度反而越小。

（3）随着沥青路面导热系数的增加，道路内部温度波动减小；沥青路面导热系数的增加可延缓最大热梯度出现的时间。最大正热梯度随着沥青路面导热系数的增加而减小；最小负热梯度随着沥青路面导热系数的增加而增加。

（4）换热管道内通水与无水相比，道路表面最高温度从49.0℃减少为38.7℃，降低了20.96%；在路表以下4cm，管与管正中间，温度降低了近28%。在换热管道内通入助冷剂（水）可有效降低道路表面及内部温度。

第9章 动载作用下传导沥青路面黏弹性响应分析

作为国民经济、社会发展和人民生活服务的公共基础设施，公路交通是衡量一个国家经济实力和现代化水平的重要标志。[155] 传导沥青路面即是为了保障道路的安全适用性能而设计的。然而，该路面在满足其夏季降温、冬季融雪的功能性要求的同时，亦需满足在车辆荷载作用下有正常的路用性能。本章基于道路结构力学原理、采用有限单元法对埋管传导沥青路面在移动荷载作用下的黏弹性响应进行分析计算，最终确定埋管传导沥青路面在满足冬季融雪、夏季降温功能的同时，是否满足道路结构的正常服役性能。

沥青路面（特殊的"温敏性"材料）的耐久性主要受三种病害的影响，包括：低温开裂、高温永久变形（车辙）和疲劳开裂。[56] 低温开裂时表现形式主要为横向裂缝，与水泥混凝土路面的温缩缝设置原理相类似，可通过预先留缝的方法来减少这种病害。目前国内外研究已日趋成熟的高温车辙问题，主要与沥青混凝土的自身性能相关，与路面结构如何设计关系不大。已有研究结果表明通过使用新材料（如改性沥青）和对沥青混合料结构的升级（如骨架结构级配）即可解决高温车辙问题，若路表由于高温在行车带形成凹槽，亦可通过在表面2cm范围内进行修补，而非针对整个路面结构。综上所述，沥青路面由于高温变形引起的车辙问题以及由于低温引起的开裂问题均可以通过简单易行的办法解决，然而由于路面疲劳引起的开裂问题则较为复杂。此外，由第2~3章数值计算结果表明：传导沥青路面在冬季升温、夏季降温亦可减少路面低温开裂和高温永久变形的病害。

典型沥青路面的疲劳开裂表现为纵向裂缝，并逐步发展成为网状裂缝。网状裂缝一旦形成，即已达到沥青路面的疲劳寿命，必须对整个路面进行大规模翻修。因此，疲劳开裂已成为困扰沥青路面使用寿命的首要病害，当然传导沥青路面也不例外。本书针对传导沥青路面的黏弹性响应研究主要集中于其在移动荷载作用下的抗疲劳性能，该项研究成果对于传导沥青路面疲劳寿命的预估具有积极重要的意义。

9.1　理论基础

9.1.1　沥青混合料抗疲劳性能

随着公路交通量日益增长，汽车轴重不断增大，汽车对路面的破坏作用变得越来越明显。路面使用期间经受车轮荷载的反复作用，长期处于应力应变交迭变化状态，致使路面结构强度逐渐下降。当荷载重复作用超过一定次数以后，在荷载作用下路面内产生的应力就会超过强度下降后的结构抗力，使路面出现裂纹，产生疲劳断裂破坏。[155]

早在1942年，O. J. Portor就注意到在小至 $0.5 \sim 0.75 \text{mm}$ 的弯沉下，道路路面在车轮荷载重复作用几百万次后会遭到破坏。20世纪50年代，L. W. Nijbver指出：沥青路面出现的裂缝与行驶车辆产生的弯曲应力超过了材料的抗弯强度有关，强调裂缝是疲劳破坏的结果，取决于弯沉大小和重复次数。我国20世纪60年代开始对路面疲劳特性进行系统研究，对路面疲劳破坏机理也有了更深刻的认识。[155]

理论和实践表明：在移动车荷载作用下，普通沥青路面结构内各点处于不同的应力应变状态，如图9-1所示，路面面层底部B点处于三向应力状态。车轮作用于B点正上方时受到全拉应力作用，车轮驶过后应力方向旋转，量值变小，并有剪应力产生。当车轮驶过一定距离后，B点则承受主压应力作用，B点应力随时间变化曲线如图9-2所示。[155]

路面表面A点则相反，车轮驶近时受拉，车辆直接作用时受压，车轮驶过后又受拉。车辆驶过一次就使A、B点出现一次应力循环。路面在整个使用过程中，长期处于应力（应变）重复循环变化的状态。由于路面材料的抗压强度远较抗拉强度大，而面层底部B点在车轮下所受的压应力较之表面A点

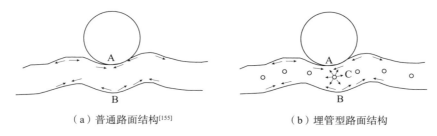

（a）普通路面结构[155] 　　　　　　（b）埋管型路面结构

图 9 - 1　路面面层在车轮作用下的受力状态

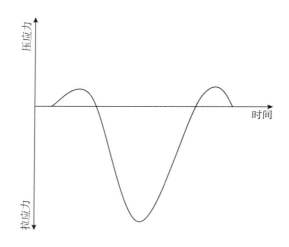

图 9 - 2　B 点应力随时间的变化[155]

在车轮行驶近或驶过后产生的拉应力要大得多，因此在荷载重复作用下路面裂缝通常从面层底部开始发生。车辆荷载作用下埋有换热管道的传导沥青路面在埋管周围亦可能产生受拉应力（应变）。路面疲劳设计大多以铺装层底部拉应力或拉应变作为控制指标[251 - 252]，如式（9 - 1）所示。

$$\lg(N_f) = 16.664 - 3.291\lg\left(\frac{\varepsilon_t}{10^{-6}}\right) - 0.854\lg(E) \qquad (9 - 1)$$

式中：N_f 为路面疲劳开裂面积达到路面面积 10% 时的荷载重复作用次数；ε_t 为荷载反复作用下沥青铺装层底部横向最大拉应变；E 为沥青铺装层的劲度模量（MPa）。

9.1.2　沥青混合料的黏弹特性

对材料施加一定水平的荷载或应力，材料将产生变形，若变形不随时间增加而增大，且撤销外力后，变形立即全部恢复，那么这种材料称为弹性体；若变形随荷载作用时间增加而增大，外力撤销后，变形不能完全恢复，那么这种材料称为黏性体。单纯的弹性材料符合胡克定律，理想的黏性材料则符合牛顿定律。但许多工程材料既不是单纯的弹性材料，也不是理想的黏性材料，而是一种力学性质复杂了很多的黏弹性材料，这些材料在外力的长时间作用下，作为响应的变形或应变会随时间的增大而不断增大，在取消外力后变形随时间的增长而逐渐恢复，甚至一部分变形会永远保持，这是黏弹性材料的典型力学行为。对于公路路面所使用的材料来说，沥青及沥青混合料尤具代表性，特别是在高温下，黏弹特性表现得更为突出。沥青路面的车辙或永久变形就是沥青及沥青混合料黏弹特性的直接反映。[155,253] 因此，欲有效分析沥青路面的受力特性，充分考虑其黏弹性是非常必要的。

路面结构在行车荷载作用下主要表现为动态加载效应，但是目前路面设计模型仅考虑静力模型，材料设计也是在非完全弹性状态下测得的。路面实际受力状态与路面设计方法之间，存在模型与参数方面的动态与静态、总结性与黏弹性之间的不同。国外在近几年有采用动态模量反映沥青混合料设计参数的趋势，并研制了相应的测定动态模量的仪器设备；而我国目前仍以静态回弹模量作为设计参数。本章从路面结构的受力状态出发，研究了沥青混合料的动态模量及动态特性，最终给出沥青混合料在不同温度下的本构关系。

9.1.3　弹性层状体系理论

弹性层状体系理论是沥青路面设计理论的基础。弹性层状体系是由两层或两层以上厚度方向上不同材料组成的复合弹性体[254]，如图 9 - 3 所示。

图 9 - 3 中荷载 P 表示单位面积上的垂直荷载，a 为荷载圆面积的半径，h_1，h_2，$\cdots$，h_{n-1} 为各层厚度，E_1，E_2，$\cdots$，E_{n-1} 及 μ_1，μ_2，$\cdots$，μ_{n-1} 为各层弹性模量及泊松比。弹性层状体系的基本假设如下。

（1）各层材料假定为均匀、连续、各向同性的弹性材料，并服从胡克定律。

（2）各层平面无限大，垂直方向具有一定的厚度，最下层是半无限体，或不变形刚体（如岩石路基）。

（3）各层水平无限远和最下层无限深处，应力和位移分量为零。

（4）层间的结合状态可以是完全连续的，或者是完全光滑的，也可以是介于两者之间的半接触状态，但层间不出现脱空现象。

（5）作用于弹性层状体系最上层表面的荷载是轴对称的。

（6）体力忽略不计。

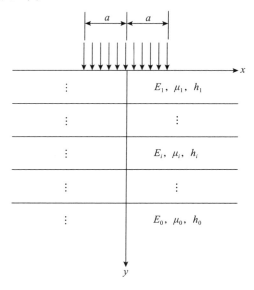

图 9 - 3　弹性层状体系

沥青路面体系由不同材料的结构层和基层组成，在荷载作用下其应力和应变关系一般呈非线性特性，且应变随应力作用时间而变化，同时应力卸除后常有一部分变形不能恢复。因此，严格地说，沥青路面在力学性质上属于非线性的弹 - 黏 - 塑性体，在求解它的内力时会遇到很多力学和数学上的问题。但是考虑到行驶车轮作用的瞬时性，所以对于厚度较大、强度较高的高等级沥青路面，将其视为线弹性体并应用弹性层状体系理论进行分析是可行的。

9.2　传导沥青路面力学模型的建立

沥青混凝土材料为黏弹性材料，沥青路面结构实际上是三维的工程结构，承受的是任意形式的随机荷载，因此，三维有限元模型可更好地对路面多层体系的受力性能进行分析计算。本章采用有限单元法，运用多层体系理论，建立半刚性路面三维有限元分析模型。基于 ABAQUS 分析软件对复杂几何结构具有良好的建模功能，同时对不同材料间界面处理方便等优势，依据室内试验分析所得的沥青混合料黏弹特性参数，本书采用该软件对传导沥青路面施加移动荷载，进而对其设计疲劳寿命评估。

9.2.1　基本假定

在复合式路面的研究中，有限元方法得到了广泛的应用。为了简洁有效地模拟传导沥青路面受力性能，特做以下假定。

（1）除了沥青混凝土铺装层为黏弹性的各向同性的材料外，其余层均假定为均匀的、连续的、各向同性的材料。

（2）沥青混凝土铺装层之间、铺装层与基层之间、换热管道与沥青混凝土之间是紧密结合的。

（3）不计路面结构自重的影响。

9.2.2　沥青混凝土材料黏弹性参数

沥青路面材料物理参数是路面设计研究工作的主要内容，而材料参数的取值与试验方法及数据采集手段密切相关。一般来说，试验时材料的受力状态越接近路面结构的真实工作环境，所得到的参数越具有客观性和指导意义。但是，到目前为止我国在通过试验取得材料参数时，材料试件的受力状态基本上是静态的，对沥青混合料性能的研究也一直偏重于静态荷载方面，而没有考虑在汽车行驶过程中，车轮荷载对沥青路面作用的瞬时性，没有考虑材料的动态荷载作用下的动态性能。为了与实际情况更加接近，本节依据室内动态模量试验方法主要研究荷载作用频率对沥青混合料动态流变特性的影响，得出沥青混凝土的黏弹特性物理参数，最终应用于传导沥青路面动态加载数值模拟中。

9.2.2.1　动态模量试验基本理论

沥青混凝土是一种典型的黏弹性材料，在不同的外力作用下表现出完全不同的性能。例如：静态荷载作用下的静态模量与动态荷载作用下的模量具有明显的差异。在动态荷载作用下，加载速率快，试样在整个过程中，塑性、黏性表现较弱，测定的恢复变形能够比较准确地反映路面材料在车辆荷载作用下的弹性变形情况。因此，采用动态荷载更符合实际路面的受力情况，测定的动态模量不仅反映了应力与应变的力学性质，更反映了不同荷载下材料的动态响应特性。

依据美国国有公路运输管理员协会（AASHTO）TP62 规范，典型的黏弹性材料如热拌沥青混凝土，其动态荷载作用下的流变性能用动态模量试验来测定。沥青混凝土持续正弦荷载作用下的应力 – 应变关系由其复合动态模量 E^* 决定。复合动态模量由两部分组成，包括弹性部分和黏性部分，弹性部分反映沥青混合料变形过程中能量的储存与释放，又称为储能模量；黏性部分反映沥青混合料在变形过程中由于内部摩擦产生的以热的形式损耗的能量，又称为损耗能量。损耗能量与储能模量的比值可用相位角的正切值来表示。[81] 在任何一个温度和频率下，复合模量定义为应力和应变的比值，沥青混凝土的复合动态模量 E^*、动态模量 $|E^*|$ 和相位角 δ 分别由式（9 – 2）、式（9 – 3）和式（9 – 4）计算。

$$E^* = \frac{\sigma}{\varepsilon} = \frac{\sigma_0 \sin \omega t}{\varepsilon_0 \sin (\omega t - \delta)} \qquad (9-2)$$

$$|E^*| = \frac{\sigma_0}{\varepsilon_0} \qquad (9-3)$$

$$\delta = \frac{t_i}{t_p} \qquad (9-4)$$

式中：σ_0 为应力峰值（MPa）；ε_0 为应变峰值；ω 为角速度（rad/s）；t 为时间（s）；δ 为相位角；t_i 为单个循环中应力与应变的时间间隔；t_p 为应力循环持续的时间。

对于弹性固体，相位角为 $0°$，此时动态模量即等于复合模量的绝对值；对于纯黏性材料，相位角为 $90°$。

9.2.2.2　试验方法

本试验依据美国公路战略研究计划改进级配设计方法进行传导沥青混凝土级配设计，采用 0.45 次方最大级配线图，同时设定了级配的控制点和禁区。控制点为级配曲线必须通过的几个特定尺寸，禁区为级配曲线在最大理论密度线 0.3 ~ 2.36mm 附近不希望通过的区域，为集料间留有一定的空隙，以便导热相填料的填充。本书采用 Superpave12.5 的级配，合成级配如图 9 - 4 所示。[3]

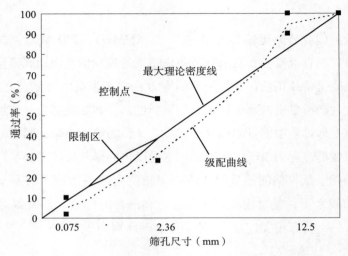

图 9 - 4　试验所选级配的 0.45 次方图[3]

试样中导热相填料石墨掺量为 18%。沥青混凝土动态模量试验试件采用标准旋转压实成型方法制备，首先成型 ϕ150mm × 170mm 圆柱体试件，然后采用钻芯取样机钻取 ϕ100mm × 150mm 试样，最后切割，并采用刨光机处理试件端面使其平滑，最终得到标准的试样。

利用美国生产的 Universal Testing Machine（UTM - 25）进行传导沥青混凝土的动态模量试验，进而求出传导沥青混凝土在动载作用下的物理参数。在试验过程中，试验温度包括 - 10℃、4.4℃、21.1℃、37.8℃、54.4℃，频率包括 0.1Hz、0.2Hz、0.5Hz、1Hz、2Hz、5Hz、10Hz、20Hz、25Hz。试验中对试件施加一个半正弦波压力荷载，可以得出沥青混凝土在不同温度和荷载频率条件下的动态模量与相位角，每次循环加载时间 0.1s，间歇时间 0.9s，如图 9 - 5 所示。试验过程中按照温度由低到高、频率由高到低的顺序进行，试件必须在环境箱中保温足够长的时间以确保试件整体的温度一致性。动态模量试验如图 9 - 6 所示。

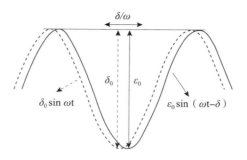

图9-5　半正弦波压力荷载

图9-6　动态模量试验示意

9.2.2.3　沥青混凝土动态模量主曲线及其在有限元中的应用

1. 动态模量主曲线

动态模量主曲线反映了材料模量与加载频率的相关性[255]，利用动态模量主曲线可以确定沥青混合料在很高或很低荷载作用频率下的力学参数，并可对其长期力学性质进行预测而不必进行很长时间的试验。依据时间 - 温度等效原理对不同温度和频率下的动态模量，进行非线性最小二乘法拟合，可以得到某一参考温度下的动态模量主曲线。[81]图9-7为拟合得到的传导沥青混合料动态模量主曲线（参考温度分别为 -10℃、10℃、60℃）。由图5-7可得，动态模量主曲线均呈"S"形。

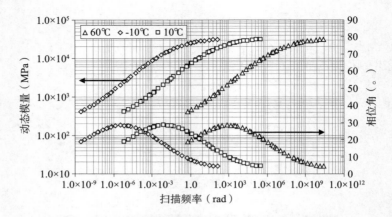

图 9 - 7　不同温度下传导沥青混合料动态模量主曲线及相位角

沥青材料具有时间 - 温度等效特性，确定沥青材料不同温度下的动态模量后，可按 WLF 公式计算位移因子。时间 - 温度转化因子代表了不同温度下的动态模量曲线要形成参考温度下的主曲线所需平移的距离，计算出位移因子后，利用时间 - 温度等效原理就可以求得不同参考温度下的力学参数，该参数对于深入了解沥青材料在不同服务条件下的力学特性具有重要的意义。已有研究表明：沥青混合料的时间 - 温度转化因子为温度的二次多项式函数[256]，如式（9 - 5）所示。

$$lg(\alpha_{T_i}) = aT_i^2 + bT_i + c \qquad (9 - 5)$$

式中：T_i 为各试验温度；α_{T_i} 为时间 - 温度转化因子；a，b，c 为常数。

表 9 - 1 为不同温度下传导沥青混合料进行主曲线拟合时确定的时间 - 温度转化因子。结合试验结果，依据表 9 - 1 可得不同温度条件下传导沥青混合料动态模量主曲线及相位角。结合路面实际情况，选择易发生疲劳破坏的温度点 10℃进行路面疲劳寿命预估计算。

表 9 - 1　时间 - 温度转化因子

温度（℃）	转化因子
– 10	6.17×10^4
0	1.00×10^3
10	2.57×10^1
20	1.00×10^0
40	6.92×10^{-3}
60	2.88×10^{-4}

2. 有限元中沥青混合料黏弹性参数转化为 Prony 级数的方法

Prony 级数方法是用一组指数项的线性组合来拟合等间距采样数据的方法，可以从中分析出信号的幅值、相位、阻尼因子、频率等信息。早在 1795 年，Prony 提出了用指数函数的一个线性组合来描述等间隔采样数据的数学模型（常称为 Prony 模型），并给出了线性化的近似求解算法。[257‑258] Prony 模型作为 Fourier 级数的一种拓展，在理论和应用上都具有十分重大的意义。有限元软件计算程序中，正是利用该方法将室内试验结果转化为 Prony 级数进行计算。本书研究中，将传导沥青混凝土动态模量试验结果复合动态模量 E^*、相位角 δ 与温度、频率的关系转换为 Prony 级数，最终导入有限元软件 ABAQUS 的材料模型中。

依据 Prony 级数与材料动态模量转换方法，将动态模量试验参数动态模量 E^* 用时域级数 Prony 级数无量纲剪切模量来描述[259‑260]，最终采用傅立叶转换方程将沥青混合料时温剪切模量转换为

$$G_s(\omega) = G_0 \Big[1 - \sum_{i=1}^{N} \overline{g}_i^P \Big] + G_0 \sum_{i=1}^{N} \frac{\overline{g}_i^P \tau_i^2 \omega^2}{1 + \tau_i^2 \omega^2} \tag{9-6}$$

$$G_l(\omega) = G_0 \sum_{i=1}^{N} \frac{\overline{g}_i^P \tau_i \omega}{1 + \tau_i^2 \omega^2} \tag{9-7}$$

$$G(\omega) = \sqrt{\big[G_s(\omega) \big]^2 + \big[G_l(\omega) \big]^2} \tag{9-8}$$

式中：$G_s(\omega)$ 为储能模量（MPa）；$G_l(\omega)$ 为损失模量（MPa）；$G(\omega)$ 为复合动态模量（MPa）；G_0 为材料的初始瞬态模量（MPa）；ω 为角频率（rad）；N 为 Prony 级数项数；$\overline{g}_i^P$，τ_i 为 Prony 级数对应的实常数。

将动态模量试验结果转化为 Prony 级数时，需满足式（9‑9）。依据式（9‑9），采用最小二乘法进行拟合，可以求得 Prony 级数中相应的实常数。

$$G(\omega) \approx E^* \tag{9-9}$$

沥青混合料初始瞬态模量及泊松比如表 9‑2 所示。考虑到拟合结果精确及计算方便，本书选取 Prony 级数项数为 10 项进行计算，最终，用于传导

沥青路面疲劳性能分析（10℃）的 Prony 级数中对应的实常数如表 9 - 3 所示。

表 9 - 2　传导沥青路面结构中弹性材料的物理参数

面　层	厚度（mm）	瞬态模量（MPa）	泊松比
上面层	40	34 000	0.35
中面层	60	25 000	0.35
下面层	80	17 000	0.35

表 9 - 3　10℃时 Prony 级数中的实常数

Prony 级数	$\overline{g}_i^P$	τ_i
1	2.215×10^{-1}	3.900×10^{-5}
2	1.718×10^{-1}	5.698×10^{-4}
3	2.229×10^{-1}	1.124×10^{-2}
4	1.646×10^{-1}	1.742×10^{-1}
5	5.478×10^{-2}	1.040×10^{0}
6	5.219×10^{-2}	3.084×10^{0}
7	6.308×10^{-2}	2.507×10^{1}
8	2.324×10^{-2}	6.478×10^{2}
9	1.213×10^{-2}	6.644×10^{1}
10	5.763×10^{-3}	8.498×10^{1}

　　图 9 - 8 给出了 ABAQUS 软件中沥青混合料黏弹性参数 Prony 级数输入窗口示意图，尤其值得注意的是：黏弹性参数输入中，$\overline{g}_i^P$、τ_i 的输入以 τ_i 为基准升序输入。[260] 图 9 - 9 即为通过 Prony 级数转化后的沥青混合料动态模量主曲线及相位角，动态模量主曲线与图 9 - 7 几乎吻合，相位角曲线稍有偏差。

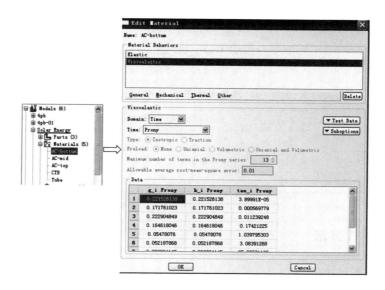

图 9 - 8 　 沥青混合料黏弹性参数 Prony 级数输入窗口示意

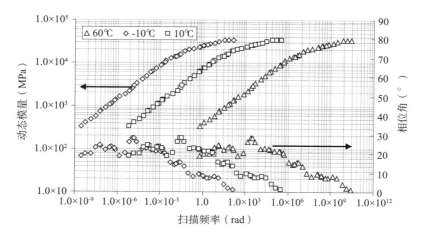

图 9 - 9 　 Prony 级数转换后沥青混合料动态模量主曲线及相位角

9.2.3　其他材料参数

　　沥青混凝土铺装层受外界环境影响较大，传导沥青路面结构中其他材料受外界环境条件影响较小。因此，除沥青混凝土铺装层外，其他材料均按弹性材料考虑。换热管道作为传导沥青路面的重要组成部分，其材料的选择亦可能影响路面结构的力学性能。结合目前实际情况及已有研究成果，本书选择两种较为普遍的换热管道材料进行路面结构的疲劳寿命预估：高密度聚乙烯管（High-density polyethylene-HDP tube）和铜管（Copper tube-CP tube）。具体参数见表9-4。

表9-4 换热管道及基层的物理参数

基层		厚度（mm）	弹性模量（MPa）		泊松比
		500	1 000		0.25
埋管	内径	10	HDP tube	100	0.45
	外径	15	Copper tube	200 000	0.25

9.2.4 建模方法

9.2.4.1 单元选择

在 ABAQUS 软件中，实体（连续体）单元可以将其任何表面与其他单元连接起来，就像建筑物中的砖或马赛克镶嵌中的瓷砖一样，能用来建造几乎任何形状、承受任意荷载的模型。[261]本章为了更加贴切地模拟埋管传导沥青路面的受力性能，采用六面体三维实体单元来模拟路面和路基。

9.2.4.2 埋管传导沥青路面尺寸设计

实际的高速公路路面在纵向和竖向都是趋向无限的（与路基路面宽度方向相比）。而采用有限元模拟时，不可能在无限域内划分单元，为有效分析埋管传导沥青路面的受力性能，尽可能地减少道路周边环境的影响，在经过多次调试及方案比较之后，本书将埋管传导沥青混凝土铺装层置于如图9-10所示的路面结构中，其中行车方向为 x 方向。

依据第2章传导沥青路面融冰数值计算结果，本章选择对融雪化冰有利的埋管方案进行其疲劳性能研究。包括：沥青铺装层上面层40mm，中面层60mm，下面层80mm；基层厚度取为500mm；下基层及路基用基础刚度代替，9.3.5节重点介绍；埋管深度为4cm（位于上面层与中面层之间），埋管直径如表9-4所示，埋管间距为150mm。从图9-10可看出，埋管传导沥青混凝土铺装层设置于路中心（1），长、宽均为1 950mm，其四周为无管传导沥青混凝土铺装层（2）。考虑到路面结构的对称性，图9-10给出了沿宽度方向1/2设计结构。

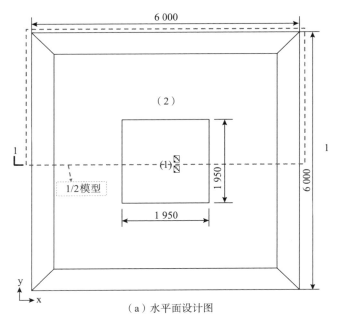

（a）水平面设计图

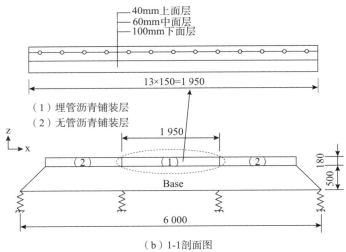

（b）1-1剖面图

图 9 – 10　埋管传导沥青路面尺寸设计（单位：mm）

9.2.4.3　网格划分

在对模型进行网格划分时，计算精度一般随网格的不断细化而提高，但网格划分过细对计算机性能的要求也很高，且单元增多将增加计算的舍入误差等因素。因此，网格的划分并不是越细越好，只要划分合理，将能取得事半功倍的效果。为满足各层之间的接触条件为完全连续，采用 MERGE 法将各层连接在一起。整个模型共有 120 335 个节点，24 750 个单元。为方便快捷地进行计算，如图 9 – 10（a）所示的路面结构，从 1 – 1 处剖切选取 1/2 进行模拟，网格划分如图 9 – 11 所示。其中，网格划分模型中，1、2、3 方向分别对应原始结构中的 x、z、y 方向。

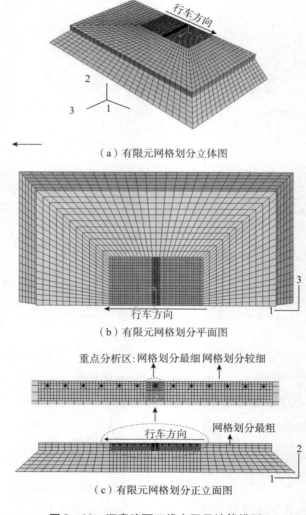

（a）有限元网格划分立体图

（b）有限元网格划分平面图

（c）有限元网格划分正立面图

图 9 – 11　沥青路面三维有限元计算模型

由图 9 - 11 可以看出，基层及无管传导沥青混凝土铺装层网格划分最粗，埋有换热管道的传导沥青混凝土铺装层网格划分较细，重点研究的车辆作用区域网格适当加密，如：最中间埋管附近区域 I（x 方向从左向右数或是从右向左数第 7 根管）网格划分最细，后期计算中分析埋管传导沥青路面受力情况主要集中于该点处进行分析。计算流程如图 9 - 12 所示。[261]

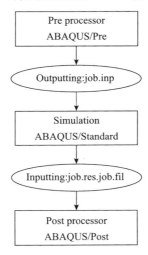

图 9 - 12　ABAQUS 分析计算流程[261]

9.2.5　边界条件

有限元数值模拟中边界条件设置对计算结果影响很大，故确定合理的边界条件对埋管传导沥青路面结构疲劳性能的计算极为重要。依据圣维南原理，在一定尺寸范围内，可近似认为车辆荷载作用对于远处结构影响较小，可视为固定约束。[262]因此，如图 9 - 11 中假设结构侧面水平方向位移为零；正立面取对称边束；对于基底边界条件，由于土壤一般具有黏弹塑性，本书将路基底部采用基础刚度来表示，如图 9 - 13 所示。

本节依据弹性层状体系理论，如 9.2 节所述，采用试算法来确定路基底部的基础刚度。首先采用道路结构设计软件 Bisar3.0 计算出在标准荷载作用下路面各点竖向位移的变化（见图 9 - 14），进而在 ABAQUS 软件中对无管沥青路面结构通过输入不同的基础刚度进行路面各点竖向位移的试算（见图 9 - 15），最终找出与 Bisar3.0 计算结果最为相近的基础刚度作为传导沥青路面结构模型中的基础刚度。依据《公路沥青路面设计规范》[263]，选取轮压面积为 210mm × 150mm。相应的材料计算参数如表 9 - 5 所示。

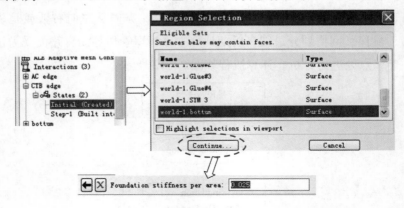

图 9 - 13 ABAQUS 中基层底部边界条件的设置示意

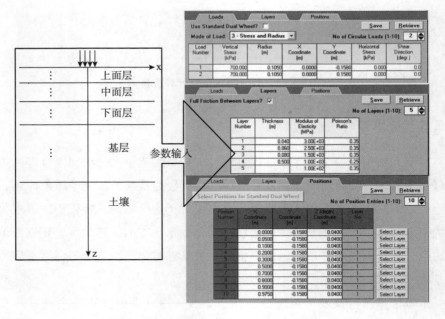

图 9 - 14 确定基础刚度时 Bisar3. 0 计算示意

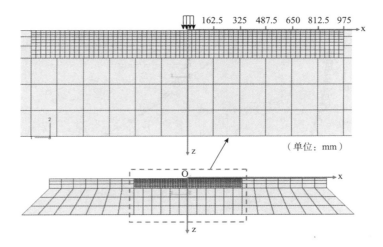

图 9 - 15　确定基础刚度的 ABAQUS 有限元模型

表 9 - 5　确定基础刚度所需的材料参数

面　层	厚度（mm）	弹性模量（MPa）	泊松比
上面层	40	3 000	0.35
中面层	60	2 500	0.35
下面层	80	1 500	0.35
基层	500	1 000	0.25
亚基层和土壤	无限大	100	0.35

通过采用道路结构设计软件 Bisar 3.0 与有限元软件 ABAQUS 对无管传导沥青路面进行静载计算，结果表明：在有限元软件 ABAQUS 中，当基础刚度为 0.025MPa 时，道路表面竖向位移与 Bisar 3.0 软件计算结果较为接近，误差仅为 6%，如图 9 - 16 所示。因此，在埋管传导沥青路面受力性能分析过程中，通过施加 0.025MPa 的基础刚度来代替基础土层。

9.2.6　移动荷载的施加

为有效分析埋管传导沥青路面的受力性能，本书拟对有限元模型施加移动恒定荷载作用。在有限元软件 ABAQUS 中，可以通过添加荷载与时间的函数关系式来实现移动恒定荷载的模拟。每个车轮行驶通过时，都可以当作一个荷载脉冲，荷载的大小、形状和作用时间随车辆轮载的大小、行车速度以及应力分布深度等因素有关，一般假定荷载随时间的变化函数为半正弦函数或三角形

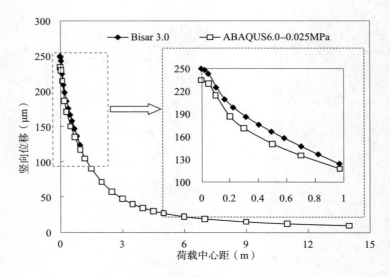

图 9 – 16   不同软件计算的竖向位移

函数，研究表明这两种荷载变化函数对计算结果影响很小[264]，本节采用三角形的荷载分布函数，如图 9 – 17 所示。

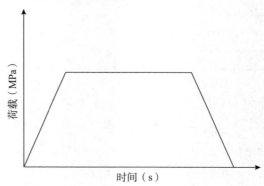

图 9 – 17   行车荷载随时间变化曲线

行车荷载作用时间 T 取决于车速 v 和轮胎接触半径 r，本书假设：当荷载离某点的距离为 $6r$ 时，认为荷载对该点没影响，所以单次行车荷载作用时间如式（9 – 10）所示。考虑到道路建设的迅速发展，重载车辆的日益增多，施加 1.1MPa 的移动恒定荷载进行路面动态响应分析，选取轮压面积为 210mm × 150mm[263]，车速设为 80km/h，则单次行车荷载作用时间依据式（9 – 10）计算为 0.081s。

$$T = \frac{12r}{v} = \frac{12 \times 150\,(\mathrm{mm})}{\left[\dfrac{80\left(\dfrac{\mathrm{km}}{\mathrm{h}}\right) \times 10^{6}}{3\,600}\right]} = 0.081\mathrm{s} \qquad (9-10)$$

9.3　移动荷载下传导沥青路面黏弹性响应分析

  不同的路面结构在行车荷载作用下有不同的力学性能。为有效说明埋管传导沥青路面在行车荷载作用下的受力情况，本节选择无管与埋管两种道路结构进行比较分析（依据图 9-12 选取网格划分最细的区域 I 进行重点分析）。图 9-18 表明了移动荷载作用下沥青路面竖向（2 方向）应力的变化。

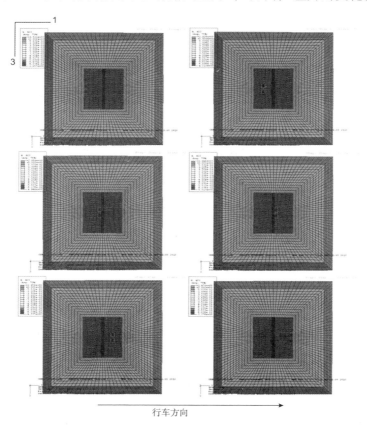

行车方向

图 9-18　行车荷载作用下沥青路面竖向应力的变化

9.3.1 不同材质的换热管道对沥青铺装层底部拉应变的影响

依据 9.1.2 节，路面疲劳设计大多数以沥青铺装层底部拉应力或拉应变作为控制指标。因此，分析埋管传导沥青路面底部拉应变是非常必要的。移动荷载作用下传导沥青路面分析点布置如图 9 – 19 所示。

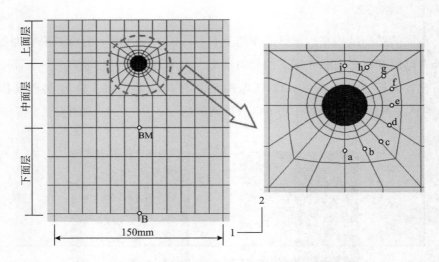

图 9 – 19 移动荷载作用下传导沥青路面分析点分布

路面温度为 10℃ 条件下，沥青铺装层下面层 B 点水平应变随时间的变化如图 9 – 20 所示。结果表明：传导沥青路面在行车荷载作用下，沥青铺装层底部最大拉应变几乎不受路面埋管与否或是埋何种管影响，沥青铺装层下面层底部拉应变最大值均在 67.1 ~ 67.6με，即埋管后传导沥青路面亦可满足与无管沥青路面相同的疲劳性能设计要求。

图 9 – 21 表明沥青铺装层中面层与下面层之间 BM 点水平应变随时间的变化。由图 9 – 21 可以看出，与下面层底部 B 点应变不同，道路铺装层内部埋管与否、埋何种管对于 BM 点水平应变有较大的影响。BM 点水平拉应变在路面无埋管时最大，埋铜管时次之，埋高密度聚乙烯管时最小。其中，无埋管时 BM 点处水平拉应变最大值仅为 21.2με，远不及铺装层底部 B 点方向水平拉应变。这说明道路中埋管有效削弱了 BM 点的水平方向受拉性能，对抗拉强度远低于抗压强度的沥青混凝土材料来说是极其有利的。

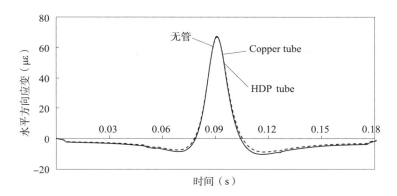

图 9 - 20　B 点水平方向应变随时间的变化

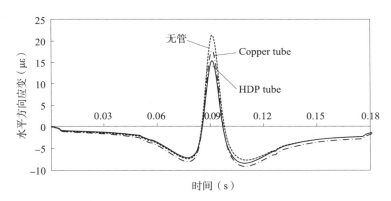

图 9 - 21　BM 点水平方向应变随时间的变化

　　综上所述，埋管与否或埋何种管对道路底部最易发生开裂的部位影响不大。图 9 - 22 给出了埋管型传导沥青路面水平方向（1 方向）拉应变随着移动荷载的变化过程。结果表明：移动荷载作用下水平方向拉应变几乎都发生在铺装层下面层及基层部分，在上面层与中面层部分几乎没有拉应变产生。

9.3.2　不同材质的换热管道对埋管周围应变的影响

　　考虑到埋管附近几何形状及材料参数的变化，在埋管附近可能会出现应力集中现象，本书将对埋管附近各点的水平方向（1 方向）应变进行分析。埋管周围各点应变随时间变化如图 9 - 23 至图 9 - 31 所示。

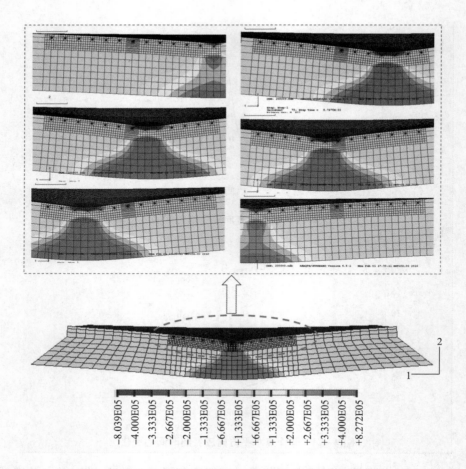

-8.039E05 -4.000E05 -3.333E05 -2.667E05 -2.000E05 -1.333E05 -6.667E05 +1.333E05 +6.667E05 +1.333E05 +2.000E05 +2.667E05 +3.333E05 +4.000E05 +8.272E05

图 9 – 22　沥青路面水平（1 方向）应变随着移动荷载的变化

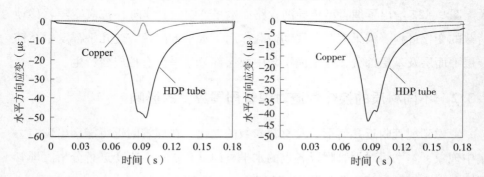

图 9 – 23　a 点应变随时间的变化　　　**图 9 – 24　b 点应变随时间的变化**

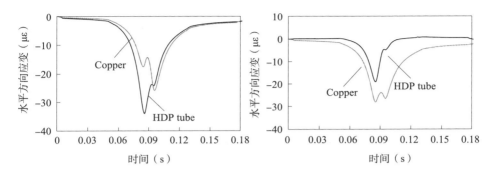

图 9 - 25　c 点应变随时间的变化　　　　图 9 - 26　d 点应变随时间的变化

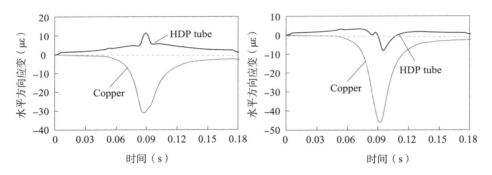

图 9 - 27　e 点应变随时间的变化　　　　图 9 - 28　f 点应变随时间的变化

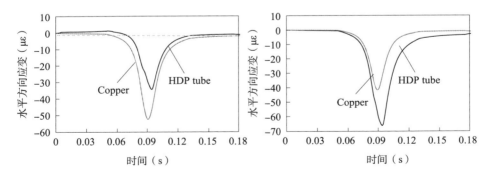

图 9 - 29　g 点应变随时间的变化　　　　图 9 - 30　h 点应变随时间的变化

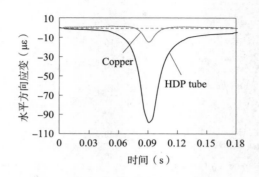

图9-31　i点应变随时间的变化

行车荷载作用下埋管周围各点水平方向应变随时间的变化情况与埋管材料直接相关：对于埋管下部 a、b、c 各点，埋管为铜管时压应变较小，埋管为高密度聚乙烯管时压应变较大；对于埋管右侧 d、e、f、g 各点，铜管周围所受压应变较大，高密度聚乙烯管周围压应变较小，且出现了水平方向拉应变，尤其是在埋管为高密度聚乙烯管时 e 点处最大拉应变达 $11.4\mu\varepsilon$；对于埋管上部接近路表面的 h、i 点，埋管为铜管时水平方向产生的压应变较小，有 $2.0\mu\varepsilon$ 拉应变产生，而埋管为高密度聚乙烯管时压应变较大。原因在于：铜管与高密度聚乙烯管相比，具有极强的刚度，而沥青混合料由不同粒径的集料组成，15mm 直径的铜管几乎可以起到沥青混合料中粗集料的作用，在移动荷载作用下其周围几乎没有出现水平方向拉应力/拉应变，因此，当埋管为铜管时，在埋管周围不会出现因为应力集中产生的水平方向拉应变，进而影响道路的正常使用性能。当埋管为高密度聚乙烯管时在 e 点处产生的水平方向最大拉应变仅为沥青铺装层底部最大拉应变的 1/6，因而，当埋管为高密度聚乙烯管时传导沥青路面亦可满足道路水平方向的拉应变要求。

依据式（9-1），按照《公路沥青路面设计规范》规定可以给出路面设计交通量，为传导沥青路面设计疲劳寿命提供参考。计算方法如下。

选取沥青混合料 10℃ 及 10Hz 条件下的动态模量作为沥青混合料的弹性模量，用于路面疲劳寿命的计算。对于高等级公路及高速公路而言，按一天 5 000 辆重载车辆计算[262]，一年 365 天，路面温度为 10℃ 的天气情况约占 1/3（以我国北方寒冷地区考虑），其中重载车辆一年行驶在行车道上的次数占 70%，则路面的年交通量为 5 000 × 365 × 1/3 × 70% ≈ 425 833（辆·年）。则不同类型的沥青路面的疲劳寿命如表9-6所示。

表9-6　不同类型路面的疲劳寿命

路　面		弹性模量 （MPa）	应变 （με）	疲劳次数	预估寿命 （年）	设计寿命 （年）
无管	上面层	32 277	0.8	1.355×10^{13}	31 847 677.2	16.0
	中面层	23 733	21.3	3.608×10^{8}	848.1	16.0
	下面层	16 137	67.1	1.143×10^{7}	26.9	16.0
	沥青铺装层设计寿命				26.9	16.0
埋HDP管	上面层	32 277	11.4	2.188×10^{9}	5 143.8	16.0
	中面层	23 733	15.3	1.073×10^{9}	2 521.7	16.0
	下面层	16 137	67.2	1.135×10^{7}	26.7	16.0
	沥青铺装层设计寿命				26.7	16.0
埋铜管	上面层	32 277	2.0	7.098×10^{11}	1 668 522.9	16.0
	中面层	23 733	17.6	6.718×10^{8}	1 579.3	16.0
	下面层	16 137	67.5	1.121×10^{7}	26.3	16.0
	沥青铺装层设计寿命				26.3	16.0

结果表明：无论是普通无管沥青路面，还是埋有换热管道（包括高密度聚乙烯管和铜管）的沥青路面，其主要控制应变均发生在下面层底部，设计年限均可达到26年。因此，道路结构埋管与否以及埋何种管对路面疲劳寿命影响不大，埋管传导沥青路面完全可以像普通沥青路面一样满足路面的正常使用要求。此外，26年的疲劳寿命远高于《公路沥青路面设计规范》中的设计年限，原因在于：数值计算中并未考虑沥青路面在实际使用过程中所受到的沥青的老化、雨水的冲刷、车辆荷载与路面的摩擦等多种因素的影响。

9.4　小　结

本章对于埋管传导沥青路面在移动荷载作用下的黏弹性响应进行了研究，主要结论如下。

（1）无论是传导沥青路面还是普通沥青路面，在行车荷载作用下最大拉应变均发生在铺装层下面层底部；无论沥青混凝土中埋管与否或是埋何种管，铺装层下面层最大拉应变值均在 67.1 ~ 67.6$\mu\varepsilon$。

（2）传导沥青路面在行车荷载作用下中面层底部最大拉应变受埋管影响较大：路面无埋管时最大，埋铜管时次之，埋高密度聚乙烯管时最小。即沥青铺装层内埋管可有效削弱中面层底部产生的最大拉应变，对于中面层的抗疲劳性能是有利的。

（3）传导沥青路面在行车荷载作用下埋管周围出现部分应力集中，埋管为高密度聚乙烯管时表现最为明显，但其产生的最大拉应变仅为铺装层底部最大拉应变的 1/6，对路面整体结构的抗疲劳性能没有影响。

（4）传导沥青路面和普通无管型沥青路面相类似，在行车荷载作用下，设计年限均可达到 26 年，道路结构埋管与否以及埋何种管对路面疲劳寿命影响不大。

第 10 章　结论与展望

10.1　研究结论

为安全、有效、节能、环保地解决冬季沥青路面积雪的问题，提出了功能型传导沥青路面的设计理念。本书主要研究了传导沥青混凝土路面进行太阳能集热和融雪化冰的相关技术内容，包括对太阳能集热和融雪化冰路面材料进行设计、制备和性能评价；整理和辨析沥青混凝土路面太阳能集热和融雪化冰过程中所涉及的物理问题，对集热和融雪的沥青道路的结构形式、评价集热和融雪的试验装置和方法进行了设计；在室内外进行太阳能集热和融雪化冰试验，综合评价传导沥青混凝土路面的应用性能。运用数值仿真软件 ANSYS 及 ABAQUS、利用传热学基本原理分析沥青路面的热传导系数、换热管道的埋管深度及埋管间距等对传导沥青路面夏季降温、冬季融雪的影响效果，找出了合理的埋管深度及埋管间距；对传导沥青路面（换热管道布置合理）在行车荷载作用下的黏弹性响应进行分析，确定了其设计疲劳寿命。通过相关理论分析、试验研究及数值模拟，主要得出以下研究结论。

（1）集热及融雪沥青路面拟采用结构形式为：上、中面层为普通沥青混凝土或传导沥青混凝土，上面层需具有防水抗磨耗功能；在沥青面层与下承层之间设具有防水功能的隔热层，下承层可以为旧混凝土路面或新建的基层。其中传导沥青混凝土是普通沥青混凝土中掺加或将集料替换为高导热相填料来提高沥青混凝土的导热性能。

（2）石墨在沥青中容易出现严重的沉降离析，在研究石墨对沥青胶浆性能的影响时，试样制备后存放时间不能超过 0.5h，并通过加大平行试验组来排除因石墨在沥青中的离析导致的试验结果偏差。石墨的掺入可以提高沥青胶浆的高温稳定性，但由于鳞片状石墨的润滑性，使沥青胶浆之间的内聚力下降，在拉应力作用下，沥青容易发生开裂。适量石墨能够发挥石墨对沥青的吸附增强作用，从而提高沥青在外力作用下的抗变形能力；而过量的石墨造成沥青内聚力下降，从而导致沥青弹性部分下降，在外力作用下易于破坏；建议沥青胶浆中石墨的体积分数掺量为 12% ~ 18%。

（3）在沥青混凝土掺入石墨后，会造成沥青混合料强度的下降，但在合理的掺量范围内传导沥青混凝土的性能指标均能满足规范要求；传导沥青混凝土动稳定度增加和车辙深度降低，石墨的掺入能够大幅提高沥青混凝土的高温稳定性；在间接拉伸疲劳试验中，当应力小于 1.2MPa 时，掺入沥青体积分数 22% 的传导沥青混凝土具有更好的耐疲劳性能；在传导沥青混凝土掺入碳纤维能进一步提高或改善其强度、高温稳定性和疲劳性能。对拟用于隔热防水保温层材料的稀浆封层和陶粒沥青混凝土的性能进行检验，稀浆封层和利用页岩陶粒替代部分集料的沥青混凝土满足规范的性能要求。

（4）普通沥青混凝土和传导沥青混凝土随着冻融次数的增加，空隙率逐渐增加、劈裂强度降低，初始空隙率越大增幅越大、劈裂强度降幅越大，传导沥青混凝土随着冻融次数的增加，劈裂强度降低幅度较普通沥青混凝土大，碳纤维能改善体积和力学性能。传导沥青混凝土由于石墨的润滑作用，内部更为密实，但阻隔了沥青与集料的黏附，导致表面集料易于剥落，水易于渗入有沥青包裹的集料内部；传导沥青混凝土随温度的升高电阻率增加、导热系数降低，重复的升温降低会导致传导沥青混凝土层应力集中，最终可能导致结构的变化。考察传导沥青混凝土体积性能的冻融关键次数是 4 次；而在评价传导沥青混凝土抗水温冲击性能时，建议采用空隙率为 6% ~ 6.5% 的试件，冻融次数为 3 次，当冻融抗拉强度比大于 80% 时可以较好地抗水温冲击。可以采用纤维、抗剥落剂等手段来增强传导沥青混凝土的抗水温冲击性能。

（5）对 Hot Disk 热常数分析仪的测试方法进行分析和改进，提出了适合沥青胶浆和沥青混凝土的精确测量方法。掺石墨沥青胶浆随石墨的掺量增加，导热系数和导热温系数逐渐增大，而单位体积热容先降低而增大，导温系数的增幅也逐渐变缓；作为对照组的掺矿粉沥青胶浆的导热系数、导温系数和单位体积热容都随掺量的增加呈线性增加；当石墨体积掺量为 18%，沥青胶浆的导热系数为 0.760 1W/（m·℃）时，相对沥青原样增加了近 352%。在 −20 ~ 60℃温度范围内，掺石墨沥青胶浆的导热系数和导温系数随温度的增加而降低，并且在石墨掺量越高的情况下下降的幅度越大；传导沥青胶浆导热性能的提高主要依赖于填料的导热系数的高低、填料在沥青基体中的分布以及与沥青基体的相互作用，石墨在沥青胶浆中的渗流阈值约为 11% ~ 12%。

对于掺石墨沥青胶浆，粒子填充型的 Maxwell – Euchen、Bruggeman、Cheng – Vackon、Russell 导热预估模型的预估值均低于实测值，特别是掺量越高偏离越远；Russell 模型预估值在石墨掺量小于 7% 时与实测值较为接近；根据实测值求解出适合石墨填充沥青的 Y. Agari 导热系数预估模型，其中最优模型参数 $C_p = 1.12$ 和 $C_f = 1.38$，与实测值有较好的吻合，可以用来预估石墨填充传导沥青胶浆的导热系数；确定 Hamilton – Crosser 模型中球形度参数 $\psi = 0.17$ 时，可以预估体积掺量为 0 ~ 20% 时石墨填充传导沥青胶浆的导热系数。

（6）普通沥青混凝土的导热性能主要由沥青混凝土中的集料决定，其中砂岩和花岗岩沥青混凝土导热系数较大，建筑废弃物沥青混凝土导热系数较小。但由于钢渣表面及内部有很多微小的孔隙，微孔降低了导热能力，另外会吸附更多的沥青，当钢渣替代部分集料后，混凝土的导热系数并未按预期的增加。此外，组成相同的沥青混凝土随着空隙率的增加，其导热明显降低；多孔表面结构的沥青混凝土的导热系数在测试过程中会出现较大波动，其平均导热系数明显小于密实表面结构的导热系数；随沥青体积含量的增加，导热系数逐渐减少；沥青混凝土中含水会提高导热系数；沥青混凝土的导热系数随着石墨掺量的增加而增加，但石墨的掺量大于 18% 后导热系数增幅越小，且增加掺入碳纤维，沥青混凝土导热系数的增加也有限。

由于不同集料种类，不同集料其粒径、表面形貌、导热性能、在混凝土中的取向、对沥青的吸附能力均不同，导致了 Williamson 预估模型对不同沥青混凝土导热系数的预估值与实测值有一定偏差；在沥青混凝土中复合石墨提高其导热性能，是基于石墨在沥青胶浆中的均匀分布，形成导热链后有效提高导热系数，降低沥青混凝土集料之间的热阻，最终导致沥青混凝土导热性能的整体提高，沥青混凝土中石墨合适的掺量为 18% ~ 22%。

稀浆封层的导热系数与普通沥青混凝土相差不大，不适合作为沥青混凝土路面的隔热功能层；防水卷材受施工厚度的影响，在隔热要求不高、同时需要防水、黏结功能时可以考虑作为隔热层材料；陶粒沥青混凝土导热系数小，不受施工厚度限制，可以作为公路工程路面结构中的隔热层，如太阳能集热路面、融雪化冰路面和多年冻土地区的冻土保护。在沥青混凝土路面中隔热层材料可以以高强页岩陶粒沥青混凝土为主，配合使用沥青基防水卷材。

（7）影响沥青混凝土路面太阳能集热及融雪性能的关键参数包括材料的导热系数与导温系数、路面材料对太阳辐射的吸收率、路表对流换热系数、冰雪的热物性、换热介质物性、管内对流换热系数、路表有效辐射、天空有效温度等；太阳能集热及融雪用试验装置要综合考虑辐照光源及其测量控制、温度传感器的种类及其安装数据采集、沥青混凝土换热器尺寸结构和制备方法、试验台架和管道的连接保温。

（8）虽然换热工质温度为25℃时，融雪时间长，但是仍然可以应用于道路的融雪化冰，可以根据天气预报提前加热路面，保证路面不积雪和增强融雪化冰的速率；提高换热工质的温度可以有效地降低融雪的时间，但从有效利用工业低温余热、地热和降低热量损失角度出发，在实际应用过程中没有必要一味地增大换热工质的温度，只要维持路面温度在3~5℃就可以维持路面不积雪、不冻结。低温流体加热路面融雪过程中，路表会出现明显的条纹状融雪带，可以借助行车的推动作用加速积雪的融化；传导沥青混凝土可以明显加快融雪的速度，使融雪的时间降低30%以上，并且能有效提高沥青路面的换热效率和融雪的效率。

由于不同融雪阶段的传热传质过程不同，融雪过程中路表无雪率和管道与管道之间区域的升温过程可以分为4个阶段：初始期、线性期（稳定期）、加速期和后加速区；融雪时路面温度最高的区域是换热管道的正上方，路面出现严重的温度分布不均，由于融雪引起的温度梯度需引起重视；红外热成像技术可以应用于沥青混凝土路面内部的换热管道的无损检测，确定破损点后可以采用复合材料封堵增强处理。

（9）传导沥青混凝土对路面温度场分布具有很大的影响，传导沥青混凝土加快了热量从路表向内部的传递、加快路面的温度变化速率、降低路面的温度梯度，导致传导沥青混凝土层的温度降低，而深于导热层的路面内部温度随之升高，其结果有利于提高沥青路面太阳能集热技术的集热效率、减小沥青路面极限温度的波动和避免由于高温度梯度引起的热应力破坏。在持续辐照条件下，路面的最高温度不是出现在路表面，而是路表以下一定深度处；最高温度出现的区域由道路材料的热物性、表面的大气辐射和对流换热决定；在本研究的测试条件下，最高温度出现在路表面下 2.5cm 处。从获得最高换热效率的角度出发，使用本书中设计的石墨改性传导沥青混凝土路面最佳埋管换热深度为 2.5~5cm。沥青混凝土路面太阳能集热技术可以较大幅度地降低路面温度，沥青路面集热技术可以减轻夏季高温天气中车辙、推移、泛油等病害的产生和缓解城市热岛效应。

（10）在集热过程中，随着流量的提高，路面表面温度呈线性关系降低；出入口水温差逐渐降低，而单位面积集热量逐渐增加，流量高时提高流量对沥青混凝土试板内部温度的分布影响不大。流量的提高有益于增大单位面积的集热量，但是以牺牲升温幅度为前提的，为获得合适的水温转而进行制冷供暖因此需要对流量限定。不同的通水时间和换热器不同初始温度，集热过程中表面和底部的升温和进出口水温差最终仍然会趋于一致，即平衡温度点。辐照时间短、换热器内部温度未达到合理范围内时，开机通水后沥青混凝土的表面和底部需要继续吸收热量，会导致出入口水温差低、瞬时集热效率低；辐照时间长、内部温度高，不能最大量地吸取热量，并且通水后导致路面温度短时间在较大范围内波动；因此，建议路面埋管深度处的底部温度达到特定换热工质和流量所需平衡温度后开始通水，此时换热管道上方的热量不需要进一步传递到路面底部，维持了沥青混凝土与管道内部换热工质的温度梯度，避免提前开机所需的电能损耗。

在路面进行集热可以阻止热量向深于埋管深度的底部传递，提高管道上部道路材料的导热系数可以加快路表吸收的太阳能向换热管道附近传递；在管道附近使用掺有石墨的传导沥青混凝土，在不同流量情况下均可以提高出入口水温差和单位面积集热量；在室内持续辐照条件下传导沥青混凝土集热效率提高了 16.8%~25.9%，集热效率达 37.5%~47.7%；换热管道间距为 30cm，在自然辐照环境中传导沥青混凝土的全天平均集热效率仍相对于普通沥青混凝土可以提高 15.5%，达 29.7%。

（11）埋管深度相同时，沥青混凝土热传导系数越大，融冰时间越短；在相同沥青混凝土热传导系数条件下，埋管越深，融冰所需时间越长。传导沥青路面融冰时间与沥青混凝土材料导热系数的关系可用幂指数方程 $t = Ak^{-b}$ 来表征，埋管越深，实常数 A 越大，提高沥青混凝土的导热系数对融冰效果越明显，当埋管距离路表面太近时，改变路面导热系数对融冰效果影响较小。传导沥青路面中的换热管道可根据沥青路面结构厚度按下列两种方式布置 [沥青混凝土导热系数 ≥3.0W/(m·℃)]：①对于较厚的沥青面层，埋管深度为10cm，埋管间距为0.1m。若沥青混凝土导热系数增大，亦可考虑增大埋管间距，但最大间距不能超过0.18m；②对于普通/较薄的沥青面层，埋管深度为4cm，埋管间距为0.15m。沥青混凝土导热系数的增大对融冰有一定的影响，但是融冰效果不明显，埋管间距在0.25m范围内即可。

（12）传导沥青路面融冰效果与换热管道的埋管深度、沥青混凝土的导热性能影响较大。当埋管距离路表面较近时，可直接采用普通沥青混凝土；而埋管较深时，宜采用较高导热性能的沥青混凝土。

（13）传导沥青路面中的换热管道可根据沥青路面结构厚度按下列两种方式布置 [沥青混凝土导热系数 ≥3.0W/(m·℃)]：①埋管深度为10cm时埋管间距为0.1m。若沥青混凝土导热系数增大，亦可考虑增大埋管间距，但最大间距不能超过0.18m；②埋管深度为4cm时埋管间距为0.15m。沥青混凝土导热系数的增大对于融化路面冰雪有一定的影响，但融雪化冰效果不明显，埋管间距在0.25m范围内即可。

（14）沥青路面最高温度出现在路表以下2cm处。传导沥青混凝土材料的使用可使沥青混凝土内部最高温度降幅达3.8%以上；并有效降低沥青混凝土铺装层内的热梯度。对于导热系数为3.0W/(m·℃) 的传导沥青路面而言，夏季在换热管道内通入助冷剂（25℃水）可使道路表面温度降幅达20%以上。

（15）在沥青路面中埋入换热管道对典型半刚性路面结构的受力状态无不利影响，传导沥青路面可按普通半刚性路面结构进行设计。提高换热管道的刚度可有效解决传导沥青路面在行车荷载作用下埋管周围出现的部分应力集中的问题。依据天气预报在下雪前1h在换热管道中通入25℃水使路面温度达到0℃以上可有效预防路面积雪的产生。

主要创新点如下：①确定了传导沥青胶浆和传导沥青混凝土的热工参数和

导热预估模型；②研究了水温耦合冲击对传导沥青混凝土的影响，确定其功能的耐久性和评价方法、指标；③研究利用沥青路面进行太阳能集热的可行性，评价了传导沥青混凝土路面的集热性能，确定集热相关技术的控制参数；④确定了传导沥青路面用于融雪化冰时换热管道的合理布置方式；⑤建立了传导沥青路面融冰预估数值模型；⑥在建立沥青混凝土材料黏弹性本构关系的前提下，提出了埋有换热管道的传导沥青路面在移动荷载作用下的建模方法。

10.2　展　望

尽管本书主要采用数值模拟方法对传导沥青路面进行冬季融雪化冰、夏季降温的分析计算，进而对该种道路结构在行车荷载作用下的黏弹性响应进行研究，包括移动荷载的施加及考虑到沥青混凝土的黏弹性本构关系。但是限于本人能力、专业水平以及研究时间和条件的限制，还有以下 4 个方面的工作尚待开展进一步深入研究。

（1）需考虑换热管道、管材、管道布置方案和换热工质满足多工况条件下的运行，优化太阳能集热和融雪化冰的能量转换和传输，提高换热效率，并实现能量的跨季节储存。

（2）换热管道内水流的速度和流量对于道路集热和融雪的影响。

（3）换热管道布置方案与传导沥青路面集热效率之间的关系。

（4）建立实体工程，在实际运行环境中评价集热和融雪性能，探索室内研究成果与实际情况的相关性，确定路用功能、集热及融雪功能的耐久性。

参考文献

［1］2009—2010 年中国能源消费结构深度研究及投资分析报告［R］. 北京：中国研究报告网，2009.

［2］罗运俊，何梓年. 太阳能利用技术［M］. 北京：化学工业出版社，2005.

［3］李波. 传导沥青混凝土及其性能研究［D］. 武汉：武汉理工大学，2008.

［4］郑瑞澄. 民用建筑太阳能热水系统工程技术手册［M］. 北京：化学工业出版社，2006.

［5］国家统计局. "十一五" 经济社会发展成就系列报告［R］. 北京：国家统计局，2011.

［6］沈金安. 国外沥青路面设计方法总汇［M］. 北京：人民交通出版社，2004.

［7］常魁和. 公路沥青路面养护新技术［M］. 北京：人民交通出版社，2001.

［8］徐世法，季节，罗晓辉，等. 沥青铺装层病害防治与典型实例［M］. 北京：人民交通出版社，2005.

［9］http：//www. cclndx. com/show. asp？textid＝6243.

［10］中国公路网. http：//www. 9811. com. cn/news/2008/228369. php，2008－01－21.

［11］公安部交通管理局. 中华人民共和国道路交通事故统计年报（2009），2010.

［12］黄勇. 路面融雪化冰及太阳辐射吸热研究［D］. 长春：吉林大学，2010.

［13］LOOMANS M，OVERSLOOT H，DE BONDT A H，et al. Design tool for the thermal energy potential of asphalt pavements［C］. Eindhoven，Netherlands：Eighth International Building Performance Simulation Association Conference，2003：745－752.

［14］吴少鹏，李波，朱教群，等. 一种导热型沥青路面太阳能集热系统及其应用：中国，200610019477. x.［P］. 2006－6－27.

［15］BIJSTERVELD W T V，HOUBEN L J M，SCARPAS A，et al. Using pavement as solar collector on pavement temperature and structural response［J］. Transportation Research Record：Journal of the Transportation Research Board，2001（1778）：140－148.

［16］ RAJIB B M，CHEN B L，SANKHA B M，et al. Capturing solar energy from asphalt pavements［C］. Zurich，Switzerland：International Symposium on Asphalt Pavements and Environment 2008，2008：161－172.

［17］ 吴少鹏，王金山，朱教群，等. 导热型沥青混凝土屋顶太阳能蓄热系统：中国，ZL200610019475. 0［P］. 2007－01－17.

［18］ 吴少鹏，陈明宇，张园，等. 混凝土太阳能集热及融雪化冰用试验装置：中国，ZL 200910062073. 2［P］. 2009－05－15.

［19］ 王庆艳. 太阳能－土壤蓄热融雪系统路基得热和融雪机理研究［D］. 辽宁：大连理工大学，2007.

［20］ 李国平，韩伟华. 当前道路融雪方法及未来发展趋势［J］. 科技信息，2008（21）：55.

［21］ 王华军. 流体加热道路融雪传热传质特性研究［D］. 天津：天津大学，2007.

［22］ 范杰，马颖. 除雪剂在除雪中的应用及对环境危害的防治［J］. 重庆交通学院学报，2007，26（3）：78－81.

［23］ 洪乃丰. 防冰盐腐蚀与钢筋混凝土的耐久性［J］. 建筑技术，2000，31（2）：102－104.

［24］ 骆虹，罗立斌，张晶. 融雪剂对环境的影响及对策［J］. 中国环境监测，2004，20（1）：55－57.

［25］ 陈建滨，董红星. 环保型道路融雪剂的研制［J］. 化学工程师，2004（10）：65－66.

［26］ 崔龙锡. 蓄盐类沥青混合料研究［D］. 重庆：重庆交通大学，2010.

［27］ 王锋，韩森，张洪伟，等. 盐化物融雪沥青混合料的应用研究［J］. 公路，2009（3）：176－179.

［28］ 张洪伟. 橡胶颗粒除冰雪沥青路面的研究［D］. 西安：长安大学，2009.

［29］ 张洪伟，陈伦坤，张宝龙，等. 抗冻结沥青混凝土路面国内外研究现状与进展［J］. 公路，2011（1）：135－139.

［30］ 周纯秀. 冰雪地区橡胶颗粒沥青混合料应用技术的研究［D］. 哈尔滨：哈尔滨工业大学，2006.

［31］ 周纯秀，谭忆秋. 橡胶颗粒沥青混合料除冰雪性能的影响因素［J］. 建筑材料学报，2009，12（6）：672－675.

［32］ 厉永举，高一平，等. 日本札幌市道路抗冻结路面铺设方法［J］. 内蒙古交通与运输，2001（4）.

［33］ MIZUMA H，OZAWA N. Road heating system utilizing natural energy，a way it should by new challenges for winter road service ［C］. XIth International Winter Road Congress, 2002.

［34］ 李炎锋，武海琴，王贯明，等. 发热电缆用于路面融雪化冰的实验研究 ［J］. 北京工业大学学报，2006，32 (3): 217 - 222.

［35］ 车广杰. 碳纤维发热线用于路面融雪化冰的技术研究 ［D］. 大连: 大连理工大学，2008.

［36］ KATARZYNA ZWARYCZ. Snow melting and heating systems based on geothermal heat pumps at goleniow airport poland ［R］. The United Nations University, 2002.

［37］ TONYA L BOYD. New snow melt projects in klamath falls ［J］. Geo - Heat Center Quarterly Bulletin, 2003: 12 - 15.

［38］ OREGON DEPARTMENT OF TRANSPORTATION. Grading, structure and paving "a" canal bridges (Klamath falls) section, Wall Street and Eberlein Avenue, Klamath County ［R］. Contract No. 12745, 2003.

［39］ JOHN W LUND. Pavement Snow Melting ［R］. Oregon Institute of Technology, 2000.

［40］ ARNI RAGNARSSON. Utilization of geothermal energy in Iceland ［C］. Reykjavík, Iceland: International Geothermal Conference, 2003.

［41］ WALTER J EUGSTER, JÜRG SCHATZMANN. Harnessing solar energy for winter road clearing on heavily loaded expressways ［C］. Sapporo, Japan: XIth PIARC International Winter Road Congress, 2002.

［42］ KINYA IWAMOTO, SHIGEYUKI NAGASAKA. Prospects of snow melting systems using underground thermal energy storage in JAPAN ［C］. Annual Conference of The Society of Heating, Air - Conditioning and Sanitary Engineers of Japan, 2000.

［43］ KOJI MORITA, MAKOTO TAGO. Operational characteristics of the gaia snow - melting system in Ninohe Iwate Japan: Development of a snow - melting system which utilizes thermal functions of the ground ［C］. Kyushu - Tohoku, Japan: World Geothermal Congress, 2000.

［44］ YASUHIRO HAMADA, MAKOTO NAKAMURA, HIDEKI KUBOTA. Field measurements and analyses for a hybrid system for snow storage/melting and air conditioning by using renewable energy ［J］. Applied Energy, 2007, 84 (2).

［45］ L DAVID MINSK. Heated Bridge Technologies ［R］. USA: Department of Transportation and Federal Highway Administration, 1999.

［46］ XIAOBING LIU. Development and experimental validation of simulation of hydronic snow melting systems for bridges ［D］. Oklahoma State University, 2005.

［47］ CHIASSON A D, SPIDER J D, BEES S J, et al. A model for simulating the performance of a pavement heating system as a supplemental heat rejecter with closed – loop ground – source heat pump systems [J]. ASME Journal of Solar Energy Engineering, 2000, 122 (4): 183 – 191.

[48] REES S J, SPIDER J D, XIAO X. Transient analysis of snow – melting system performance [J]. ASHRAE Transactions, 2002, 108 (2): 406 – 423.

[49] SEAN LYNN HOCKERSMITH. Experimental and computational investigation of snow melting on heated horizontal surfaces [D]. Stillwater, Oklahoma: Oklahoma State University, 1999.

[50] KATARZYNA ZWARYCZ. Snow melting and heating systems based on geothermal heat pumps at Goleniow airport, Porland [R]. Geothermal Training Programme, 2002.

[51] GEIR EGGENL, GEIR VANGSNES. Heat pump for district cooling and heating at OSLO Airport Gardermoen [C]. LasVegas: The IEA 8th Heat Pump Conference, 2006.

[52] 高一平. 利用太阳能的路面融雪系统 [J]. 国外公路, 1997, 17 (4): 53 – 55.

[53] 林密. 地下蓄能和太阳能复合系统工程应用分析 [D]. 长春: 吉林大学, 2007.

[54] 林密, 高青, 马纯强, 等. 热流体路面融雪化冰过程基本传热分析 [C]. 中国高校工程热物理学会第十三届学术会议论文, 2008.

[55] 王庆艳. 太阳能 – 土壤蓄热融雪系统路基得热和融雪机理研究 [D]. 辽宁: 大连理工大学, 2007.

[56] W T VAN BIJSTERVELD, L J M HOUBEN, A SCARPAS, A A A MOLENAAR. Using pavement as solar collector: Effect on pavement temperature and structural response [R]. Transportation Research Record, 2001 (1778): 140 – 148.

[57] WENDEL I L. Paving and Solar Energy System and Method: United States, 4132074 [P]. 1979 – 01 – 02.

[58] SEDGWICK R H D, PATRICK M A. The use of a ground solar collector for swimming pool heating [J]. Brighton: ISES Congress, 1983 (1): 632 – 636.

[59] TURNER R H. Concrete slabs as winter solar collectors [C]. ASME Solar Energy Conference, 1986: 9 – 13.

[60] TURNER R H. Concrete slabs as summer solar collectors [C]. International Heat Transfer Conference, 1987: 683 – 689.

[61] NAYAK J K, SUKHATME S P, LIMAYE R G, BOPSHETTY S V. Performance studies on solar concrete collectors [J]. Solar Energy, 1989, 42 (1): 45 – 56.

[62] BOPSHETTY S V, NAYAK J K. Performance analysis of a solar concrete collector [J]. Energy Convers. Manage, 1992, 33 (11): 1007 – 1016.

[63] M A ALSAAD, B A JUBRAN, N A ABUFARIS. Development and testing of concrete solar

collectors [J]. International Journal of Sustainable Energy, 1994, 16 (1): 27 – 40.

[64] E BILGEN, M A RICHARD. Horizontal concrete slabs as passive solar collectors [J]. Solar Energy, 2002, 72 (5): 405 – 413.

[65] ASHLEY BURNETT ABBOTT. Analysis of thermal energy collection from precast concrete roof assemblies [D]. Virginia Polytechnic Institute and State University, 2004.

[66] MARWA HASSAN, YVAN BELIVEAU. Performance testing of an integrated solar collector system [C]. Construction Research Congress, 2009.

[67] RAJIB B M, CHEN B L, SANKHA B M, et al. Capturing solar energy from asphalt pavements [C]. Zurich, Switzerland: International Symposium on Asphalt Pavements and Environment 2008, 2008: 161 – 172.

[68] RAJIB B M, CHEN B L, SANKHA B M, et al. Capturing solar energy from asphalt pavements [C]. Zurich, Switzerland: International Symposium on Asphalt Pavements and Environment 2008, 2008: 161 – 172.

[69] OOMS NETHERLANDS HOLDING BV. Road Energy System [DB/OL]. [2011 – 6 – 1]. http: //www. ooms. nl.

[70] BIJSTERVELD W T V, DE – BONDT A H. Structural aspects of pavement heating and cooling systems [C]. Netherlands: 3rd International Symposium on Finite Elements. Amsterdam, 2002: 1 – 15.

[71] SULLIVAN C G, DE BONDT A, ROB JANSEN, HENK VERWEIJMEREN. Innovation in the production and commercial use of energy extracted from asphalt pavements [C]. United Kingdom: 6th Annual International Conference on Sustainable Aggregates, Asphalt Thechnology and Pavement Engineering, 2007.

[72] REBECCA CARR, ERIC D, JOHN F, et al. Scotland's Renewable Heat Strategy: Recommendations to Scottish Ministers: Renewable Heat Group (RHG) Report [R]. Edinburgh: the Scottish Government, 2008.

[73] Inter – seasonal Heat Transfer —IHT[TM]. Asphalt Solar Collector [DB/OL]. [2011 – 6 – 1]. http: //www. icax. co. uk.

[74] MARK H. Renewable energy technology to offset emissions and improve road safety [J]. Renewable Energy Focus, 2005, 6 (4): 7.

[75] Asphalt collector and solar thermal collectors. Asphalt collectors in Belgium [DB/OL]. [2011 – 6 – 1]. http: //www. groundmed. eu/hp_best_practice_database/database/568/.

[76] MARUSZ OWCZAREK, ROMAN DOMANSKI. Application of dynamic solar collector model

for evaluation of heat extraction from the road bridge［C］. The 9th International Conference on Thermal Energy Storage，2003.

［77］ CHEN BAOLIANG, S BHOWMICK, RAJIB B MALLICK. A laboratory study on reduction of heat island effect of pavements［C］. Association of Asphalt Paving Technologists（AAPT），2009 annual meeting，2009：15 – 18.

［78］ 刘研. 道路固体结构集热蓄能过程分析及其传热研究［D］. 长春：吉林大学，2010.

［79］ WU S P, LI B, XIAO Y, et al. The effect of thermal conductive additions on thermal properties of asphalt mixtures［C］. Zurich, Switzerland：International Symposium on Asphalt Pavements and Environment 2008，2008：153 – 160.

［80］ 侯作富. 融雪化冰用碳纤维导电混凝土的研制及应用研究［D］. 武汉：武汉理工大学，2003.

［81］ 武海琴. 发热电缆用于路面融雪化冰的技术研究［D］. 北京：北京工业大学，2005.

［82］ 李炎峰，胡世阳，武海琴，等. 发热电缆用于路面融雪化冰的模型［J］. 北京工业大学学报，2008，32（12）：1298 – 1303.

［83］ HUAJUN WANG, JUN ZHAO, ZHIHAO CHEN. Experimental investigation of ice and snow melting process on pavement utilizing geothermal tail water［J］. Energy Conversion and Management，2008（49）：1538 – 1546.

［84］ HUAJUN WANG, ZHIHAO CHEN. Study of critical free – area ratio during the snow – melting process on pavement using low – temperature heating fluids［J］. Energy Conversion and Management，2009（50）：157 – 165.

［85］ 管数园. 电缆加热系统进行融雪的数值分析研究［D］. 上海：上海交通大学，2008.

［86］ L D MINSK. Electrically conductive asphalt for control of snow and ice accumulation［J］. Highway Research Board，1968（227）：57 – 63.

［87］ P L ZALESKI, D J DERWIN, W H FLOOD. Electrically conductive paving mixture and paving system：U. S. , Patent 5707171［P］. 1998.

［88］ REBECCA LYNN FITZGERALD. Novel application of carbon fiber for hot mix asphalt reinforcement and carbon – carbon cre – forms［D］. USA：Michigan Technology University，2000.

［89］ S P WU, L T MO, Z H SHUI, Z CHEN. Investigation of the conductivity of asphalt concrete containing conductive fillers［J］. Carbon，2005（43）：1358 – 1363.

［90］ B S HUANG, X W CHEN, X SHU. Effects of electrically conductive additives on laboratory – measured properties of asphalt mixtures［J］. Journal of Materials in Civil Engineering，2009（21）：612 – 617.

［91］ SHAOPENG WU, LIANTONG MO, ZHONGHE SHUI. Piezoresistivity of graphite modified asphalt – based composites ［J］. Key Engineering Materials, 2003 (249): 391 – 396.

［92］ XIAOMING LIU, SHAOPENG WU, QUNSHAN YE, et al. Properties evaluation of asphalt – based composites with graphite and mine powders ［J］. Construction and Building Materials, 2008, 22 (3): 121 – 126.

［93］ SHAOPENG WU, XIAOMING LIU, QUNSHAN YE, et al. Self – monitoring electrically conductive asphalt – based composite containing carbon fillers ［J］. Transactions of Nonferrous Metals Society of China, 2006, 16 (2): 512 – 516.

［94］ 张园. 多相复合导电沥青混凝土的制备与性能研究 ［D］. 武汉: 武汉理工大学, 2010.

［95］ 张水燕, 宋艳茹, 张连革, 等. 道路沥青温度疲劳规律研究的概况 ［J］. 石油沥青, 2005, 19 (2): 55 – 59.

［96］ 田小革, 郑健龙, 许志鸿, 等. 低加载频率下沥青混合料的疲劳效应 ［J］. 中国公路学报, 2002, 15 (1): 19 – 21.

［97］ 王金昌, 朱向荣. 低温下沥青混凝土道路温度应力的新评价 ［J］. 公路, 2004 (4): 60 – 63.

［98］ 沈金安. 高速公路沥青路面早期损坏分析与防治对策 ［M］. 北京: 人民交通出版社, 2004.

［99］ 杨文锋. 沥青混合料抗水损害能力研究 ［D］. 武汉: 武汉理工大学, 2005.

［100］ Prithvi S, Kandhal, Carl W. Water damage to asphalt overlay: Case histories ［R］. NCAT Report No. 89 – 1, 1989: 20 – 22.

［101］ 吴钊. 冻融循环对沥青混合料性能的影响研究 ［D］. 武汉理工大学, 2010.

［102］ 包秀宁, 李燕枫, 王哲人. 沥青混合料水损害实验方法探究 ［J］. 广州大学学报: 自然科学版, 2003 (4): 157 – 159.

［103］ 罗志刚, 周志刚, 郑健龙. 沥青路面水损害问题研究现状 ［J］. 长沙交通学院学报, 2003 (9): 39 – 44.

［104］ 中华人民共和国交通部. JTJ 052—2000. 公路工程沥青及沥青混合料试验规程［S］. 北京: 人民交通出版社, 2000.

［105］ CHADBOURN B A, NEWCOMB D E, VOLLER V R, et al. An asphalt paving tool for adverse conditions ［R］. Minneapolis, Minnesota: Minnesota Department of Transportation, 1998: 145 – 154.

［106］ KAVIANIPOUR A, BECK J V. Thermal property estimation utilizing the laplace transform with application to asphaltic pavement [J]. International Journal of Heat and Mass Transfer, 1967 (20): 259 – 267.

[107] MRAWIRA D M, LUCA J. Thermal properties and transient temperature response of full – depth asphalt pavements, No. 1809 [R]. Washington, DC: Transportation Research Record, 2004: 160 – 171.

[108] 陈则韶, 葛新石, 顾毓沁. 量热技术和热物性测定 [M]. 合肥: 中国科技大学出版社, 1990.

[109] DAVID H T, VAUGHAN R V, EUL – BUM L, et al. A multi – layer asphalt pavement cooling tool for temperature prediction during construction [J]. International Journal of Pavement Engineering, 2001, 2 (3): 169 – 185.

[110] JORDAN P G, THOMAS M E. Prediction of cooling curves for hot – mix paving materials by a computer program: transport and road research laboratory report 729 [R]. Crow Thorne, UK: Transport and Road Research Laboratory, 1976: 125 – 136.

[111] TEGELER P A, DEMPESEY B J. A method of predicting compaction time for hot – mix bituminous concrete [C]. American: Association of Asphalt Paving Technologists Technical Session 42, 1973: 499 – 523.

[112] LUCA J, MRAWIRA D. New measurement of thermal properties of superpave asphalt concrete [J]. Journal of Materials in Civil Engineering, 2005, 17 (1): 73 – 79.

[113] ASTM C177 – 2010. Standard test method for steady – state heat flux measurements and thermal transmission properties by means of the guarded – hot – plate apparatus [S], 2010 – 01 – 01.

[114] 近藤佳宏. 日本土木工程学会论文报告集 [R]. 同济大学道路与交通研究所, 1976.

[115] 秦健, 孙立军. 国外沥青路面温度预估方法综述 [J]. 中外公路, 2005, 25 (6): 19 – 23.

[116] HUBER G A. Weather database for the superpave mix design system [R]. National Research Council, Washington, DC: Strategic Highway Research Program, SHRP – A – 648A, 1994.

[117] BARBER E S. Calculation of maximum pavement temperature from weather reports [R]. Washington, D. C.: Transportation Research Record, 1957 (168): 1 – 18.

[118] Christison J T, ANDERSON K O. The response of asphalt pavement to low temperature climatic environment [C]. London, England: the 3th International Conference on the

Structure Design of Asphalt Pavement, 1972.

[119] HERMANSSON AKE. Simulation model for calculating pavement temperature including maximum temperature [J]. Transportation Research Record, 2000 (1699): 134 – 141.

[120] YAVUZTURK C, KSAIBATI K, CHIASSON A D. Assessment of temperature fluctuations in asphalt pavements due to thermal environmental conditions using a two dimenstional, transient finite – difference approach [J]. Journal of Materials in Civil Engineering, 2005 (17): 465 – 475.

[121] MINHOTO M J C, PAIS J C, PAULO A A. Predicting asphalt pavement temperature with a three – dimensional finite element method [R]. Washington, D. C.: Transportation Research Record, 2005: 96 – 110.

[122] RAJIB B MALLICK, BAOLIANG CHEN, SANKHA BHOWMICK. Reduction of urban heat island effect through harvest of heat energy from asphalt pavements [EB/OL]. http://heatisland2009. lbl. gov/docs/211420 – mallick – doc. pdf.

[123] 方福森. 路面工程 [M]. 北京: 人民交通出版社, 1993.

[124] 韩子东. 道路结构温度场研究 [D]. 西安: 长安大学, 2001.

[125] 吴赣昌. 半刚性路面温度应力分析 [M]. 北京: 科学出版社, 1995.

[126] 吴赣昌. 半刚性基层沥青路面温度场的解析理论 [J]. 应用数学和力学, 1997, 18 (2): 169 – 176.

[127] 吴赣昌, 凌天清. 半刚性基层温缩裂缝的扩展机理分析 [J]. 中国公路学报, 1998, 11 (1): 21 – 28.

[128] 吴赣昌. 层状路面体系温度场分析 [J]. 中国公路学报, 1992, 5 (4): 17 – 25.

[129] 吴赣昌, 黄国顺. 自然条件下沥青路面结构的温度分布 [J]. 佛山科学技术学院学报: 自然科学版, 1998, 16 (1): 47 – 53.

[130] 贾璐. 沥青路面高温温度场数值分析和实验研究 [D]. 长沙: 湖南大学, 2004.

[131] 张兴军, 白成亮. 沥青路面温度应力有限元分析 [J]. 华东公路, 2006 (5): 83 – 86.

[132] 罗桑, 李勇, 舒富民, 陈磊磊. 沥青路面结构非线性瞬态温度场数值模拟 [J]. 交通与计算机, 2008, 26 (1): 92 – 95.

[133] 罗桑, 钱振东, 白琦峰. 沥青路面结构非线性瞬态温度场模型研究 [J]. 交通运输工程与信息学报, 2009, 7 (3): 33 – 39.

[134] A T PAPAGIANNAKIS, N AMOACH, R TAHA. Formulation for viscoelastic response of pavements under moving dynamic loads [J]. Journal of Transportation Engineering, 1996,

122（2）：140 – 145.

［135］ A T PAPAGIANNAKIS, A ABBAS, E MASAD. Micromechanical analysis of viscoelastic properties of asphalt concretes ［R］. Transportation Research Record, 2002（1789）：113 – 120.

［136］ RAJ V SIDDHARTHAN, JIAN YAO, PETER E. SEBAALY. Pavement strain from moving dynamic 3D load distribution ［J］. Journal of Transportation Engineering, 1998, 124（6）：557 – 566.

［137］ PENGMIN LV, RUNLI TIAN, XIAOYUN LIU. Dynamic response solution in transient state of viscoelastic road under moving load and its application ［J］. Journal of Engineering Mechanics, 2010, 136（2）：168 – 173.

［138］ 罗辉．沥青路面黏弹性响应分析及裂纹扩展研究 ［D］. 武汉：华中科技大学，2007.

［139］ 叶勇．基于 ABAQUS 软件的沥青路面结构非线性分析 ［D］. 衡阳：南华大学，2007.

［140］ 滕旭秋．柔性基层沥青路面设计指标及性能预估模型研究 ［D］. 西安：长安大学，2009.

［141］ 中华人民共和国交通部．JTG E42—2005. 公路工程集料试验规程 ［S］. 北京：人民交通出版社，2004.

［142］ 中华人民共和国交通部．JTJ F40—2004. 公路沥青路面施工技术规范 ［S］. 北京：人民交通出版社，2004.

［143］ 刘英俊，刘伯元．塑料填充改性 ［M］. 北京：中国轻工业出版社，1998.

［144］ PERVIZ AHMEDZADE, BURAK SENGOZ. Evaluation of steel slag coarse aggregate in hot mix asphalt concrete ［J］. Journal of Hazardous Materials, 2009（165）：300 – 305.

［145］ DELMONTE J. 碳纤维和石墨纤维复合材料技术 ［M］. 北京：科学出版社，1987.

［146］ 薛永杰．钢渣沥青马蹄脂混合料制备与性能研究 ［D］. 武汉：武汉理工大学，2005.

［147］ 中华人民共和国国家质量监督检验检疫总局，中国国家标准化管理委员会．GB 18242—2008. 弹性体改性沥青防水卷材 ［S］，2008.

［148］ 江苏省交通科学研究院．高性能沥青路面 – Superpave 技术实用手册，2002.

［149］ 林绣闲．论 Superpave 组成配比的特色 ［J］. 华东公路，2002（134）：3 – 7.

［150］ 磨炼同．导电沥青混凝土的制备与研究 ［D］. 武汉：武汉理工大学，2004.

［151］ 中华人民共和国交通部．JTG/T F40 – 02 – 2005，微表处和稀浆封层技术指南 ［S］. 北京：人民交通出版社，2005.

[152] LEHMANN H L, ADAM VERDI. Use of expanded clay aggregate in bituminous construction [J]. Highway Research Board Proceeding, 1959 (38): 398 – 407.

[153] BOB M, GALLAWAY P E. Expanded shale, clay and slate reference manual for asphalt pavement systems [M]. Salt Lake City: Expanded Shale, Clay, and Slate Institute, 1998.

[154] 张登良. 沥青路面工程手册 [M]. 北京: 人民交通出版社, 2003.

[155] 沈金安. 沥青及沥青混合料路用性能 [M]. 北京: 人民交通出版社, 2001.

[156] 吴少鹏. 西部交通科技开发项目: 层状硅酸盐改性沥青及其混合料路用性能研究与应用报告 [R]. 武汉: 武汉理工大学, 2009.

[157] 韩君. 耐紫外老化沥青的制备与性能研究 [D]. 武汉: 武汉理工大学, 2011.

[158] 金日光, 华幼卿. 高分子物理 [M]. 北京: 化学工业出版社, 2000.

[159] American Society for Testing and Materials. Standard viscosity – temperature chart for asphalts [S]. ASTM D2493, 1993.

[160] SAEED SADEGHPOUR GALOOYAK, BAHRAM DABIR, ALI EHSAN NAZARBEYGI, et al. Rheological properties and storage stability of bitumen/SBS/montmorillonite Composites [J]. Construction and Building Materials, 2010 (24): 300 – 307.

[161] 黄晓明, 吴少鹏, 赵永利. 沥青与沥青混合料 [M]. 南京: 东南大学出版社, 2003.

[162] BAHIA H U, et al. Characterization of modified asphalt binders in superpave mix design [R]. Washington DC: National Cooperative Highway Research Program Report, 2001.

[163] AIREY G D. Rheological Properties of Styrene Butadiene Styrene Polymer Modified Road Bitumens [J]. Fuel, 2003, 82 (14): 1709 – 1719.

[164] 刘立新. 沥青混合料黏弹性力学及材料性原理 [M]. 北京: 人民交通出版社, 2006.

[165] American society for testing and materials: Standard test method for viscosity determination of asphalts at elevated temperatures using a rotational viscometer [S]. ASTM D2493, 1993.

[166] SHENOY A. Model – fitting the master curve of the dynamic shear rheometer data to extract a rut – controlling term for asphalt pavements [J]. Journal of Testing and Evaluation, 2002, 30 (2): 95 – 112.

[167] 张肖宁. 沥青及沥青混合料的粘弹力学原理及应用 [M]. 北京: 人民交通出版社, 2006 (1).

[168] BAHIA H U, ANDERSON D A. The SHRP binder rheological parameters: why are they required and how do they compare to conventional Properties? [R]. Transportation Research

Record, 1995（1488）：32 – 39.

［169］王旭东. 沥青路面材料动力特性与动态参数［M］. 北京：人民交通出版社，2002.

［170］杨世铭. 传热学基础［M］. 北京：清华大学出版社，1981.

［171］F P INCROPERA，D P DEWITT，T L BERGMAN，A S LAVINE. Fundamentals of heat and mass transfer：sixth edition in chinese［M］. Beijing：Chemistry Industry Press，2007.

［172］中华人民共和国国家质量监督检验检疫总局，中国国家标准化管理委员会. GB/T 2423.24—1995 电工电子产品环境试验［S］，1996.

［173］JORDAN R E，J P HARDY，F E PERRON，D J FISK. Air permeability and capillary rise as measures of the pore structure in snow：an experimental and theoretical study［J］. Hydrological Processes，1999（17）：1733 – 1753.

［174］张朝晖. ANSYS8.0 热分析教程与实例解析［M］. 北京：中国铁道出版社，2005.

［175］ANSYS Users Manuals for ANSYS 10.0，Analysis Guides.

［176］YEN Y. Review of intrinsic thermophysical properties of snow，ice and sea ice［J］. Northern Engineer，1991，23（1）：187 – 218.

［177］赵兰萍，徐烈，李兆慈. 固体界面间接触导热的机理和应用研究［J］. 低温工程，2000，116（4）：29 – 34.

［178］http：//en. wikipedia. org/wiki/Thermal_conductivity.

［179］严作人. 层状路面体系的温度场分析［J］. 同济大学学报，1984，13（6）：210 – 214.

［180］贾璐，孙立军，黄立葵，等. 沥青路面温度场数值预估模型［J］. 同济大学学报：自然科学版，2007，35（8）：1039 – 1043.

［181］俞建荣，陈荣生，金志强. 用沥青砼罩面的碾压砼路面板温度应力分析［J］. 东南大学学报，1996，26（4）：101 – 105.

［182］E R G 埃克特，等. 传热与传质分析［M］. 北京：科学出版社，1985.

［183］COLBECK S，AKITAYA E，ARMSTRONG R，et al. International classification for seasonal snow on the ground［S］. Int. Comm. Snow and Ice（IAHS），World Data Center A for Glaciology，U. of Colorado，Boulder，CO，1990.

［184］ADLAM T N. Snow melting［M］. New York：The Industrial Press，1950.

［185］ABELS H. Observations on the daily course of snow temperatures and the determination of the thermalconductivity of snow as a function of its density［J］. Report. Meteorol，1982（16）：1 – 53.

［186］MATTHEW STURM. Snow and climate［J］. Report. Meteorol，1982（16）：1 – 53.

［187］THOMAS D，G S DIECKMANN. Sea ice – an introduction to itsphysics，biology，chemistry and geology [M]. London: Blackwell Science, 2003: 1 – 53.

[188] WARREN S G. Optical properties of snow [J]. Reviews of Geophysics and Space Physics, 1982, 20 (2): 67 – 89.

[189] A ROESCH, H GILGEN, M WILD, A OHMURA. Assessment of GCM simulated snow albedo using direct observations [J]. Journal Climate Dynamics, 1999, 15 (6): 405 – 418.

[190] P I COPPER, E A CHRISTIE, R V DUNKLE. A model of measuring sky temperature [J]. Solar Energy, 1981, 26 (1): 153 – 159.

[191] BLISS R W. Atmospheric radiation near the surface the ground [J]. Solar Energy, 1961, 5 (3): 103 – 120.

[192] SWINBANK W C. Long – wave radiation from clear skies [J]. Quarterly Journal of Royal Meterological, 1963 (89): 339 – 348.

[193] RAMSEY J, H CHIANG. A study of the incoming long – wave atmospheric radiation from a clear sky [J]. Journal of Applied Meteorology, 1982 (21): 566 – 578.

[194] V MELCHIOR. New formulate for the equivalent night sky emissivity [J]. Solar Energy, 1982 (28): 489 – 503.

[195] 刘森元, 黄远峰. 天空有效温度的探讨 [J]. 太阳能学报, 1983, 4 (1): 63 – 68.

[196] DAGUENET M. Les Schoirs solaries [M]. Unesco: Theorie et Pratique, 1985.

[197] ROULET, VANDAELE. Airflow pattern within buildings measurement techniques [J]. The Air Infiltration and Ventilation Center Technical Note, 1991 (34).

[198] AUBIENT. Long wave sky radiation parameterization [J]. Solar Energy, 1994, 53 (2): 147 – 154.

[199] P BERDAHL, M MARTIN. Emissivity of clear skies [J]. Solar Energy, 1984, 32 (5): 663 – 664.

[200] DHIRENDA K P, PACLEN J, LEE R B, et al. Effects of atmospheric emissivity on clear sky temperature [J]. Atmospheric Environment, 1995, 29 (16): 2201.

[201] RAMSEY J, M J HEWETT, T H KUEHN, S D PETERSEN. Updated design guidelines for snow melting systems [J]. ASHRAE Transactions, 1999, 105 (1): 1055 – 1065.

[202] MCADAMS W H. Heat Transmission [M]. 3rd Ed. McGraw Hill, 1954.

[203] N S STURROCK. Localised boundary layer heat transfer from external building surfaces [D]. University of Liverpool, 1971.

[204] CIBS. CIBS Guide Book A. Section A3 [M]. London, 1973.

[205] K NICOL. The energy balance of an exterior windows surface [J]. Building and Environ-

ment, 1977 (12): 215 – 219.

[206] KIMURA K. Scientific basis of air conditioning [M]. London: Applied Science Publishers Ltd, 1977.

[207] CLARKE J A. Energy simulation in building design [D]. Glasgow, Scotland: University of Strathclyde, 1985.

[208] S SHARPLES. Full – scale measurements of convective energy losses from exterior building surfaces [J]. Building Environment, 1984 (19): 31 – 38.

[209] YAZDANIA M, J KLEMS. Measurement of the exterior convective film coefficient for windows in low – rise buildings [J]. ASHRAE Transactions, 1994, 100 (1): 1087 – 1096.

[210] LOVEDAY D L, TAKI A H. Convective heat transfer coefficients at a plane surface on a full – scale building facade [J]. Int. J. Heat Mass. Transfer, 1996 (39): 1729 – 1742.

[211] CLEAR R D, GARTLAND L, WINKELMANN F C. An empirical correlation for the outside convective air – film coefficient for horizontal roofs [J]. Energy and Buildings, 2003 (35): 797 – 811.

[212] SARTORI. Convection coefficient equations for forced air flow over flat surfaces [J]. Solar Energy, 2006 (80): 1063 – 1071.

[213] J KLEMS. Measurement of fenestration net energy performance: condiseration leading to the development of Mobile Window Thermal Test (MOWITT) facility [C]. ASME Winter Meeting, New Orleans, Lawrence Berkeley Laboratory Report, 1984.

[214] WINTERTON, R H S, Int J. Heat Mass Transfer, 1998.

[215] SILAS E, GUSTAFSSON, et al. Transient plane source techniques for thermal conductivity and thermal diffusivity of solid materials [J]. Review of Scientific Instruments, 1990, 62 (3): 797 – 804.

[216] MARITA L, ALLAN, STEPHEN P KAVANAUGH. Thermal conductivity of cementitious grouts and impact on heat exchanger length design for ground source heat pumps [J]. HVAC & R Research, 1999, 5 (2): 87 – 98.

[217] HOT DISK AB. Hot Disk 热常数分析仪操作指导手册 [DB/OL]. [2011 – 7 – 28]. http://www. k – analys. se.

[218] T LOG, et al. Transient Plane Source (TPS) technique for measuring thermal transport properties of building materials [J]. Fire and Materials, 1995, 19 (1): 43 – 49.

[219] 郭剑锋. 炭黑填充胶的导热机理及逾渗效应 [D]. 青岛: 青岛科技大学, 2008.

[220] 李侃社, 王琪. 聚合物复合材料导热性能的研究 [J]. 高分子材料科学与工程,

2002，18（4）：10－15．

[221] MAXWELL J C. A treatise on electricity and magnetism ［M］. Oxford，UK：Clarendon Press，1881.

[222] RUSSELL H W. Principles of heat flow in porous insulators ［J］. Journal of American Ceremic Society，1935（18）：1－5.

[223] AGARI Y，UNO T. Estimation on thermal conductivities of pilledpolymer ［J］. Journal of Applied Polymer Science，1986，32（5）：705－708.

[224] BRUGGEMAN D A G. Berechnung verschiedener physikalischer konstanten von heterogenen substanzen，I. Dielektrizitatskonstanten und leitfahigkeiten der mischkorper aus isotropen substanzen ［J］. Annalen der Physik，Leipzig，1935（24）：636－679.

[225] H Fricke ［J］. Phys. Rev，1924（24）：575.

[226] R L Hamilton，etc. Ind. Eng ［J］. Chem. Fund. ，1962（1）：187.

[227] CHENG S C，VACHON R I. Thermal conductivity of two and three－phase solid heterogeneous mixtures ［J］. Int. J. HeatMass. Transfer，1969（12）：249.

[228] LEWIS T，NIELSENL. Dynamic mechanic properties of particulate－filled composites ［J］. Appl. Polym. Sci，1970（14）：1－449.

[229] Y AGARI，A UEDA，S NAGAI. Thermal conductivity of composites in several types of dispersion systems ［J］. Journal of Applied Polymer Science，1991（42）：1665－1669.

[230] J Z LIANG，G S LIU. A new heat transfer model of inorganic particulate－filled polymer composites ［J］. Journal of Materials Science，2009（44）：4715－4720.

[231] 牛铭，杨利文，陈昊. 一种改进的单纯形算法 ［J］. 河海大学常州分校学报，2007，21（1）：15－18.

[232] Universal Systems，Inc. X－ray computed tomography（CT）［DB/OL］. ［2011－8－12］. http：//universal－systems. com/index. php.

[233] JASON BAUSANO，R CHRISTOPHER WILLIAMS. Transitioning from AASHTO T283 to the Simple Performance Test Using Moisture Conditioning ［J］. Journal of Materials In Civil Engineering，2009.

[234] 吉林省交通厅. 公路工程抗冻设计与施工技术指南 ［S］. 北京：北京大学出版社，2006.

[235] 刘小明. 导电沥青混凝土的机敏特性研究 ［D］. 武汉理工大学，2007.

[236] Q ZHENG，Y SONG. Reversible nonlinear conduction behavior for high－density polyethylene graphite powder composites near the percolation threshold ［J］. Journal of Polymer

Science：Part B，Polymer Physics，2001（39）：2833－2842.

［237］中华人民共和国国家质量监督检验检疫总局，中国国家标准化管理委员会. GB/T 2424.14—1995 电工电子产品环境试验 第2部分：试验方法 太阳辐射试验导则 ［S］，1995.

［238］国防科学技术工业委员会. GJB 150.7—86 军用设备环境试验方法 太阳辐射试验 ［S］，1987.

［239］中华人民共和国国家质量监督检验检疫总局，中国国家标准化管理委员会. GB/T 4271—2007 太阳能集热器热性能试验方法 ［S］，2008.

［240］中华人民共和国国家质量监督检验检疫总局，中国国家标准化管理委员会. GB/T 6424—2007 平板型太阳能集热器 ［S］，2008.

［241］中华人民共和国国家质量监督检验检疫总局，中国国家标准化管理委员会. GB 4797.4—1989 电工电子产品自然环境条件 太阳辐射与温度 ［S］，1990.

［242］INTERNATIONAL ORGANIZATION FOR STANDARDIZATION. Soalr Energy－Specification and classification of instrument for measuring hemispherical solar and direct solar radiation：9060 ［S］，1990.

［243］BRITISH－ADOPTED EUROPEAN STANDARD. Thermal solar systems and components－Solar collectors－General requirements：BS EN 12975－1－2006 ［S］，2006.

［244］湖北省气象与生态自动监测网. 武汉24小时气象数据 ［DB/OL］. ［2010－1－7］. http：//zdz. hbqx. gov. cn/zhindex. php.

［245］X B LIU，S J REES，J D SPITLER. Modeling snow melting on heated pavement surface：experimental validation ［J］. Applied Thermal Engineering，2007（27）：1125－1131.

［246］刘光耀. 数字图像采集与处理 ［M］. 北京：电子工业出版社，2007.

［247］逯彦秋. 钢桥桥面铺装层温度场的研究 ［D］. 哈尔滨：哈尔滨工业大学，2007.

［248］http：//www. weather. com. cn/.

［249］严作人. 层状路面温度场分析 ［D］. 上海：同济大学，1982.

［250］葛绍岩，那鸿悦. 热辐射性质及其测量 ［M］. 北京：科学出版社，1989.

［251］FINN F，SARAF CL，KULKARNI R，NAIR K，SMITH W，ABDULLAH A. Development of pavement structural subsystems ［R］. Washington，D. C. ：Transportation Research Record，1986（291）.

［252］R M MULUNGYE，P M O OWENDE，K MELLON. Finite element modeling of flexible pavements on soft soil subgrades ［J］. Materials & Design，2007（28）：739－756.

[253] 刘立新. 沥青混合料黏弹性力学及材料学原理 [M]. 北京：人民交通出版社，2006.

[254] 郑传超，王秉纲. 道路结构力学计算（上）[M]. 北京：人民交通出版社，2003.

[255] 周键炜，王大明，白琦峰. 沥青混合料动态模量主曲线研究 [J]. 公路工程，2009，34（5）：60 –62.

[256] 叶群山. 纤维改性沥青胶浆与混合料流变特性研究 [D]. 武汉：武汉理工大学，2007.

[257] MOSTAFA A ELSEIFI, IMAD L AL – QADI, F ASCE, PYEONG JUN YOO. Viscoelastic modeling and field validation of flexible pavements [J]. Journal of Engineering Mechanics, 2006（2）：172 –178.

[258] HYUN – JONG LEE, Y RICHARD KIM. Viscoelastic constitutive model for asphalt concrete under cydlic loading [J]. Journal of Engineering Mechanics, 1998（1）：32 –40.

[259] TZIKANG CHEN. Determing a prony series for a viscoelastic material from time varying strain data [R]. Technical Report：NASA – 2000 – tm210123，2000.

[260] ABAQUS Users Manuals for ABAQUS 6.0，ABAQUS Guides.

[261] HIBBITT, KARLSSON, SORENSEN. ABAQUS/Standard [M]. 朱以文，蔡元奇，译. 武汉：武汉大学出版社，2003.

[262] 孙训方，方孝淑，关来泰. 材料力学（I）[M]. 北京：高等教育出版社，2009.

[263] 中华人民共和国交通部. JTG D50—2006　公路沥青路面设计规范. 北京：人民交通出版社，2006.

[264] 王金昌，陈页开. ABAQUS 在土木工程中的应用 [M]. 杭州：浙江大学出版社，2006.

后　记

本书是在武汉理工大学吴少鹏教授的精心指导和严格要求下完成的。吴少鹏教授渊博的学术知识、活跃的思维、严谨的治学态度、勇于开拓和奉献的敬业精神深深地影响着我，令我受益匪浅。从选题、研究方案的确定到书稿的写作和修改，吴教授都倾注了大量的心血。借此机会，我谨向吴少鹏教授在学习、工作和生活上给予的指导、关怀和帮助表示最衷心的感谢！

特别感谢荷兰代尔夫特理工大学（Delft University of Technology）的M. Huuran 副教授在第 9 章数值模拟中给予的帮助和建议，谨以此书表达对M. Huuran 副教授深深的谢意。

特别感谢陈明宇博士对室内外实验环节提供的无私帮助和意见建议，在此对陈明宇博士表达诚挚的谢意，祝愿他一帆风顺。

感谢荷兰代尔夫特理工大学的磨炼同博士一直以来对我的关心和照顾，本书是在磨炼同博士的鼎力相助下才得以顺利完成！

感谢李波博士在全书整体构思、内容修改直至全书出版过程中的无私帮助和建议，好人有好报，相信他的未来一定会顺风顺水。

武汉理工大学王佶教授对全书整体构思给了很大的启示，感谢他一直以来的关心和照顾。

感谢陈美祝教授、庞凌副教授对全书提出的建议，也感谢熊志明老师、代汉芝老师、张登峰老师、林振华老师、向焰山老师的辛苦工作为本书的顺利开展提供了便利，感谢他们一直以来对我的帮助和照顾，更要感谢他们教给我许多做人的道理。

感谢刘杰胜、韩君、陈明宇、张园各位博士对我的帮助和建议。感谢课题组其他师兄、师弟、师妹，和大家在一起的日子我将永远铭记在心，祝愿他们都有美好的未来。

衷心感谢所有关心、鼓励和帮助过我的老师、同学、同事、朋友和亲人们。

书中难免有不当之处，敬请读者批评指正。

王　虹

2014 年 8 月